GARY ERICKSON ゲーリー・エリクソン
with LOIS LORENTZEN ルイス・ロレンツェン／KATSUJI TANI 谷 克二 訳

Raising the Bar
レイジング・ザ・バー

Integrity and Passion in Life and Business
The Story of Clif Bar & Co.

妥協しない物つくりの成功物語

A&F

Raising the Bar

レイジング・ザ・バー

Integrity and Passion in Life and Business
The Story of Clif Bar & Co.

妥協しない物つくりの成功物語

レイジング・ザ・バーへの賛辞

私の息子ゲーリーがこの本の中で語る素晴らしいクリフ・バー・ストーリーは、私に感動の涙をもたらし、背筋に興奮の寒気を走らせ、心を喜びで満たしてくれた。

……………**クリフォード・エリクソン**

私はこの男を、自転車のロードレースで何人かの挑戦者たちを相手に競い合っているサイクリストの姿に重ね合わせて見る。ゲーリーが自転車で山々を走破していく冒険談や、クリフ・バー社を立ち上げていく物語は、私を勇気づけてくれた。ゲーリーは人生やビジネスにおける冒険とはなにかを、よく理解している。

……………**テイラー・ハミルトン** プロフェッショナル・サイクリスト

ゲーリーは登山をしているときでも、親交しているときでも、常に私に「なにが可能なのか？」を考える意欲を与えてくれる。彼には、この世界をよりよい場所にしたいと夢見る、強烈な力と先見性がある。ゲーリーとクリフ・バー社の人々が、ビジネスそのものを彼らの生き方に変えていくのを見るのはすばらしいことだ。

……………**ロン・カウク** 登山家

ゲーリー・エリクソンは私たちのヒーローの一人である。彼の本は、個人的な興味をビジネスにつなげるブリッジであり、「世界は小さい」と私たちが考えそうになったときに、「いや、違う。大きく広いのだ」とわからせてくれる。

……ジュリア・バタフライ・ヒル 活動家、作家

もしあなたがビジネス至上主義の国家アメリカの腐敗と堕落で不愉快になったときには、ぜひこの自叙伝を読むべきだ。きっと拍手喝采をするだろう。本書は一瞬の金銭的な豊かさというものが、決して選ばれた道ではないのだと告げている。そのことで、あなたを勇気づけるだろう。大いに推薦する。

……シカゴ・アスレート・マガジン

気をつけなさい！ この本を読み終えたとき、あなたは新しい会社のことやアイデアについて、もしかしたらクリフ・バーの人材部門に送るあなたの履歴書《レジュメ》のことを考えながら、長い長いバイシクルコースを走り出しているかもしれませんよ。

……ヴェロ・ニュース

エリクソンの本がなによりも読むに値するのは、成功例と同じように失敗例についても正直に語っているからだ。

……ニューズウイーク

本書には、企業家達が利益を上げているときでも、企業目的の原則を保ち続けさせる偉大な霊感がある。

……デイリー・コート・レビュー

エリクソンは、彼の人生についての素晴らしい物語を語っている。さらに重要なことは、彼の信条、つまり情熱、創造の自由、ビジネスを維持すること、責任をもって生きることの大切さを、あなたと分かち合っていることである。

…………………デュ・モネ・ビジネス・レコード

示唆に満ちている。ゲーリー・エリクソンは、私たちすべてが人生で成功するだけではなく、ビジネスにおいても成功する特性を持っているのだということを、この本の中で示している。

…………ハーバート・ビジネス・スクール・ワーキング・ノーレッジ

この本を新鮮にしているのは、著者エリクソンの正直さと人間性である。

…………………ビジネスウイーク

Raising the Bar
レイジング・ザ・バー
Integrity and Passion in Life and Business
The Story of Clif Bar & Co.
妥協しない物つくりの成功物語

目次

本書表記中【　】の記載および＊の注は、日本語版の制作にあたり補足説明を加えたところである。

プロローグ

『レイジング・ザ・バー』(バーを掲げて)の出版に引き続き、私はレクチャーや公開朗読会でアメリカ全土を旅した。どこに行っても、企業家たち、サイクリスト、登山家、そして音楽家まで含めた聴衆が、私と心を一つにしてくれた。数えきれないほどの人々が、「自分の白い道【自分で決めて進むべき人生の道、の意味】」についての手紙を送ってきた。私の話に彼らが感動したことを知って、私は名誉に思った。中には【この本に】勇気づけられて、従来からの常識とは異なる道に進んだ方もいる。彼らはこのように語っている。

「私はいままで、会社のために働こうと考えていた。しかしいま、私は西(西部)に向かい、アーティストになるつもりだ」

「あなたの本を読み、自分の会社を売るという考えを捨てた」

「私もまたアルプスを自転車で乗り回し、そして自分の白い道を進みたい」

彼らは、ときにはつらい目にあうかもしれない。しかし、常にエキサイティングな企業家への道を選んだのである。

『レイジング・ザ・バー』への反応に対する証人として、私は私たちの過去、現在の社員たち、販売代理店の方々、仲買人、セールスマン、製造に携わった方々、そして製品とわが社に信頼を寄せてくださった方々すべてに感謝の意を表したい。

私たちの物語をお楽しみいただき、気持ちを奮い立たせて、人生の障害物をのりこえる勇気をもたれんことを。

〝私が何者であるかを探る自由〟を与えてくれた、私の人生とビジネスにおけるパートナー、キットおよび
私の両親、クリフとメアリーに。そして、夢を信じてくれたクリフ社の人々に。

第1章

彼らを送り返そう

なぜ私は6000万ドルのオファーを拒否したのか

二〇〇〇年四月一七日、私はまさに大金持ちになろうとしていた。この日、私と私のビジネスパートナーは、クリフ・バー社を一億二〇〇〇万ドルで売却しようとしていたのだ。私は父がよく言っていた、「カーターがもっているピルより多い金」を手にしようとしていた。それは二度と働く必要もないほどの金額だった。しかし興奮するかわりに、私は絶えず吐き気をもよおし、何週間もよく眠れなかったのである。

クリフ・バー社の弁護士と【買い手の】X社は、【成約のために】週末返上で興奮しながら働いていた。X社の執行役員の大物は、詳細について最終的な検討をするためミッドウエストから空路やってきた。そしてついに月曜日の午前中の遅い時間に、私は契約書にサインをしに出かけようと、オフィスの椅子から立ちあがった。そのときだしぬけに身体が震えだし、息ができなくなった。私は高い山に登ったこともあるし、自転車のロードレースに参加した経験もある。ジャズのコンサートにも参加した。だからプレッシャーをどうコントロールするかについても心得ていた。それだけに、この初めて経験する現象には、ショックをうけた。私はパートナーに、「会社の敷地内を少し歩いてくる」と言いのこして、外に出た。パーキングロットを歩こうとしたときだった。私はすすり泣きを始め、激情に駆られた。

「どうして、自分はここにいるんだ？　なぜ、自分はこんなことをしようとしているんだ？」

そう思いながら私は歩みを進めたが、区画の中程まできたとき、突然「公現祭【キリストの誕生を知って、東方から三博士がベスレヘムの地にやってきたとする日。その祭り】」に打たれた【情熱とガッツを

"I'm not done."
「まだ、終わってはいない」

"I don't have to
do this . . ."
「これをやる必要はない」

GARY & CLIFFORD
—STUART SCHWARTZ
ゲーリーとクリフォード
スチワート・シュワルツ撮影

とり戻す瞬間を、著者は、自分自身の「公現祭」と呼んでいる】。私は立ち止まった。私はガッツを感じ、「まだ終わった訳じゃない！」と自分自身に向かって叫んだ。「こんなことを、する必要なんかないのだ！」

私は笑いだして、たちまち自由な気分になった。踵《きびす》をかえしてオフィスにもどり、私はパートナーに告げた。「彼らに帰ってもらおう。会社を売ることはできない」

かくして会社を売るという考えは、私にとって古《いにしえ》のものとなった。人々は、私が最も大きな夢である富【の獲得のチャンスを】を逃がすなんてクレージーだと思った。投資銀行は、六か月以内に会社は破産するだろうと告げ、パートナーはクリフ・バー社は大会社との競争に勝てない、だから売るべきだと主張した。

私はいま現在、常夏の島でブラブラしたり、お気に入りの買物をしたという理由で小切手にサインをしているかわりに、かつて働いてきたどの年月よりも、会社でハードに働いている。なぜか？ その〝なぜか〟について書いたのがこの本である。情熱とガッツ、創造の自由を求めること、会社に魔法の力をとりもどし、ビジネスを活気づけ、ビジネスを長期間維持し、コミュニティー（共同体）への責任やこの地上での責任を果たすこと、そのことを、私はこの本で述べているのである。

自然な道に沿って。または〝いかにして私は販売の要点をつかんだか〟

一九九〇年、すなわちクリフ・バー社をあわや売却し手放そうとした時点の一〇年前、私はバークレーのガレージで、私の犬とスキー用具と登山の道具とトランペット二つを相手に生活をしていた。私の情熱の一つは、長距離サイクリングをすることである。一七五マイル【約二八二キロメートル】のサイクリングを相棒のジェイ・トーマスとやっていたとき、私はクリフ・バーのアイデアにいきあたった。その日私たちは、【ある会社の製造した】エネルギー・バーをかじりながら、一日中走っていたのである。ところが私は突然そのバーを食べられなくなった。腹ペコで、食べねば走行を続けられない状態であったにもかかわらず食べられないのである。そのとき「自分なら、これよりもっといいバーがつくれる」と、私は思った。いまでもその瞬間を、私は「公現祭」と呼んでいる。クリフ・バー社は、私が私自身のためや友人のためにもっと良い製品を作ろうと思ったからできたのであり、それゆえにいまも存在しているのである。

それから二年間、私は母親の台所で無限とも思える時間を過ごした。そして二年後に完全なレシピ【調理法】を完成させた。

クリフ・バー社は一九九二年に正式にスタートした。私たちはアスリートや健康に関心のある人たち向けに、携帯用で便利な栄養価の高いエネルギー・バーを製造している。今日私たちは、エネルギーと栄養価の高いバーの製造の分野でリーダー的な存在であり、製品にはクリフ・バー、ルナ・バー、モホ・バー、ルナ・グロー、クリフ・ビルダーおよびクリフ・ショットがある。クリフ・バー社はこの分野で最大の、個人所有の会社でもある。

私が二〇〇〇年にあわや会社を売却しようとしたとき、クリフ・バー社は、一人の男が母親のキッチンでバーをつくっていたような状態から、年商四〇〇〇万ドルを売り上げる会社に成長していた。私はクリフ・バー社を愛していたし、その製品を、社員たちを、会社の精神を愛していた。クリフ・バー社にはまだ未来があることを感じていた。しかし、それにもかかわらず、二〇〇〇年四月一七日に、私は会社を売却しようとしていた。なぜか？

それは「売却をすること」が、考えの基準になっていたからだと思う。

八年間の成功の間に、いつしか私はクリフ・バー社の売上げ向上のために努力をしなくなっていた。それが売却に向かわせる結果を招いた、大きな理由だった。こうしたストーリーは過去にもあったし、いまでもおこりうる。会社が成長すると、あまりに大きくなったように感じ始め、疲れてストレスがたまるが、それでも一生懸命に働く。そのうち、より大きな会社には勝てないと思うようになり、その思いはいつの間にか確信になっていく。

またこのようにも信じこみ始める。「いまなら会社は売却できる。会社は完全無欠であり続けるし、自分も失敗者にならずにすむ」。そのようなときに、他社からオファーがくる。金は魅力がある。あなたは会社を売却してしまう。

私は多くの同業者の会社が、売却されていくのを見てきた。私たちの最大のライバルだったパワー・バー社は、（クリフ・バー社のように）小さなキッチンから誕生して当時のエネルギー・バー業界のトップランナーだった。ネッスルがパワー・バー社を約四億ドルで買収し、創業者は六〇パーセントの取り分で――これでも法外な金額だが――会社を去っていった。私は競争相手の一つだったバランス・バー社の友人たちが、会社をクラフト社に売るのを見てきた。

私は、多くの人たちが、出口戦略【会社売却のこと】を考えながら会社を始める、ということを知っている。私はそうはしなかったが、他の人たちが会社を売り払うことを受け入れ、【企業競争の場から】退場していく姿を見てきた。企業売却は自然な道、ふたたび小さい会社を創立して、成功させるために選択する、あたり前の手段であり、その頂点《ピーク》にあるもののように見えるからなのだ。

恐れの原因

もし「会社の売却を基準に置く」と決めたとしたら、その決心の大部分が直面するのは、恐れの感情である。何年もの間、繰り返し聞こえてくるのは、「仕事に全てをつぎこんでいるが、それがアッという間に蒸発してしまうかもしれない」「成長を続けるには、外部から資本を導入しなければならない」という心の中の囁きだ。私は失敗を恐れたのだ。

私は、かつての（ビジネス）パートナーとともに、社員に向かって次のように話したことがある。「パワー・バー社はネッスルに買収された。バランス・バー社はクラフト社に身売りをした。この二つの世界的に巨大な食品会社は、私たちに競争をしかけようとしている。しかし私たちは、すべてを失う訳にはいかないのだ」

これは理屈としては通る話である。ネッスル社は年商六五〇億ドルあり、私たちの製品に対して五〇〇〇万ドルかけてプロモーションをぶつける力がある。五〇〇〇万ドルなど、彼らにとっては小銭にしか過ぎない。だがそれは、私たちにとっては年間売上高より大きい金額なのである。

「外部から大きな資本を導入しないことには、生き残れない」と、私たちは恐れた。投資銀行、ビジネスパートナー、常識的な知恵などすべてが、「やがてクリフ・バー社は大企業に吸収されてしまう」と私に納得させようとしていた。「大企業は広告キャンペーンでも、マーケティングでも、クリフ・バー社を吹き飛ばしてしまうだろう」と……。

とはいえ、会社で日常的に起こっていることはすべて順調だったから、私の内面に恐れを呼び起こすものはないはずだった。事実、私たちは信じられないほど波に乗っていた。クリフ・バー社は、一九九二年の年商七〇万ドルから一九九九年には年商四〇〇〇万ドルの会社に成長していた。「これは信じられないことだ。人生最大の波に乗ったようなものだ。実際乗っているし、それを楽しんでもいる」「しかし私のパートナーを含めて多くの人たちは、それが明日には消え去っているかも知れないと恐れている」。私はそう考え始めていた。

私の中に生じた恐れは、クリフ・バー社に徐々にひろまっていった。恐れは私をベストの状態で企業活動にうちこむことから遠ざけ、他の者たちを委縮させていった。恐れがどのようにしてクリフ・バー社の精神をむしばんでいったか、いま振り返って見ると、私が野生生活《ワイルドネス》のインストラクターをしていた日々のことを思い出す。若い人たちをエスコートして、北カリフォルニアの壮大なシエラネバダ山脈を案内していた私たちガイドは、子供らにどのようにして崖をよじ登るのか、どのようにロープや登山道具を扱うのか、どのように岩壁を登攀するのかを教えていた。

こうしたレッスンの一つに、ジッヘル（確保＝ビレイイング）の技術があった。ジッヘルはアンカー【留め金＝ハーケンとカラビナ】とロープを使って登攀者である自分を岩壁に固定し、もし一人が滑落をしても【ロープでつながっている】他の者たちがジッヘルをして、わずか数フィート【二フィートは三〇センチ強】落下するだけですむようにする方法である。生徒の中の誰かは、必ず「僕にはできない。僕にはやれない。もう、登れない」と叫びだす。それは決してオーバーハングをのりこえるとか、難しい動きをして登るとかいった身体能力の問題ではなく、恐れが先にたってしまい、それに支配されるからなのである。私たちは「最悪のシナリオ」をくり返し説明し、ジッヘルさえ完全なら、わずか一、二フィートずり落ちるだけだと説明した。

恐怖は一度克服して、克服できるものだと自分自身で信じるようになれば、普通に対応できるようになる。そして、もし登攀を達成できなくても、「自分は全力をつくした」と言い切れるようになる。

つい最近、かつて生徒だった一人が私に手紙をよこして、私たちが二十数年前、一緒にやったドゥダットの岩山のロッククライミングについて書いてきた（ドゥダットは壮大な岩の露頭で、北シエラ渓谷の谷底から一〇〇〇フィート【三〇五メートル弱】の高さでたちあがり、頂上はとくに空高く突きでたオーバーハングのブロックになっている)。この学生は登攀しながら私のジッヘルを視認できなかったので、登攀をとても恐れていたことを思い出した。彼が見ることができるのは、眼下数百メートルの高さだけだったのである。彼は、私とロープを絶対的に信じるしかなかった。そこで信じることに決めて恐怖をコントロールしたら、こんどはクライミングを楽しむことができたという。これが二〇年後に、彼が書いてよこした手紙の内容である。

この話のポイントは、「恐怖は麻痺を生じさせる」というところにある。二〇〇〇年に戻ってみれば、わずかの間ではあったが生じたクリフ・バー社の最悪のシナリオは、この「ジッヘルをされていながら落下を感じていたのと同じこと」なのだ。この恐怖の類似性を私が直視せずに、直視する行為を自らストップさせていた。ジッヘルされているから、数フィート落ちることはあっても、それは死につながる落下ではなく、わずかのずり落ちにすぎない。しかしながら、恐れは私に落下を予測させ、会社売却までさせようとしたのだった。

約束、そして数々の約束

なぜ私があわや会社を売ってしまおうとしたのかは、その過程《プロセス》と大いに関係がある。その過程とは、約束と途中からの裏切りである。ビジネスパートナーと私は会社の前に立って、「会社は売るが、私たちは会社には残る」という約束をした。つまり、私たちに経営をまかせる相手でなければクリフ・バー社を売却しない。そういう約束である。私は蠅になって社員たちの脳の壁に止まり、気づかれることなく社員たちが私たちのことをどう言っているのかを、聞きたいと思ったものだ。いまにして思えば、彼らは次のように言っていただろう。「バカなことを考えるものだ。買収相手が、売り手のあなた方に会社の経営をまかせるはずがないじゃないか」

他の人たちはすべてが変わるだろうと分っていたが、私だけは、不可能を可能にできると信じ、自分で自分を惑わすように誘導していたのだ。しかも自分たちで会社を経営し続けることは、交渉において妥協の余地のない前提条件だった。そして、そのことは約束されていたのである。

このコミットメント【言質】を、私は決して忘れなかった。しかしながら売約成立の数週間前になると、クリフ・バー社を買収しようとしていた会社は、私たちのマネージャーとしての地位保全期間は数か月という短期間であると、明快に通告してきた。クリフ・バー社の本社機能は数か月以内にミッドウエスト【中西部】に移される。そのことを知ったときの驚きは、大きかった。そうなれば社員たちは職を失い、通りに放り出されてしまう。この通告は、まさに契約が交わされ、金が銀行口座に払い込まれる直前になされた。このような事態になるであろうということを、私は一体全体、会社売買の交渉の過程《プロセス》で自分の正常な判断能力に問いかけて、耳を傾けてみたことがあっただろうか？

私がここで言いたいのは、「いま会社を売ろうと考えている方たちは、途中の経過を注意深く見守りなさい」ということである。会社の売買は穏やかなセールストークで始まる。最初に、あなたは交渉相手から次のようなセリフを聞くだろう。「あなたがたが大好きだ。私たちは、御社《おんしゃ》を偉大な会社だと思っている。あなた方はすばらしい。会社の経営は、ぜひ続けてほしい」

セールスジョブはまさに全開である。彼らはあなたの聞きたいことをすべて口にする。そして時間がたつにつれて、あなたは事態の流れそのものに身をゆだね始め、焦点は契約の締結と金のことだけに絞られていく。あなたはその流れにのって、もはや引き返しができないと思えるほど遠くまで押し流され、最初の約束の数々などあきらめてしまうのである。

私は、こういうことが食品製造業界の同業者の多くに起こったのをよく見てきた。後になって、彼らは往々にして「私は売却交渉の過程でハメラレタ。いまはそう感じている。いまなら、違うことをやる」と言う。だが結局は、巨額の金を見せられたときには、他のことなどどうでもよいと思ってしまうものなのである。社員を守ること、自分たちが製造した製品の誠実さを守ること、会社の経営を維持すること、それらは大切なことには思えなくなってしまう。あなたの口座に払い込まれる金額が大きくなっていくのを知れば知るほど、それらは形骸化してしまい、「まあいい。これでなんとかやっていける」と突き放してしまう。

かく言う私も、こうした経過の終わりの時点では、「どうでもよいから、とにかく、すべてを終えてしまおう」と考えていた。

このような経験から、私はなにを学んだのだろうか？　思い返せば、会社を売るのは自分の夢まで売ってしまうということと同じなのだ。あなたは社員たちと交わした約束を実行できなかっただけではなく、顧客や、そしてなによりも自分自身にした約束さえも実行できなかったことになる。

直感に耳を傾けよ

私が会社の売却にほぼ踏み切ろうとまで考えた最大の理由は、私が直感に耳を傾けなかったことによるだろう。私は、直感に耳を傾ける人間だという点で、自分に誇りをもっていた。クリフ・バー社を創設したときも、直感に耳を傾けた。世界を旅して歩いたときも、そうした。自転車のレースに参加したときも、ロッククライミングをするときもそうだった。妻キットと結婚するときも、そうした。

私は直感で行動することに優れていると、自分では思っていた。勇気や正しい直感でもって行動するということは、当て推量で非論理的に行動することとは違う。それは未知のものに対して、一瞬のうちに、ことの本質を理解するため、経験律から論理性、情熱および創造性を総動員できるということなのである。

それなのに、私は会社売却に先立つ数年間、何か月にもわたって自分の心があげ続けていた金切り声を聞こうとはしなかった。私は事態の流れから逃避していたのである。私は当時、次のよ

「私は自発的に泣くことはありません。私は火つきの遅いタイプなのです。ゲーリーがクリフ・バー社を売るといったとき、私は魂で反応しました。それは内なる感情の反応です。私のコア（中心）で、とても悲しく感じたのです。私がゲーリーと結婚したとき、私の収入は彼の収入（一万四〇〇〇ドルでした）より多かったのです。私はゲーリーに、言いました。「私たちは売却したお金で生き長らえるけど、同時になにもかも失う。それは、私たちに起こりうる最悪のことなのだ」と。そして私たちは生き残りました。次の瞬間、ゲーリーが言ったのです。「彼らに帰ってもらおう」。彼は、重しが取り外されたようでした。会社を売却しないという決心は、私たちがこの世に生き続ける価値があり、その道半ばにいるということなのです。クリフ社に起こることは、そのように強く私たちに影響するし、よい意味で私たちに価値あるものなのです。私たちは、終焉《しゅうえん》を迎えなかったのです。

会社売却に対する妻キットの言葉

うに考えていたことを思い出す。

「胃の調子が悪い。夜もよく眠れない。だが、これは、こういう状況下ならだれにでもあることだ。自分で設立した会社を、売ろうとしているんじゃないか。他に方法はないんだ（と思っていた）。もちろん、気分は悪いだろう。それは、お前が考え過ぎるからだ。社員たちはどうなるのだろう？　自分がつくりだした製品はどうなるのだろう？　そして会社は？　いや、それらはみな取りこし苦労なのだ」

これが正常な状態だと、私は思っていた。だが振り返って考えれば、あのような気分の悪さは、自転車レースが開始される直前や、数百人の聴衆の前で音楽の演奏をスタートさせるときの独特の緊張感とは、まったく質が異なるものだった。後者を、私は「ハッピー・ナーバス（幸福な心配性）」と呼んでいる。私はレースをしたかったし、音楽を演奏したかった。だから、ベストをつくそうとして緊張していた。これは理屈として通る。私の心は、私が正しいことをしようとしているのを知っていたからだ。神経過敏な状態も、心配も、だからこそ心地よく感じられた。それが正しいと感じられたからである。だがこの会社売却に関する新しい心配には、空虚さしか感じられなかった。それにもかかわらず、私は「これが、そうあるべき道なのだ」と自分に言い続けていた。

私が「会社の売却を決意した」と極めて親しい人たちに話し始めたとき、多くの人たちは私の良心に対して語りかけた。だが、私は彼らの言葉に耳を傾けなかった。最も厳しかったのは、私の妻キットだった。私は彼女を映画に連れ出し、会社売却について話をした。彼女は泣きだした。彼女は、クリフ・バー社の一四年間が、私にとって人生そのものであることを知っていたのである。彼女はクリフ・バー社が、私が世界に向って自分自身を表現するための手段だということを、知っていた。クリフ・バー社を失うことは、私にとっては、たとえば画家から絵筆を奪いとることと、ミュージシャンから楽器を取り上げ「何か別の自己表現の方法を見つけろ」というのと、同じことなのだ。彼女は、私が、会社の経営という私自身が慣れ親しんだ自己表現の方法から、足早に遠ざかることができるかどうかを懸念していた。

父は会社売却の話に驚いたが、いつものように私を支持してくれた。しかし私の決断を理解することはできなかった。私はよく考えたうえで会社の売却を試みていたのだが、私にとっても、父の名を冠した製品が巨大な多国籍食品企業のものになるのは悲しかった。

製造されるバーのあらゆるものが、私がなぜ父の名前をとってクリフ・バーと名づけたかを語っている。父は、私に冒険への愛、自分の足で立つ独立性、自由であることの大切さを教えてくれた。父は若かったころ、私と弟たちを山につれていって、まだネズミ捕り器がくっついたままの一九六〇年代の古い板切れで、スキーの仕方を教えてくれた。両親はいささかの金を稼いだが、私たちには「もっと稼がなくちゃ」というような考えはなかった。私たちはキャンプ・アウトしながら、国内を長く旅して回った。私たちは人生を目いっぱいに生きて、「お金がたったこれだけしかないのか……」などと考えたこともなかった。父はいまでも私を誇りに思ってくれているけれど、父にとってお金は意味のないものだったと、私は言い切ることができる。

私は友人のジェイに電話をかけて、「会社を売ろうと思っている」と告げた。彼はそれを聞いて言葉を失った。なぜ私が会社を売ろうとするのかが、ジェイには理解できなかったのだ。ジェイと私は、毎夏ヨーロッパを一〇〇〇キロから二〇〇〇キロ、サイクリング旅行をする仲だった。彼とサーキット・ライドの中で思いついたのが、クリフ・バーという製品だったのである。彼はクリフ・バーこそ、私の情熱であり人生であることを知っていた。

「より高くのぼる」、ヨセミテ公園カテドラルロックにて。——キャセイ・ショー撮影

それを私は見失っていた。私が金について話すのをジェイは黙って聞いていたが、【彼が話す番になると】私の言葉使いと語る内容のその二つが、かつての私といかに違ってしまっているかを指摘した。さらにジェイは、私がもはや新製品について熱心に語ってもいず、興味深い後援者についても語らず、プロレーサーの体力を支えることができる新しい食品クリフ・バー【の開発計画】についても語っていないことを指摘した。「お前、なにをやっているんだ？」とジェイの声が聞こえてきた。彼は、私が魂を売ろうとしていると思ったのだ。

私の弟ランディーはクリフ・バー社の開発部門の副社長だが、大変なショックをうけた。彼は私の提案を受け入れなかっただけではなく、信じなかった。私がそんなことをやるとも思わなかった。しまいには、ランディーをはじめすべての人々が口をそろえて言った。「あなたらしくない。あなたはリスクをとる人間なのだ。あなたにとって、すべては夢のためなのだ」

私の友人や家族は、エキスパート【専門家】はしばしば正しくものごとを理解しているが、誰かがなにかを心から信じているとき、そこから生じてくるものがなんであるかは予言できないことも理解していた。彼らは、エキスパート、つまり私がクリフ・バー社について正しい判断をしていないことも理解していた。彼らは、私が自分自身に対して正直でないことも知っていた。私は直感の声を聴いていなかったのだ。私は、私の直感に空間と時間を与える必要があったとき、与えようとしなかった。幸運なことに、それは蹴破られたが。

休みをとる必要があるときには、たとえそれが一つの区画を歩くことであっても休みをとること。

会社売却の交渉をするその日、私の直感には力がみなぎっていた。それは誰かが、次のように言いながら私の頭にガツンと一発くらわしたようなものだった。「いいか、二分だけお前の直感に耳を傾けろ。なぜなら、お前はそれを聞いていないからだ」

なにかが私に入りこんで、あの散歩を強要したのだ。

会社売却に至るペースは荒っぽいものだったし、ババ・カリフォルニアへの小旅行のように、ゆったりしたものではなかった。私は休みをとらなかった。私は会社売却に備えて何時間も働いた。全国を飛び回って、大きな多国籍食品製造会社の役員たちに会っていた。ワインを飲み、食事を共にした。

だが、私はバイシクル・ライドをしていなかったのだ。自分を再始動させるため、あるいは創造的にするために、ある者は瞑想にふけり、ヨガをやる。また別の人は自分の基本の姿勢をしっかり固めるために、散歩をしたりする。私の場合、それは自転車をこぐことだっだ。最高のアイデアは、クリフ・バーのアイデアを含めて、サイクリングをしているときに浮かび上がってきた。長時間自転車に乗っているとき、私は、自分のよき直感に耳を傾けていた。それなのに、あのころの私は自転車に乗ることをやめていた。それはすなわち、直感に耳を傾けていなかったということでもあった。

いまでもふり返って不思議に思うことがある。もしあのとき散歩をしていなかったら？　しかし私は散歩をしたし、その結果私は決定をくだし、直ちに買収相手におひきとり願った。私はすっかり気分がよくなった。それは自分の心に素直に従った瞬間だったのだ。

どのようなリーダーシップをとれる地位にあっても、歩み去る道を見つけておくこと、そして頭に【創造のための】空間をつくっておくこと。一日二四時間、ビジネスに取りつかれているのではなく、一度仕事から離れてみる。そんなとき、人はなにも考えていないように見えるし、なにもしていないように見えるが、実は休みをとることそのものが、最も大切なビジネス活動であるかもしれないのである。

分岐点

このときの決定が、私にとって人生の道程で重要な分岐点だったことに気づくまでには、しばらく時間がかかった。どちらを選択したとしても、私の人生は劇的に変化しただろう。一方の道は、夢で描いていたものをはるかに超える富を、四二歳で手にして、引退をやってのけるという能力を示すことだった。もう一つの道、つまり会社は売却しないということは、最終的に私を、それまでのパートナーから別れさせ、競争を続ける日々へと導いた。いずれにせよ簡単な出口はないし、簡単な決断なんてないことは分かっていた（いや、ひょっとしたら金を受け取って出ていくのが、最も簡単だったかもしれない）。振り返れば、もし私がクリフ・バー社を売却していたとしたら、私は残りの人生で、「本当に売る必要があったのだろうか？」「【売却しなかったとしたら、】会社を成功させることができただろうか？」「巨大会社やベンチャービジネスの資本家たちから、巨額の資本提供を受けないでやって行けただろうか？」と思い悩んで過ごしていただろう。最終的に私が【よき直感に】耳を傾けたとき、聞こえてきたメッセージは簡潔だった。「やってみなければ、成功するか失敗するかは分からないじゃないか」。もし私が会社を売却していたら、それは人生という旅を途中で止めたようなものだ、と。

それはヨセミテ渓谷のハーフドームの岩壁を半分登ったところでヘリコプターがやってきて、残りの半分を頂上まで運んでやろうと申し出たようなものだ。私は完全に登攀をなしえたかどうか、永遠に分らないのである。

クリフ・バー社に関していえば、私は登ることを止めなかった。

この分岐点は劇的だったし、私のいままでの人生で最大のものだったはずだ。私の決断も劇的だったと思う。完全な引退のかわりに、厳しい仕事と巨大なリスクをとるのは過激な行為である。しかし、厳しい仕事に挑み、意義のあるリスクならばあえてとる、というのは企業家の企業家たるゆえんだと私は信じている。

リスクのあるビジネス

Entrepreneur（起業家）を字引きでひくと、「リスク」がこの言葉の定義の中心になっている。ウェブスターのサード・ニュー・インターナショナル・ディクショナリー（Webster,s Third New International Dictionary）では、「ビジネスベンチャーとは、リスクがあるのは当然と思う人」と定義されている。起業家にとって念頭におかなければならないのは、「どれだけのリスクをとる心構えがあるのか」「どの時点でリスクが大きくなりすぎて、操作ができなくなるのか」という点である。

私たちすべてに、リスクのメーターが備わっている。ある時点で、警告のブザーが鳴り始める。そのポイントは、あなた自身が自分の限界を知っていることにある。私のリスクの限界点は比較的高く、若いころからスポーツや音楽をつうじてさらに高くなっていった。私がハイスクール時代に初めてジャズのソロを演奏する機会を得たとき、私はソロの演奏部分を楽譜に書かなった。流れにのせて即興で演奏するために、オープンにしておいたのである。演奏前にはこれが恐ろしかった。二〇〇〇人の聴衆の前で演奏を始めて、なにも演奏できなかったらどうしよう？　とんでもない演奏をしたらどうしよう？　【いずれにせよ】なんの代案なしで、私はソロ演奏に臨んだ。

ロッククライミングにしても、リスクをもって定義づけられるスポーツである。私のパートナーたちはヨセミテでのスキーやハイキングを教えてくれたが、私のクライミングへの情熱に彼らは反応せず、ゾクゾクもワクワクもしなかった。私は、私が決して不注意な人間ではないことを彼らに保証して、クライミングは彼らが思うよりはるかに安全なスポーツであることを実際に示してみせた。それでも彼らはロッククライミングにチャレンジしようとはしなかった。一五年の間、私はチャンスがあると岩壁を登った。私は岩壁と氷壁登りを愛した。たまらなく面白く冒険的だったからである。私は、私の多くの友人のように洗練されたクライマー【登攀者】ではないが、岩と氷の上ではすべてを計算しつくしたうえで、数えきれないほどのリスクをとったのは確かである。クライミングは私に「恐れること」を教えてくれたし、私が可能と思っていた以上のこと、つまり人生とその意味についても教えてくれた。

カリフォルニア州フレモント。アメリカン・ハイ・スクールでの最初のジャズ・ソロ演奏

　ロッククライミングとジャズの即興演奏は、ともに、リスクを背負っておこなうものである。それと同様に、あの日のパーキングロットでの決心もリ

スクをともなっていた。ある人たちは私が取ったリスクに息をのみ、「自分たちなら決してできない決心だ」と私に言った。「自分は確率をひっくりかえす」と私が言ったとき、私のビジネスパートナーは震え上がった。実はどうすれば確率をひっくりかえせるのか分らなかったのだが、会社を成長させるために正しいことをすれば、それはできると私は信じていた。リスクはあったが、それらは計算したうえでとったリスクだった。その一つは、私が会社を経営し続けるというものだった。引退するかわりに、私はより一層、本当により一層働こうと真剣に思っていた。計算のもう一つは、私が経営をになう決心をすることによって発生する会社の発展を、計算してみることだった。

私は失敗するかもしれないリスクをとった。もし私が失敗すれば、会社は一年もたたないうちに価値が半分になるかもしれない。私のビジネスパートナーや投資銀行の役員たち、ベンチャービジネスの投資家たちは、「そら見てごらんなさい。そうなるって、言ったでしょう」と、言うだろう。社員たちはレイ・オフ（一時的解雇）される。私は「チャンスがあったときに、オファーを受けておけばよかった」と悔やむかもしれない。それでも私は、「会社というソロをリードすることができなかった、と思い知るだけ」というリスクのほうをとった。

私と私のパートナー【リサ・トーマスというビジネス上のパートナー。彼女については後出】はともに会社を経営してきたし、彼女は当時ＣＥＯ（執行役員）でもあった。私は、会社をやっていけるかどうか分らなかったし、最終的には理想を失うかもしれないというリスクに限りなく近づいていた。会社を売却する事態を迎えるのは、私の理想、価値観、約束に、妥協を強いる結果を招くかもしれない。しかしながらそれら【私の理想、価値観、約束】こそが、まさしく「会社を売らない」と私に決心させた、そのものだったのである。

結果を知ることはできないが、私はリスクを計算した。すべてを量りにかけ、最悪のケースのシナリオでも、ロッククライミングのときのように自分はジッヘル【確保】されているのだと信じ、死に向って落下するのではなく一フィート【三〇センチ強】だけ落ちるだけのことだ、と心に決めた。一フィートだけの落下なら、私の誠実さ、仕事への情熱、そして決してギブアップしないという精神は、傷つかないまま残る。

お金の方は？

六〇〇〇万ドルという金額は、たった一〇〇〇ドルの所持金で会社をたちあげた男にとっては法外な金額である。当初私は、その額の実体をイメージすることすらできなかった。ちょうど一〇年前、私は三三歳で寝室も暖房もないガレージに住み、年収は一万ドル足らずだった。いまでは、私の周囲にいる知人のだれよりも、ポケットが豊かだと言えるだろう。それは宝くじで当り籤《くじ》を引き当てたようなものだ。

奇妙なことに、過去の日々において自分がいつか金を得るようになるとは想像できなかった。

「次になにをやろうか？」「妻と一緒に、なにをしようか？」とは考えたが、それがどのようなものか、心に描いてみることさえできなかった。「素晴らしい。電話を買うことができる。私の好きな国イタリーに別荘を買うことができる」と思った。しかしキットは、その金を使ってなにをするかというようなことで、興奮などしなかった。そのころ私たちは、まだ幼い子供たちをかかえていた。私の妻キットは彼女が夢見る以上の金を手にして、夫と一緒の時間をもっと持ちたかったかもしれない。結婚のパートナーとしての私が、父親としてもっと子供との時間をもてるようになって欲しかったかもしれない。しかし、それでもクリフ社の売却は望まなかった。

皮肉なことに、私はガレージに住んでいるときはとても幸福だったのである。私は自転車レースに参加したし、貧乏だったので一九七六年型のダットサン五一〇（三七五ドルで購入し、所々粘着テープで留められていた）でヨセミテに週末のクライミングにも出かけていた。いい友達にも恵まれたし、仕事も楽しかった。失うものはなにもなかった（愛する妻と家族は別だが）。クリフ・バーはまだスタートさせていなかったから、金を稼いでもいなかったし、人生の空虚な部分を埋めてもいなかった。クリフ・バー社をスタートさせたのは、私の友人たちと私のためにも、もっと良質のエネルギー・バーを作りたかったからだ。

クリフ・バー社をスタートさせる前に、私はノートブックにビジネスプランを書き留めておいた。私のしたいことと言えば、私がすでに楽しんできたことであった。目的は億万長者になることではなかった。私の望みは、適当な給与をもらい、質の高い製品を作り、才能ある人々を雇い、

バークレーのガレージとダットサン510

自分の信条で働き、地域社会に貢献することだった。結局、クリフ・バー社のバーは、それ自体生命をもち、数百万ドルの売り上げをあげるまでに成長をしたが、だからと言って、クリフ・バーが金稼ぎだけのための存在だったことは一度もない。

私は、セレスティアル・シーズニング社の創業者モー・シーゲルに自分のことを語ったことがある。彼は「お互い【のポジションを】交換しないか?」と、問い返してきた。モーはセレスティアル・シーズニング社を育て上げ、クラフト・フード社に売却し、自分はCEO（執行役員）として残った。彼は一九八六年にインドに旅して、ある病院にマザー・テレサを訪ねた。モーはマザー・テレサに、自分はセレスティアル・シーズニング社を去って、NPO法人でボランティア活動に参加するつもりだ、と告げた。マザー・テレサはモーに、「モー、あなたが会社を去りたいという動機は間違っているわ。あなたは、あなたの会社にのこって働くことでこの世にもっとよいことができます。あなたは、あなたが苗木を植えたところで成長なさい」と言い、彼の天職は、会社にとどまることだと告げたのである。モーはこの話を、あたかも痛みを一瞬でもいいから取り除こうとするかのように、悔恨の念をこめて私に話した。モーにもう一度チャンスがあったら、彼は決してセレスティアル・シーズニング社を売らなかっただろう。

私はクリフ・バー社の活動で、なにかよいことをしていると思ってきた。私は会社を大きくしてから売却しようなどとは考えなかった。会社をもち、人々を雇い、品質の高い製品をつくり、博愛主義的な目的に会社の力をつかう、そして多分世界の建設的な変化に関わる。これら以上によいことなどあるはずがない。

ビジネスには金儲けをこえた目的がある。私たちは、人生に意義を探し求める。【会社売却を決断しなければならなかったあの日、】**あの区画を歩いたことは、「クリフ・バーという会社の意味はなんなのか？」という問いかけを、改めて自分自身に投げかけるきっかけとなったのである。**

株主価値の再定義

【巨額の報酬という】祭壇から遠く歩み去らなければならなかったことを、私が後悔したか？　いや、後悔はなかった。その点についていえば、【巨額の報酬を得る寸前までいったプロセスから】むしろ今日ビジネスをおこなう上で多くのことを教わったし、企業家としてのおのれの価値を明確に認識する道へと私を導いてくれた。そのうえ一瞬の決断で、私は本来歩むべき道にもどったのだ。

クリフ・バーは、たとえそれを私が定義づけることができなかったとしても、私にとっては運命か天職だったのだ。私は、クリフ・バー社を代表して、会社を取り仕切るために【神に】召されたと感じている。

会社を売らないこと、私のビジネスパートナー（リサ・トーマス）の株式持ち分を買いあげると決めたことは、キットと私がクリフ・バー株式会社でたった二人の株主になったということだった。私たちはどのような見返りがあるのかをしっかり見つめねばならなかったし、どのようにして見返りを最大にするかも考えねばならなかった。

一般的には、投資に対する見返りで株主価値は最大化される。株式市場は、その最もよい例である。投資をした人が求める通常唯一のものは、投資に対する金銭的な見返りである。あなたが一〇ドルの株を買ったら、次の年の年末にはそれが二〇ドルになることを期待するはずだ。もしそれが実現したら、あなたは友人たちに、あなたが見出したホット・ストック【優良株】について自慢するだろう。しかし、そこにはあなた自身に向ってまだ問いかけられてない質問がある。その会社は投資額に見合うだけの高い収益源を探して、持続可能な企業戦略を決定しているのか？　長期にわたる企業経営計画の決定をしているのか？　もし会社がスタートしたら、投資家たちは自分の金銭的な見返りを無視すべきなのか、どうなのか？　私にとっての株主の価値というのは、企業の価値を正しく判断して――つまり財務内容をしっかりと把握して――、株式を短期保有ではなく、長期に保有する安定株主であることを言う。

キットと私は、会社を成長させていくのに外部からの資本には頼らず、自立した持続可能なビジネスモデルにしたい、と決めた。私たちは、利益をあげられるだけのペースで成長していくことを望んだ。

収益のほとんどは会社にもどして、会社を健全な形に維持するように努めた。利益が必要なことは分っていた。しかし、利益を生み出すことのみが自分たちの存在している理由ではなかった。利益の再投資によってクリフ・バー社は健全な姿をとどめ、長期にわたって社会に貢献しているのである。

株主としての見返りは、「人々が欲しがる健康的な製品を私たちは作っている」と知ることだ。株主の価値というのは、私たちの製品の誠実さを信じることだ。クリフ・バーをまさに買収しようとしていたX社は、原料コストをカットしたかもしれない。私たちは品質の低い原料をつかうことで、もっと稼げたかもしれない。しかしそんなことは、株主として望んだゴールではなかった。よい料理長は、（あなたの財務部を破綻させかねないから、あなたにとって望ましい人物ではないが）最高の品質の素材を常にもとめる。私たちは大量生産で製品を作っているが、美味しくて健康的な製品を作るためにベストの品質——オーガニックの原料を求めている。原料コストを削減することで利益率を上げることなどはしない。これこそ私たちが消費者（または顧客）から得る、「信用」という見返りなのだ。

私たちはまた、環境に対する責任をとり、自分たちのビジネスが環境へ与える影響を査定している。多くの会社が短期で利益をあげようとして、天然資源を使いつくしてきた。株主としてのポジティブ【肯定的】な見返りは、私たちが地上に残すエコロジーへの足跡【「環境破壊」という意味。本書では以下、この表現が使われる】を最少化するために努力し、その結果として得る知識である。人間はこれまで、利益を得ようとして常軌を逸するまでに天然資源を開発してきたが、そんなことはクリフ・バー社はしないことを知って欲しいし、将来の世代が楽しみ愛しむ何かを残しておきたいと望んでいる。

たった二人の株主として、キットと私は生計をたてるだけのビジネスではなく、人々が人生を生き、人生を経験するビジネスを作りだし、維持したかったのだ。私は社員と共に働くのが好きだった。どんなビジネスをやろうとも、私は人々が楽しめ、一生懸命働けて、しかも働くことに意味を見いだせる、そんなビジネスを作り出したかった。もし一年の終わりになって、社員たちが「仕事をしてきてよかった」と感じ、彼らのする仕事に情熱をもち、バランスのとれた日常生活を送っていたら、それが投資に対するポジティブな見返りだと、キットと私は考えるのである。

もし私が会社を売却していたとしたら、地域社会のためにもっと大きなことをやれたかもしれない。しかしいまは、会社の勤務時間内にボランティアの活動をする一六〇人の社員がいる。クリフ・バー社は単にお金を出すだけではない。企業の資源と組織を使うことによって、地域社会に貢献できるのである。二〇〇二年の会議で、私は社員たちに、「私たちは、住民たちの基金で運営されている、地域サービスと環境への取り組みを支援するという贅沢を享受《きょうじゅ》している」と語った。それだけで、ビジネスに身を置く価値は十分である。キットと私にとって株主の価値とは、自分たちを保護して育ててくれる地域社会にお返しのできる資源をもっているということなのである。

年の終わりにバランスシート【貸借対照表】を見て、私は自分たちが、長い期間、将来にわたる準備をしている会社のよき管財人だったと思いたい。私たちは株主価値をどう定義づけるかという、その基準を選択し、製品の誠実さ、社員の質の高さ、地域社会からこの大地に至るまで、すべてバランスシートの項目にふくめるのである。（第七章で、株主価値の新しい定義づけを詳細にわたって述べるビジネスモデルを、もっと精密に組み上げて説明する。）

なぜこの本を書いたのか

もし私が会社を売却していたら、この本は決して書かれることはなかっただろう。この数年間、私がクリフ・バー社の話をするたびに、「それで、いつ本を書くつもりですか？」とたずねられたものだ。この本は、私が創設し育て上げた会社を、ほとんど売却しそうになった瞬間について書いた本である。売却の瞬間とは、情熱と勇気と誠実と価値を維持し続けれるかどうかを試された瞬間だった。読者の方々が、クリフ・バー社が何をもって生きのび、何をもって生き続けているのかを知り、勇気づけられることを私は希望する。私たちの成功と失敗から、何かを学び取られることを望む。私は、自らの「公現祭のライド」を語りながら、あなた方が自分自身のアイデアに従うように勇気づけられることを望む。一体何人くらいの人たちが、「いつか本を書きたい」と言うのだろうか？　そして彼らは三〇年間そのことを言い続けるのだろうか？「いつかレストランをはじめようと思う」。そう言う彼らは、二〇年間そのことを言い続けるのだろうか？私は自転車に乗っていて得たアイデアを実現し、それを続けていったのだ。

私は、自分たちのビジネスモデルと株主価値【の考え方】に、他の会社に影響をあたえる部分があることを希望している。もし株主の価値、あるいはボトムラインが金でなかったとしたら、どうだろうか？　私はほとんど会社を売りかけた。その私が、いま「なぜクリフ・バー社はいまなお存在しているのか？」と自分自身に向かって問いかけているのである。こうしたクリフ・バー社への数々の問いに答えるため、そして私個人のために、この本を通じて問いかけに答えていきたいと思う。

なぜ私が多くのエキスパートのアドバイスに反して、個人企業にとどまったのか？　なぜ一介の男が多国籍企業の役員たちを送り返してしまい、六〇〇〇万ドルのオファーから歩み去ったのか？　この本は〝なぜ〟と〝いかにして〟の物語なのである。

そして、サイクリストの物語でもある。

第2章

公現祭のライド

クリフ・バーの初期の時代

クリフ・バーを創設する以前の時代、私は毎年ヨーロッパの山々をサイクリングをして廻っていた。アルプス、ピレネー、ドロミテ。この長期間にわたる自転車旅行で、私の友人と私は【一回で】一〇〇〇マイル【一〇〇〇マイルは約一六一〇キロメートル、一〇〇マイルは約一六一キロメートル。以下この数字を目安にするとよい】から二〇〇〇マイルの距離をカバーし、そのほとんどが山越えの道だった。自転車旅行をしていないときには、私はカルファルニアのシエラネバダ山脈からスイスやフランスのアルプスまで、山頂を極めようと、ロッククライミングをしたり登山をしたりしていた。そんなことをしている私を、どこかでだれかが見たことがあるかもしれない。一九八六年から一九九二年にかけては、それに加えてアマチュアのロードライダーとして自転車レースに参加した。

パワーバーを知ったのも、こうしたレースの最中のことだった。当時パワーバーは、マーケットに出回っている唯一のエネルギーバーだった。レーサーは全員このバーを食べていたので、私も食べ始めた。友人たちも私も、パワーバーをレースやマウンテン・トレックのときに携《たずさ》えていた。私はまだその味や栄養価については、あまり興味がなかった。

アルプスでの一六〇〇マイルの自転車旅行から帰って数か月後、親友のジェイが電話をかけてきて、サンフランシスコのベイエリアを、新しく考えたルートで走る計画に私を誘った。ジェイはいつも地図を研究していて、新しいサイクリングルートを考え出していた。

ジェイは偉大な冒険になる、というルートを図表に書き出し、全走行距離は約一二五マイルと計算していた。ジェイと私は各自六本のパワーバーとバナナ一本とスポーツドリンクを用意した。夜明けに出発し、リパーモア峡谷に向ってパターソン峠をぬけ、カリフォルニア水道に添って約三〇マイル走り、それから西に向ってデル・プエルト峡谷という絵のように美しい道を走った。ハミルトン山の頂上に達したとき、すでに一二〇マイルを走破していることに気づいたが、まだ【残り】三分の一の道程を走らねばならなかった。私たちの行程は明らかに【予定した】一二五マイル以上あり、多分一七〇マイルの距離に達するだろうと思われた。私は六本のパワーバーのうち五本を食べた。疲れていたし、空腹でもあった。サイクリングの最中に、ボンキング【ガッンとやられる】とよばれる状態が私におこった。急速に体力が失われていって、まったくエネルギーがなくなってしまった。最後のパワーバーを食べる必要があった。だが突然それをのみこめなくなっているのに気づいた。口の中に押しこめないのである。

幸運だったのは、私たちがハミルトン山の下り勾配に入っていたことだった。ジェイと私がハミルトン山を下っていた丁度そのとき、クリフ・バーへの旅立ちにおける「最初の公現祭」が私【の脳裡】に閃いた。「たぶんパワーバーよりよいものを、自分は作れる。六本食べなければならない場合、最後の一本を呑みこまなくても済むようなものを」と。結局一七五マイル走って、私とジェイはその日のサイクリングを終えた。どのようにして家に帰り着いたかって？　ハミルトン山の麓から少し離れた所にあったセブン・イレブンでパウダードーナツを六個食べて腹を満たし、暗闇の中を家路についたのである。とにかく、こうしてサイクリングはやってのけた。

「公現祭」のライドですべてが始まった。もし一〇〇マイルしか走行せず、六本のパワーバーの代わりに四本しか携行していなかったとしたら、どうだろう？　私はジェイのとんでもなく突飛な旅と、それがもたらした思いがけない成果に感謝をしている。あの極限状態は、どの時点で必要な栄養を補給する代替物が必要となるのか、という問いかけで私を試したのである。

私にとってベストのアイデアは、それがサイクリングの最中であっても、ビジネスの真っ最中であっても、しばしば思いがけない場所で、極限状態にあるときに浮かんでくる。可能だと思っている以上のレベルに押し出されることにより、新しいアイデアへの入り口が作りだせるのだ。サイクリングでの公現祭は、純粋に直感的な瞬間だったが、それはある点で意味があり、私の人生にあった三つの要素を一点に結びつけた。三つの要素とは、私のサイクリングへの情熱、味覚に対する繊細さ、そして自分がベーカリーを経営していたということである。

当時私は、ある自転車会社で、サドルのデザインにもたずさわっていた。サイクリストとして、あるいは産業に従事する一人の労働者として、私はパワーバーの導入と配達の成功例を見ていた。当時は全国どのような自転車店にも、パワーバーが置かれているように思えた。すべてのバイシクルレーサーは、私も含めて、このバーを食べていた。箱ごと買ったこともある。しかし一日六本食べたことはなかった。

自転車競技のレーサーたちはパワーバーの味について、本当になんの文句も言わなかった。私たちの競技参加【のための体力】を支えてくれるから、飲み下さなければ仕方のない苦いピルであると位にしか思っていなかった。私もこれを受け入れていたが、私は母親から味への繊細【な反応】を教えられて育っていた。

私の家族にとって、休日はギリシャのお祭り日と同じで、私はクロワッサンを母親と焼いて育った。これに加えて、ジェイと私は、アルプスからピレネーにかけてのサイクリングツアーで、すばらしい食事を味わった経験がある。さらに私は目的がなにであれ、口に入れる食べ物の味で妥協をしたことはない。私にとって偉大なサイクリングと偉大な食事は、分けることのできないものだった。

私はまた、卸会社カリーズ・スイート・アンド・サイバリーを、友人のリサ・トーマスと共同経営していた。一九八六年にカリフォルニア州のバークレーで始めたカーリーズは、美味しいクッキーとヨハとよばれる香辛料入りのギリシャの製品を作っていた。私の母がレシピ【献立表】を作った。その中のいくつかは、ギリシャ生まれの祖母カリオペから伝えられたものであった。味へのこだわりは、私たちのベーカリーの本質的要素だった。私たちは製品を市場にだしはじめていたし、自然食品産業に配布も始めていた。それを通じて、有機栽培の材料も製品のいくつかに用い始めていたのである。

私たちの公現祭、つまり直感的な洞察力は、往々にして私たちは何者なのか、私たちは何をなしえるのかを、まったく予期せぬ形で映しだすものだ。私はそう思っている。私はサイクリストで、エネルギーバーの消費者だった。私は食べ物が好きだ。私はベーカリーを所有していた。材料はすべてそこにあった。私に必要だったのは、それらをどう結び付けるのかを認識することだけであった。私には技量もあったし、新製品を作りだせるだけの背景もあった。

市場でただ一つしかないエネルギーバーより優れたバーを作りだせると、私は信じていた。時《とき》は、まさにそのときだったのである。

成功する起業家たちは自分が何者か、自分が何を知っているかを、よく理解している。そして、そこから驚くべきコンビネーションを作りだすものである。

母のキッチンからスタート

私は母に電話をした。母は私の知る限りで最も創造的なベーカー（菓子つくり職人）のエキスパートだった。「母さん、訪ねていくよ。あるものを作ろうとしてるんだが、母さんの助けが必要なんだ」

私は、エネルギーバーにどのような材料が使われているのかを調べ始めた。原材料を買い込み、既存のエネルギーバーの仕様書を分析してみた。その過程で分かったのは、エネルギーバーには過度に処理をされた材料が使われているということだった。ビタミンとミネラルは、ほとんど取り去られていた。私は、自然で、あまり処理されていない材料が必要だと思った。一方、母のクッキーはすばらしい味だったが、バターと白砂糖とオイルが使い過ぎだった。私の望むバーは、

ゲーリー、母（マリー）と祖母のカリオペ

栄養上のプロフィールはパワーバーに似ているが、自然の素材を使い、味は母のクッキーと同じくらい美味《おいし》い、というものだった。たとえそれが一七五マイル走行してから食べる六本目のバーであっても、すばらしい味であることを望んだ。

私と母は美味くて、自然な材料だけを使ったエネルギーバーを作るために、準備を整えた。母のレシピを使うことにして、そこからバターを除いた。砂糖の代わりには、自然に処理されていて、複合糖質も、単純な糖質も含んでいるライスシロップを使った。そのころのエネルギーバーのように、タフィー【キャラメルの一種】みたいに硬くて、粒目のあるものにはしたくなかったので、表面の滑らかさに注意を払った。「なぜあなたの製品は栄養価が豊富で、クッキーのように表面が滑らかなのですか?」という質問がでるように、というのが要点だった。

私たちは【まず材料を】かきまぜ始めた。しかし、へら（パドル）は折れ、キッチンエイド・ミキサーのモーターも焼私のゲーリーについての記憶は、自分の自転車のサドルにスペアーチューブかタイヤの代わりに、ロッククライミング用の靴を縛りつけていたことだ。

あるとき、私たちの一団は彼のトランペット演奏を聴きに、ロックリッジ・バート・ステーションの近くまで出かけて行った。ゲーリーはサイクリングのとき、彼の自家製のバーをもっていくのが常で、私たちに味見をさせるのである。貧乏なバイク・レーサーだった時代の私が、タダでカロリーをもらって喜んでいながら、それがかなり美味いと考えていたことを思い出すね。そのときのことは、もうはっきりとは覚えてないが、彼の家庭で焼いたものだ、と彼が言っていたと思う。作ったのは、オバアサンだったかな？　とにかく、バーで腹を満たされてサイクリングを楽しんだことが、何回もあるよ。

エリック・ザルタス、自転車レースの元ナショナルチャンピオン

けた。小麦粉の大きな袋と容量五ガロンのバケツに入ったべたべたするシロップが、母のキッチンと食糧棚をいっぱいにした。私は母のきれいなキッチンを、散らかしてしまった。六か月の間、私たちは材料を混ぜ合わせて焼き、オート麦、乾燥果実およびあらゆる自然に甘味をつけるものを、大量に捨てたが、母は気にもかけなかった。母は息子の周りをウロウロしながら、大好きなベイキングに精をだしていた。

公現祭のライドから六か月後、ついに私たちはバーを掲げた

母のキッチンでのバー作りから、どのようにして工場生産に移行したのか？

ビジネスの面から言えば、カリーズ・ベーカリーの共同所有者であるリサには相談せずにことを進め、クリフ・バーが実現してからも彼女との五〇・五〇《フィフティ・フィフティ》のパートナーシップは続けた。私たちのベーカリーは小さすぎて、クリフ・バーを作る設備がなかったのである。幸運なことに、私たちは設備が整っている地方のベーカリーを見つけることができて、製造からパッキングまでを委託し、パッケージやいくつかの原料、私がデザインしたかなりユニークな形の鋳型などを供給した。それでも順調に製造を開始するのは、とても難しかった。契約をしたベーカリーは一度もクリフ・バーのような製品を作ったことがなかったばかりか、私たちが要求したねり粉はクッキーのねり粉よりはるかに密度が高く、腰が強かったので、一〇〇〇ポンド【四五四キログラム】の荷重に耐えられるミキサーのモーターを、いくつか吹き飛ばしてしまった。ありがたいことに、彼らは大笑いをしただけでことをすませる配慮を示してくれた。この生地をねる難しさは、同時にポジティブ【有利】な側面も生んだ。追撃をしてくるメーカーたちが、製品をコピーできなかったのである。今日まで、だれもクリフ・バーをコピーできていない。

製品を市場に出荷する日まで、待てなかった。だから何十人もの友人たちに、製品を試食してもらった。

私はバーを自転車レースや週末のクライミングにもっていって、秘密厳守を誓わせながら彼らに試食させた。いまになって彼らはよく私に、「あのころ、こんな簡単な包みに入ったバーを私にくれたのを覚えているかい？」とたずねる。驚くべきことにパワーバーは私たちがすでに彼らの裏庭まで入っていたのに、クリフ・バーの製造を始めるまでなにも知らなかったのである。私たちは一九九一年秋の自転車ショーの大会で、バーの販売を始めると決定した。

デザインを作成する段階に入っていた。私はながいあいだビジネスに関わってきたし、大学でビジネスを学んだが、商標デザインについての知識はあまりなかった。私はこの分野で大変な創造力をもっているドウ・ギルモアをデザイナーとして考えていた。彼とは自転車会社に勤務していたころ、会ったことがあった。ドウは、私がそれまでに会ったどの人間とも違い、素晴らしいユーモアのセンスと芸術の能力に富み、それらをビジネスの世界に芸術としてもちこんだ人物である。「あなたに製品の包装のデザインを作ってもらいたい」と、私はドウに言った。「まだ名前もないし、どんな形のバーになるかも分ってないが……」

ドウは、わかったと答えた。それで新しいバーが焼き上がったとき、ドウと私はサンフランシスコのマックスのオペラハウス・カフェで会い、ナプキンにビジネス・ストーリーを書き示しながら説明をするという、【アメリカのビジネスマンが】よくやるやり方で話し合うことにした。私が新しいバーについて説明をしている間、ドウは私に眼を向けようともせず、ナプキンにいたずら書き【のように見えたもの】を書いていた。話が【ある程度まで】進んだとき、私はスケッチを見てドウに言った。「デザインはできあがったと思うよ」

ドウはロッククライマー【岩登りをしている登山家】を描いていた。ドウがナプキンのスケッチで作りだしたデザインのエッセンス【本質】は、クリフ・バーのパッケッジにいまでも残っている。バーはできた。パッケージも決まった。しかし、まだ製品には名前がなかった。私は、パワーバーのようにタフで力強いイメージをあたえる名前、それが欲しかった。私はフォルツァと言う名前を考えた。イタリア語で、力を意味する言葉である。私はトルクゥイーと言う言葉も好きだった（実際、数年後トルクゥイーと言う名前のバーがつくられ、市場に出てきた）。自転車のクランクを思い描いたこともある。ドウは私のアイデアに反対をして、私が知らないうちに〝ゲーリー・バー〟と名づけた。このことを私に告げながら、ドウは次のように言った。「これは君だけのものであるべきだ。これは君の夢で、君の創造物なのだ。君は消費者であり、自転車レースのレーサーでもある。【製品を通して】そうした話をしろ」

クリフ・バーのパッケージのデザイン。ゲーリー・バーの最初のパッケージデザイン

　なにかしっくりせずに、不承不承だったがドウの提案に従うことにした。そのうえで、私たちは登録商標をチェックしていった。するとゲーリーズ・オール・ナショナル・ピーナッツという製品が見つかった。「まあ、これは厳密にはバーじゃない。【だが

一応】会社に手紙を送って、私たちが何をしようとしてるのか告げようではないか」

手紙をだしたら間髪をいれず、その製品を作っている巨大な多国籍企業から返事が来て、「名前を使用するなら弁護士団があなたがたを追求し、ゲーリーバーのことをあなたがたが考えるたびに、後悔するほどの損害賠償金請求の訴えをおこす」と書き寄こしてきた。この名前は使えない。これが夏の中頃の話であり、九月には重要な自転車の展示会が控えていた。何千という自転車店の注目を集められる大切なチャンスの場である。しかしながら、私たちの製品にはまだ名前がなかった。

ドウと私はパッケージ・デザインの制作で、定期的に彼のサンフランシスコのオフィスで会っていた。自転車展示会のちょうど前日、私はドウに会いにいくためベイ・ブリッジを渡った。そのとき父の名前、クリフが頭に浮かんだ。

パッケージに岩壁《クリフ》は描かれていたけど、父の名が頭に浮かんだことはなかった。だが【サンフランシスコのベイ・ブリッジを渡っていた】そのとき、私は山の岩壁《クリフ》を考えていたのではなく、父の名前を考えていた。彼がどのようにして私を野生の世界に導き入れてくれたのかということ、そして、クリフ・バーの包装がすべて【山、川、森などの】アウトドアの風景になったこと、などが脳裡に満ちていた。クリフというアイデアは、私をわしづかみにした。ドウもこのアイデアが気に入ってくれればいいが……と願った。二人とも興奮していたし、神経質にもなっていた。私はドウに「名前を見つけた」と言った。ドウはすぐにコンピューターのスクリーンを開いた。そして私に一瞥《いちべつ》もくれずに、グラフィックを作り始めた。私は、「クリフ・バー、私の父の名にちなんで」と言った。それでも彼はふり向かなかった。その代わり、彼はスクリーン上で箱を作り始めた。

最も生き生きとした思い出は、マックスのコーヒーショップで始まる。まず、ナプキンが出て、それからゴチャ書き。私とゲーリーの活気に満ちた対話は広範囲にわたり、やがて「分かった。これだ。これが私たちの進む方角だ」となった。その後の何日か、私は午後のオフィスで比較的新しいソフトウエアーのプログラムを入れたコンピューターを前に、アイデアを絵にし始めた。最初の試みはスケッチではなく、登山家の姿を注意深く描くことだった。頭に毛を描かなかったのは、そのころゲーリーが禿げ始めていたからではない。描けなかったのである。数日後、私は最初の絵をゲーリーに見せ、彼は私と同じように大変気に入ってくれた。絵がエネルギーに溢れていたからである。

他の会社のものはどれも同じに見えたので、棚はクリフ・バーの商品で占められていたかのようだった。多国籍企業の商品は全て均質化されていて、個性的であることから離れていく傾向にある。しかし材料から生命をとりだして、それを生命あるものとして詰めなおすとき、大事なのは、オリジナリティをしっかり維持しておくことである。

ドウ・ギルモア

かくして、クリフ・バーという文字に対し、円、正方形、長方形などを使ってデザインし始めた。こうして出来上がった名前を、彼はパッケージ上に、ギルモアフォントで正確に置いた。最後に彼は私と目を合わせることなく、「気に入った」と言った。かくして、クリフ・バーは市場へと出ていったのである。

個人的なものにしろ。そう言うと、あたり前のことのように聞こえるかもしれない。しかし私は、個人的な情熱、私自身の人生経験と能力を積み上げていくことを学んだのだ。自分の知っていることをやれ。そして、あなた自身を体現できることをやれ。

躊躇《ためら》いなく実行する

クリフ・バーは一九九一年の自転車の展示会から活動を開始した。一〇〇〇をこえる自転車のショップが、私たちの新しいバーに興味を示してくれた。一九九二年二月、クリフ・バーは正式にスタートし、二、三か月の間に、七〇〇のバイクショップが私たちの製品を販売するようになった。クリフ・バーのアッという間の成功に、私は驚いた。一九九二年に、年間の売り上げは七〇万ドルに達した。一九九三年には一二〇万ドル、次の年には二二〇万ドル。売上げは飛躍的にのびつづけて、一九九六年には五〇〇万ドルから一〇〇〇万ドルの間にあった売り上げは、一九九七年には一〇〇〇万から二〇〇〇万ドルの間に達した。

クリフ・バーの成長の鍵は、消費者の口にバーを入れられるかどうかにかかっていた。マーケットにクリフ・バーを知らしめるのには、伝統的な方法で広告宣伝媒体を使い電撃的にひろめる、というのがあるが、私たちには資金がなかった。そこで草の根《グラスルート》を使った。マラソン大会の会場やバイシクルレースの場でアスリートたちに、登山ではトゥオルミ・メドーやヨセミテ渓谷で登山家たちに、バーを手渡した。そしてロッククライミングの仲間には数ダースわたして、彼らの知り合いに渡してくれるように頼んだ。スポーツのイベントがあれば、ブースをたてた。ボストン・マラソンのときのことを思い出す。友人のテッドがブースを訪ねてきたが、二日間にわたってサンプルのバーを切り分ける手伝いをする羽目になった。大忙しだったので、二人ともトイレに行く間もないほどだった。

最初人々は立ち止まらずに、ブースの側を通っていくだけだった。多分、どのエネルギーバーも味は同じだ、と思っていたのだろう。「どうか一度試してみてください」と、私は彼らを説得した。不承不承に彼らはサンプルをうけとって口に入れ、通路を歩み去っていく。だがしばらくすると、彼らは驚きと興奮の表情でもどってきた。

数年間、私たちは草の根の宣伝活動をつづけ、人々をクリフ・バーへと惹きつけていった。彼らを試食するようにうまく説得することがポイントだった。この集中的な草の根宣伝活動で、私たちは消費者に、「パワーバーだけが手軽にエネルギーを補給して、体力を維持する商品ではない」という印象を浸透させていった。

最初私はアスリートたちだけが顧客だと思っていたが、すぐにまったく新しい分野の顧客層が現われた。自然食店《ナチュラルフードショップ》で買物をする人たちである。この顧客たちは持ち歩きやすく、便利で、栄養価が高い、美味《おい》しいものを探していた。一九七〇年代の食品産業が作るクッキーは見栄えこそ素晴らしいが、食べるとゴミのようなものが多かった。クリフ・バーは外見は美味しいクッキーのようだったが、自然食で栄養価が高かった。販売は、自然食産業の分野でも伸びていった。私たちは自転車店とナチュラルフードの店に【市場を絞って】優先的に販売をしていたから、この理由はわかる。この二つの領域での顧客は、私たちのやっていることのお得意さんだった。

振り返ってみると、私たちはタイミングという点で信じられないほど幸運だった。はじめたときは、栄養食品やバーといったカテゴリーで第二位だったが、数年後にたくさんの競争相手があらわれた。今日の市場には、多くの味、商標《ブランド》、会社が入り乱れていて、何百という栄養食品やバーが溢れている。新しい分野に進出するには、タイミングこそが全てかもしれない。私たちはまさに消費者が必要としたときに、必要とされたバーを提供したのだ。

成功の鍵は、バーを人々に味わってもらうことにある。起業家は、新製品を人々に試してもらうためにあらゆる手を打たねばならない。それには、私のケースで見るように、あらゆる場所で、まだ潜在的な顧客に製品を手渡す努力をしなければならない。

ガレージからRV（キャンピングカー）へ

私の生活は、クリフ・バー社を立ち上げてから最初の数年間で、劇的に変化した。一九九四年には、私は三七歳であって、母は私が一体結婚をするのだろうか、あるいは子供をもちたがるのだろうか、といぶかっていた。一年後、私は三人の子供の父親になっていた。二人は私の妻の連れ子である（ラブストーリーについては、第五章で話す）。

結婚をしても、私はまだ友達とにつるんでいたり、ヨセミテにクライミングをしに行くのにダットサンの五一〇を運転していたが、もはやガレージには住んではいなかった。法的に許可されたキャンピングカーに、妻と三人の子供、それに犬一匹と住んでいた。母の願いは実現したのだ。ある意味ではだが……。現実的に言えば、家を建てようという敷地の前にキャンピングカーを止めて、私たちは生活をしていたのだ。それはおそらく母の夢でもなく、自分の息子に到達してもらいたい目標でもなかっただろう。私はまだクリフ・バーから、家を建てるだけの給料をもらってはいなかったのだ。しかし土地は持っていた。だから、いつかは家が建てられるという、希望をもっていた。

私の生活はかなり複雑に見えたかもしれないが、気分のよいものでもあった。朝は六時に起きて、敷石用のタイルを切り、七時半には子供たちを学校に送り出し、キャンピングカーの流しをきれいにする。ある日には、それからスーツとネクタイを身につけ、法廷へと向かったのを覚えている。法廷だって？　スーツとネクタイをつけて出廷するのは私のプランにはなかったのだが、私たちは訴えられていたのである。

弁護士は「殺さない」こと

大量の広告を出すことは【経費的にまだ】実現できなかったが、私たちは大きな目標に向かって一つの宣伝広告をうった。狙いを定めて、競争相手とこちらとの違いを明確にしようとしたのである。ドウと私は印刷広告で「あなたの身体です。あなたが決めることです」というキャッチコピーを作った。広告は、クリフ・バーを構成している原料を写真で示し、その横にパワーバーが使っている原材料のリストを並べたものだった。パワーバーが高度に加工した白い粉と化学調味料のようなシロップを使っているのに対して、クリフ・バーは無漂白の穀物に果実と自然の甘味を使っているという違いを、ビジュアルに示したものだ。

二日後、バワーバーは、「製品に誤解を生じさせるような説明をしている」と訴えを起こし、三〇万ドルの損害賠償を求めてきた。この時点で、私たちは一種類のバーしか売っていなかった。そして、私たちは実際使用されている原料の写真を掲載していたから、相手は勝訴できなかったし、私たちは五〇〇〇ドルを得て裁判を終えることができた。

私たちと弁護士たちを巻き込んだもう一つの問題は、流通に関してのことだった。私たちは製品を末端まで流通させるのに卸業者を使おうと決めていた。ひとつはスポーツ用品と自転車の販売代理店で、もう一つは自然食品産業の店だった。スポーツ用品の代理店は、たまたま私がかつて勤めていた会社であった。二つの会社とも、始めはなんの問題もなかった。しかしながら、一つの卸店の支払いが次第に滞りがちになり、さらに二つの代理店ともより多くのクリフ・バーを欲しがるようになったのである。流通のコントロール権をとりもどして、自分の組織内で流通支配をおこなわないと、ビジネスそのものが押し潰されてしまう。

しかし、私は大変なミスを犯していた。無邪気にも、私は契約書を交わさず、握手だけで取引関係に入っていたのである。すなわち、彼らに過大な流通の支配権をあたえながら、このような状態になったとき、こちらの立場を主張できる法的な合意書がないというありさまだった。一つの会社とは、一〇万ドル以下の示談金で決着をつけ、他の会社、つまり自転車会社とは法廷闘争になった。私たちは弁護士費用を含めて一九〇万ドル支払って決着をつけた。これらの会社との結びつきを切るため、私たちは約二〇〇万ドルのコストを支払わねばならなかったことになる。年間売り上げが、やっと二〇〇万ドル強だったころのことである。

私は起業家の方々に、当初から法律顧問を雇うことを薦めたい。何年もの間、私は多くの人たちが新しいビジネスを始めるにあたって、弁護士を雇うのを避けてきたのを見てきている。理由は、弁護士費用を払うだけの金がないと考えているからだ。しかし私の苦い経験から、一回三時間半のミーティングで、将来の一〇〇万ドルを救うことになる。私自身は法律顧問に頼るようになったし、信頼もしている。

波に乗って

わぁー、なんという調子のよさだ。この素晴らしく情熱的で、因習に縛られない会社は！クリフ・バーの成功の鍵は、その精神にある。クリフ・バーの精神は、この拡大し続ける家族に新しいメンバーが加わるたびに、理想主義によって再注入され、受けつがれていく。

クリフ・バーの社員

一九九四年の秋、私たちは流通も本社管理とした。いまやリサと二人の社員と私は、文字どおり何でもやることになった。タッチしない部門なんてなかった。

与えられた二四時間という時間内に、私は新しいクリフ・バーの味を発展させ、床拭きをやった（あるいは二つを同時にやった）。このビジネスモデルは、ベンチャー・キャピタルの資金提供でスタートする会社が用いるモデルとは少々違っている。私たちは何もかにも自分自身でやったが、彼らはフルスタッフで豪華なスタートを切るのである。

私たちは草の根のマーケティングに頼っていたし、私はビジネスのこの部分を刺激しようと考えていた。一九九五年まで、私はこの分野を一人でやった。全てのスポーツと自然食のイベントを探し出し、私たちがスポンサーになったアスリートにも知人友人にクリフ・バーを試すように奨めてくれと頼んで歩いた。

一九九五年、私はよき友人のポール・マッケンジーを雇い、私たちがスポンサーになったスポーツ選手とイベントの名前がのった分厚い書類の束を手渡して言った。「こいつを受け取れ。そしてグラスルート・マーケット・プログラムを発展させてくれ」。

彼は期待以上にやってくれた。雑誌、広告、写真、アスレート、スポンサーを総動員して働き、すぐにすべての部門を拡大した。ポールの起業家精神は、クリフ・バーの初期の時代、私たちがどのように働いたかを象徴している。種はまかれて、成長していったのだ。

クリフ・バーは任務を遂行していった。続く数年間で、年間売上は二〇〇万ドルから五〇〇〇万ドル、五〇〇万ドルから一〇〇〇万ドル、一〇〇〇万ドルから二〇〇〇万ドルへと成長していった。ビジネスはすべての面で成長していた。クリフ・バー株式会社は三人で始まり、五人になり、それから七人になった。私たちは絶望的なまでに、人手がたりなかった。管理担当者、人員配置の担当者、販売担当者、セールス担当者などなど。私たちのお決まりのジョークは、「もし誰かがオフィスを通りかかって一息入れていたら、オフィスに引っぱりこんで電話を手渡し、電話をかけて、相手に出てもらえって言うだろう」というものだった。幸いなことに、私たちは「やってきて一休みする」という基準で才能ある人々を見つけられたし、彼らのほとんどがいまでもクリフ・バーで働いている。

初期の時代、クリフ・バーは小さな倉庫の一区画に入っていた。冬は寒くて湿気があり、埠頭に近かったので水があふれてくることもあった（食料品を貯蔵している会社にとっては、これは深刻な問題だった）。ポールと私のオフィスは倉庫の中にあった。ハイスクール時代の友人からもらったデスクは簀子《すのこ》を置く棚の下にあった。

仕事は切れることがなかったので、私は倉庫を一時的な住まいにして、カウチ【寝椅子】とテレビと間に合わせのキッチンだけで、数週間住んだこともある。私は夜遅くまで仕事をした後、ベッド（カウチ）にもぐりこんだ。そこから起き出そうともがいている間に、社員が出勤してきた。私は新しい味の開発を続けて、やがてオリジナルの三つの味に、一〇の新しい味をつけくわえ

行ってみたら、そこは小さなオフィス一つ分のスペースしかないちっぽけな倉庫の一区画だった。そこに私の場所などなかった。ゲーリーは書類の束を私に渡して、内容をまとめて、組織するように命じた。私が仕事に取り掛かるため、書類を家にもちかえったのは、私のコンピューターがオフィスになかったからである。二番目の区画が空いたとき、私は自分のデスクを、そこに置いた。文字どおり倉庫の中である。私は一一月に仕事を開始したから、一二月のウインター・スポーツのイベントから製品提供を始めた。

たとえば、クロスカントリーレースのプロモーターに電話をかけて、「クリフ・バーと言います。自然の素材を使った、すばらしいエネルギーバーです。この製品をレースに無料提供するから、競

技参加者に試食してもらえませんか？　その代りに、レースで私たちの社旗《バナー》かなにかを、掲げていただきたいのです」（私たちはバナーを送ったが、使用後は送り返すように頼んだ。六本しかなかったからである）。相手はこう思ったに違いない。「どうして製品をタダでくれようというんだ？」。私は製品を使ってくれるように頼むしかなかったのだ。彼らはクリフ・バーを、見たことも聞いたことも、それが何であるかも知らない。フォークリフトが、【電話の最中に】通ったりすると、音が反響してしまう。電話先の相手はこう言うかもしれない。「君のいる場所は倉庫か何かじゃないのか？」。私は、「そうです、その通り」と答えざるを得ない。

　怪しげな申し出は、いまや危険な申し出にかわってしまう。聞いたことのない会社からの電話だ。小さな会社に違いない。騒音に満ちた倉庫から、男が電話をかけてきた。「コリャ、一体なんだ？」となっていく。

　私は必死になって、イベントに製品を押しこんで宣伝しなければならなかった。あらゆるスポーツイベントのスポンサーを訪ねて、テーブルやスタンドを設置する許可をもらい、製品をアスリートやその他の人々に知らせようと努力した。まさしく草の根で、それは書類の束から組織されたグラスルートのマーケティング・プログラムになっていった。わずかな期間だったが、私たちは情熱をもって仕事に取り組んだ。

ポール・マッケンジー、ルナ・チック社の役員。前マーケティングとクリエイティブ・サービス部門の役員

た。チョコレート・チップバー、チョコレート・エスプレッソ、キャロット・ケーキを最初に作ったのも、私たちである。いまでも毎年一つか二つ新しい味を送り出している。私たちはエネルギーバーの分野で革新者として知られるようになり、味はしばしば模倣されるようになった。

一九九七年にはクリフ・ショットを送り出した。もう一つの種類のスポーツ用食品である。グー【人名】が直接デザインを完成させた。クリフ・ショットはアスリートが手早く利用できるように液体だった。長時間の、忍耐を要するイベントで、食品を噛んで【呑み込んでエネルギーを素早く】補給するという行為は難しいときもある。水性のクリフ・ショットなら、固体より早く吸収される。

私たちはごく自然なバージョンで、市場に参加した。それが防腐剤を使って高度な処理をくわえた他の製品から、私たちの製品を際立たせたものにした。クリフ・ショットは短期間で、この分野の売れ筋製品となった。

クリフ・バーは革新的であり続けるし、成長し続ける。

クリフ・バー・スピリット

ここには良質で、力強く、明るく燃える炎がある。

クリフ・バーの社員

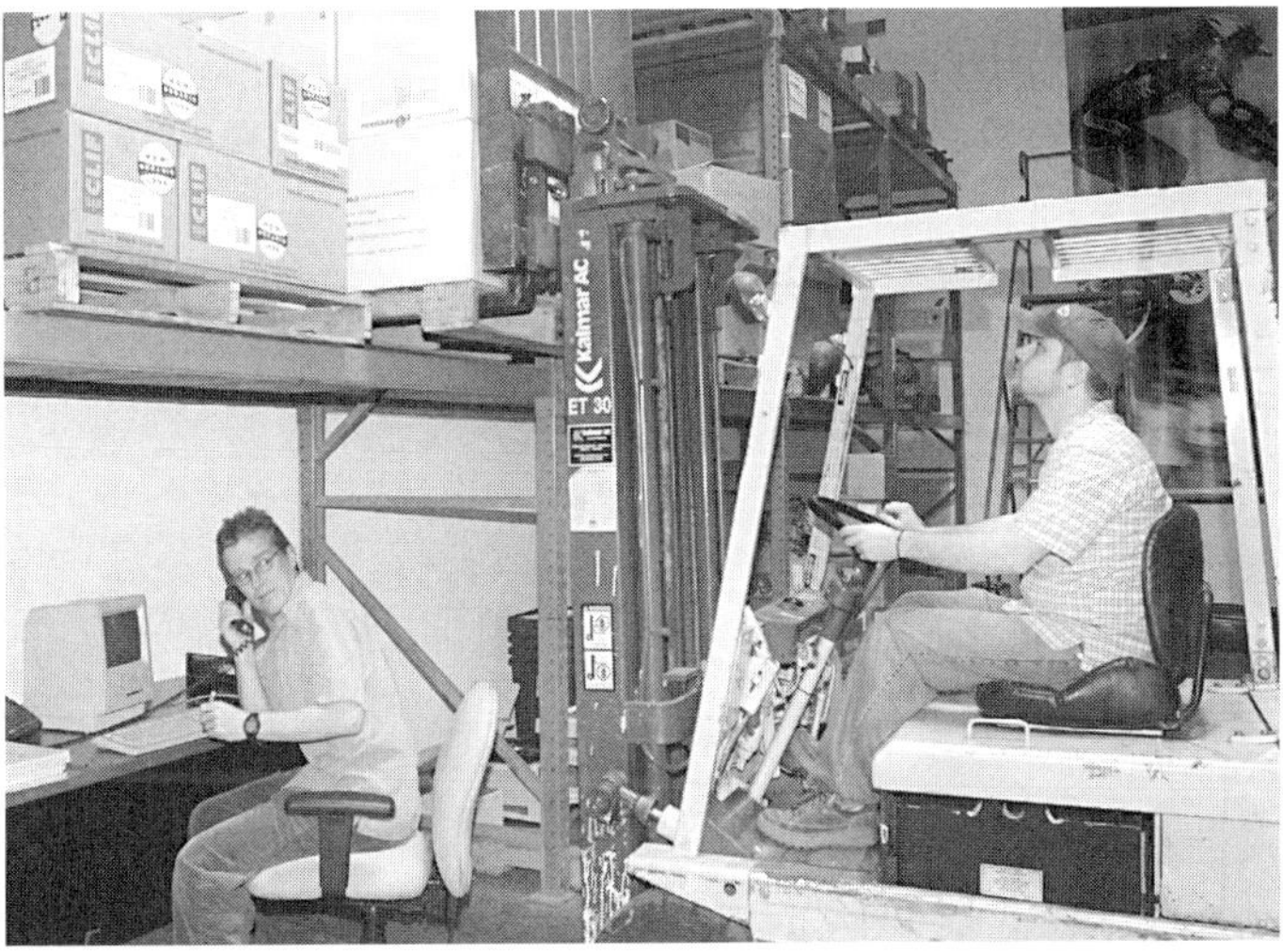

「倉庫のオフィスでのポール・マッケンジー。ドラマチックに再演――ジェニー・ロジャース撮影

クリフ・バー社で働くのは楽しかった。生み出しているのはクールブランドで、品質が高く、健康な食品であり、小さいが急速に成長するビジネスだった。興奮して製品を受け入れてくれる消費者に売るのは、面白かった。

草の根のイベントを催すのは、エキサイティングだった。製品の束を送り出すことさえ、ワクワクした。私たちの倉庫の区画は非常に狭かったから、梱包や荷積みは駐車場でやったのだ。搬出口がなかったからトラックが着くと、長いチェーンを使って一回に一つずつパレット【品物を運搬、貯蔵するための金属製あるいは木製の台】にのせて引き出した。搬出せねばならない製品は、しばしば駐車場に積まれたままになっていた。冬の間、北カリフォルニアで雨が多くなると、青い防水プラスチックカバーがかかったパ私は初期の時代のクリフ・バーに行って、倉庫のオペレーション・マネージャーに会った。彼女はその場で「採用するわ」と言った。オフィスは埠頭の小さな倉庫にあって、六人で四台のコンピューターを分け合うような状態だった。会社の成長が急速だったので、備品もマンパワーも、仕事に追いつかなかったのである。電話がかかってきたら、まずしなければならなかったことは、コードを同僚の後ろに引っぱりだしてから応答することだった。本当に忙しく、だれもが助け合い、何でもやっていた。だれかが、なにかを箱詰めしていた。誰かが電話で応答していた。クリフ・バーの伝統的な形式で、私たちは駐車場でパーティーをやった。ゲーリーは愉快な人物であり、人をうまく乗せていった。

キャシー・シファーズ。クリフ・バーの社員

レットの山が、駐車場に点在することになる。棚卸資産の価値でいえば、何千万ドルという価値のある山だった。

全員が動き回り、損失をださないようにベストを尽くした。社員たちは何をどうすればよいかよくわからなかったようだが、やってみて上手くいかなければ別の手を考えるといった具合だった。こうして会社は一つになっていった。おそらく社員は、仕事に対するオーナーの情熱を認めたかもしれないし、もっと深く、クリフ・バー社は【他の会社と】違うと感じたかもしれない。クリフ・バーは自分自身が夢の一部になろうとする人々をひきつけ、その人々は事実夢を手に入れたのだ。

クリフ・バー社のアスリートたちも、それを手に入れた。私たちはクリフ・バーを代表し、クリフ・バーについて仲間に語ってくれるアスリートが必要だった。ゴールのフィニッシュラインより以上に、人生を大切に生きているアスリートを求めた。私たちの契約は通常〝人生のすべてをエンジョイすべき〟で始まった。人生はフィニッシュラインのためだけにあるのではない。私たちは一着でゴールをして傲慢な優勝者より、二着でゴールをしても謙虚であるアスリートを望んだ。もちろん私たちはアスリートに最高の試合をしてもらいたいし、優勝もしてもらいたいが、クリフ・バーは、ゴールに到達する楽しさは到達すること自体にある、と信じている。探しだしたアスリートたちはみな親しみやすく、練習熱心で、愉快で、なににもまして傲慢でない人物だった。

私たちが何年も関わってきたスポーツは、ランニング、トライアスロン、サイクリング（両者ともロードとマウンテンである）、ロッククライミング、スキー、スノーボードだった。これらはみな忍耐と個性のスポーツで、つまりヒューマンパワーのスポーツである。

初期の時代、八〇％のアスリートは私たちが探し出し、二〇％はむこうからやってきた。現在はこちらからアスリートやイベントを求めることはない。もし先方からこちらを求めてきたら、同じ基準を示すだけである。人間性、喜び、勤勉さ、そして人生はフィニッシュラインのためにだけあるのじゃないという信条を。

若いとき、私はスキーが好きだったから、素敵だと思ったあるスキーショップで働いた。後には駐車場で働き、レストランの給仕として働き、釘打ちをし、シエラ山脈をマウンテンガイドとして歩き回り、数々の楽団でトランペットを吹いたりした。それから自転車産業に入って働いた。これは、すばらしかった。なぜなら、私はサイクリングが好きだったし、自転車競技に参加することが好きだったからである。

いま私はクリフ・バー社で、アスリートたちにエネルギーを供給する食品を製造している。アスリートたちは私の好きな競技であるサイクリング、スキー、ランニング、ロッククライミングに参加をしている。私は数々の素晴らしい人々、多くはトップアスリートに会ってきた。会社の連中と、マウンテンバイクでオフロードを走ったこともある。物を製造するのが好きだし、現場が好きだ。新製品を開発するのも好きである。私はすばらしい人々と働けるし、好きなことをしている。これは夢の仕事をしているということになる。

成長する痛み

クリフ・バーは、生みの苦しみが社員にもストレスを引き起こした偉大な会社である。足の下で砂が動いていく。次に何がおこるのだろう？

クリフ・バーの社員。一九九八年秋

私たちは初期の成功と急速な成長という神の恩寵を、幸せな消費者とクリフの理想を分かち合う社員と共に受けていたと思う。しかし、急速な成長とともに、絶え間のない変化、そしてそれにともなう痛みが増大してきた。

全てが、いつもよかったわけではない。製造の過程を含めて、ビジネスのあらゆる面で痛みがともない始めていた。最初の月に、私たちは三万本のバーをつくった。これはカリーズ・スイート&サボリーズが一年間で作った数量を凌駕する。後年私たちはたった一日で一〇〇万本のバーをつくるようになった。品質と加工の問題が特別重要になってきた。私たちは製造を下請けに出して、ベーカリーは所有していなかった。しかし最初の七年間、私はほとんど毎日生産ラインの側で過ごしたし、しばしば二つの交替時間をこなした後でベーカリーの外に止めてあった車に入って睡眠をとることもあった。翌朝は四時に起きだして、二交代の時間の間働いた。常に最高の加工を求め、その領域に達するように努力をした。私は、調理場を離れることができないシェフのようなものだった。

急速な成長によるプレッシャーによって、リサと私の間で仕事の役割分担が増していった。私には製

クリフ・バー社の成長に関する表

販売経過

年	売上額
1992	700,000.（US ドル）
1993	1,250,000.
1994	2,500,000.
1995	5,200,000.
1996	10,000,000.
1997	20,000,000.
1998	30,000,000.
1999	39,000,000.
2000	68,000,000.
2001	88,000,000.
2002	106,000.000.

造についてのバックグラウンドがあったから、バーを次々に開発していった。私は産業工学についての知識もあった。私は調査に製品開発及びラインでの品質管理を指揮した。リサも現場に出て、ビジネスの他の部分とくに財務の仕事に精力を集中した。私は品質管理の問題になると、完全主義者だった。製造過程については、自分のアイデアをもっていた。

会社の成長の速さは、ときおり製造現場の人間関係を緊張させた。私たちはメジャーな生産者であり、ビジネス占有率でも大きなパーセンテージを占めるようになっていたが、それが仕事の関係を複雑にもしていた。

私たちのビジネスをさらに変化させたのは、いままでの市場をこえてマーケットが広がったことだった。食料品店のチャンネルが、クリフ・バーを販売したいと接触をしてきた。これは需要が自然食品、自転車、アウトドア・スポーツの業界を超えたということだ。同時に、大きな会社との競合関係に入ったことも意味する。新しい流通チャンネルを支える作業は複雑であり、コストもかかった。

いくつかの自転車店、アウトドア・ショップ、自然食品の店は、クリフ・バーが初期にいた場所から離れたと、落胆の意を表した。「製品に対する自然な反応を知る必要がある」と、私たちは思うようになった。人々はベン&バーケレイのアイスクリームを、コンビニエンスでも自然食品店でも買い求める。私たちはクリフ・バーに、同じような利便性をあたえようとした。

会社は幾何級数的に大きくなっていって、私たちは無我夢中でそれに追いつこうとしていたから、当然変化もしていった。クリフは公式にもナショナルブランドで、タダの小さな、風変わりなベーカリーではなくなった。アイデンティティーが変わるかも知れないのを、私たちは恐れた。

漂流が始まるということ

私は少々茫然としていた。多くの混乱があって、今やすべてが無秩序になろうとしていた。私が勤め始めたとき、私は一五番目の社員だった。だが、かつて冷静で小さかった会社は巨大になった。このようになって、どうやって生き残るつもりなのだろうかと疑問さえもった。

クリフ・バーの社員。一九九八年、秋

一九九八年から漂流が始まった。原因は、働くのにふさわしい特別な場所である面をクリフ・バー社が失ったことにある。社員三人から五〇人の状態になると物事が変わり、一〇〇人になるとさらに変わった。方針と手続きを発展させる必要性が生じる。クリフ・バー社の仕事に適していない人材を採用したりもする。他の会社で働いていた人たちも加わってくるし、会社の大小にかかわらず、以前の会社でやっていた手順で業務をおこなおうとする者もいる。若くて経験の浅い若い働き手は、希望に燃えて入社をしても、仕事をどのようにしなければならないかという点で苦しむ。

社員の態度と精神の変化が、私たちにも見えてきた。長年働いてきた社員は「まったく違ってきた。私たちはどこに行こうとしているんだ？」と言うようになり、ある者は、クリフ・バー社を「漂流するボート」にたとえるようになった。

廊下での立ち話やeメールで、ゴシップが飛び交うようになった。人々はオーナーのことや中間管理者のことを、ごちゃまぜにゴシップとして語った。ゴシップは、会社が機能不全をおこす予兆である。私は社員からの発信を恐れ、圧迫を感じた。私が望んだのは、お互いが尊敬をしあい、初期の時代のように友愛の気持ちを持ち続けることである。

会社を離れたポジションでは、ラニー・ヴィンセントとジム・アームストロングが、詩をふくめてものごとを書きつけるという精神療法で、私たちを導いていた。二人は整備のいきとどいた美しい公園に座って社員を励まし、クリフ・バーで経験したこと、感じていることを書くように指導した。「クリフ・バーの信条とは何か？」「クリフ・バーは彼らにとって、どんな意味をもつのか？」とたずねていった。多くの社員はクリフ・バー社に対する意見として、自分は満足をしていると書いたけれども、問題はやがて表面化してきた。社員の一人は、次のように書いた。「クリフ・バーの成長があまりに早いので、やっている仕事が正しいのか、そうでないのか考える時間が自分たちにはなく、ただ仕事をしているだけになっている」

私は公園のベンチに座り、人々が意見や感想を書いているのを見て、会社はこれから本当に難しくなる、と気づき始めていた。驚異的な成長で、私の知らない新しい人たちが多種多様な感情と姿勢で入ってきている。難しさは続くだろう、と。

私はかつて情熱をもって愛した会社を、重荷に感じ始めていた。

社員のモラルが著しく悪化した。私たちはメディエーター【調停者】やコンサルタントを雇ってみたりした。続く年には少数の上級管理者グループが、企業のミッションと経営理念に対する見解を発表して、事態を打開しようと試みた。私たちは脇に退いて、大多数の人々をプロセスに巻き込まないようにしながらこの声明を発展させ、一九九一年の全社会議で配布した。だが反応は私たちが望んだように建設的ではなく、否定的な反応を顕在化させただけだった。

この経験から学んだことは、どのようなレベルが可能であったとしても、「あなたの社員には、あなたが会社を発展させ、評価をあげるために何をしようとしているのかを告げ、彼らの考えや感想を聞きなさい」ということである。クリフ・バーの社員たちは私たちの任務、企業の価値、進路に対して、強い思いをもっていた。私たちはそれを聞いていなかったのだ。もし社員が、自分は会社の任務に参加していないと感じたら、憤慨するだろう。数千人の社員を抱える会社であっても、会社の方針はその価値と熱望を、社員たちに明確に伝えるべきだ。

こうした痛みを会社が抱えていたにもかかわらず、年間売上高は一九九七年から一九九八年にかけて五〇%の伸びを示した。一九九八年の八月、リサは退職したいと言い出して、私を驚かせた。（ライバル会社の）パワーバーやバランスバーとの競争のストレス、急速な成長で作りだされるプレッシャーが、彼女を押し潰しそうになったのだ。彼女は、すべてを失うことを恐れはじめていた。彼女の恐れに対して、私は同情を示そうとした。

成長していく会社の痛みからくるストレスは、理解できる。私はロッククライミングの例を引いて、クリフ・バーになにがおこっているかを目に浮かぶようにして説明をした。私たちはエベレスト山の登頂に、まさに成功しかけているのだとも説明した。嵐のまっただ中、頂上直前のキャンプ4に着いたと思うがいい。テントにしゃがみ込んで、嵐が過ぎるまで待つしかない。「これが、いまクリフ・バーとぼくたちがいる位置なのだ」と、私は彼女に告げた。「確かに痛みはましている。しかし、ぼくたちは成功しつつある。この嵐を突き抜けたらテントのドアを開けて、晴れた空のもとに出て、頂上を見あげるだけなのだ」と。嵐が通過して取りうるオプションはただ一つ、ヘリコプターによる超高度での救助と言う危険な手段だった。五〇％の株式をもつパートナーとしての救助要請は、会社の登頂成功あるいは成功させることに多大な影響をあたえるだろう。この時期の会話を通じて、私は私とパートナーの間に劇的なほどの夢に対する違いがあることが分かった。私は嵐をのりきりたかった。パートナー【リサ】は救助のヘリコプターを望んでいた。

リサは一か月にわたる長い休暇旅行をとって、自分を見つめ直し、結局クリフ・バー社にとどまることになった。しかしながら、私たちのパートナーシップの性質は、変わらざるを得ないことはお互いに分っていた。クリフ・バーの創立以来、私たちはＣＥＯ（最高執行責任者）の地位を分け合ってきた。価値の中心にあるものは分かち合う。だが、それが共同経営者（co-CEO）という役割分担に変わったとしたら、それは私たちの間柄を悪くするばかりだ。私は考え抜いて、リサにクリフ・バーのCEOになるように提案した。あなた方【読者あるいは聴衆のこと】は、この提案に驚くかもしれない。なぜなら彼女は、会社から緊急避難【直訳：ヘリコプターに乗って逃げだす】をしようとしたのだから。しかし、彼女はいまや、会社を自分で経営することを望むようになった。私は嵐を乗り越える決心をした。そこで後部座席に座り、会社を助けるため、私ができることだけに焦点を当てたのだ。一九九〇年の初頭、リサはクリフ・バー社の経営に日々専心した。私は、調査と開発に焦点をあてた。私はまた、別の新しい方向に向かった。ゴルフ場で時間を過ごすことである。これはリサの経営に、余裕をあたえるためだった。振り返れば、私がどれだけ二人の間に距離を置いていたのかが分る。クリフという絵の中に、私がどのようにしたら上手く収まるかは分らなかったが、クリフ・バー社に対する私の情熱はあった。不思議なことに、一九九九年という私たちにとって最も厳しかった年は、最大の勝利を得た年になったのである。

一九九八年、私たちは新製品とブランドを求めていた。アイデアを実験し、イベントでは消費者の意見に耳を傾け、消費者から電話があると、内容に注意を払った。健康に関心をもっている女性たちからは、生活のスタイルに合ったエネルギーバーが求められた。カロリーが少なく、女性が基本的に必要とする栄養分、すなわちカルシウム、鉄分、葉酸[*1]などをふくんだバーである。

＊1　ビタミンBの一種。ホウレン草の葉などに含まれているので、この名前がついている。造血作用に必要。

ルナの製造は、夢の実現だった。全てブランド付きの材料が与えられたので、私たちは会社の中心にいるような感じだった。そのころ、女性のためのバーというコンセプトは全く新しいものであり、その分野への進出はリスクがあり、ただ業界が「たぶん必要だ」と思う程度だけの範囲にとどまっていた。女性たちは、栄養的な側面から既存のバーよりカロリーの低い、女性のためのバーを求めていた。繊細で、表面がパリパリしていて、もっと独特な味も求められていた。だが、その声に耳を傾ける会社はなかった。その当時、女性はエネルギーバーなんか食べないし、消費者の七〇%は男性だというのが一般通念だった。私たちは、そんな憶測のかわりに、あるがままに製品を紹介すればいいと声を上げ始めたのだ。

最初の製品を紹介するときには、他の会社や小売業界、報道メディアの圧力を押し返さねばならなかった。「クリフ・バーは一体何を考えてるんだ?」と彼らは言った。彼らの意見だと、「市場での位置づけでは、半分の消費者を切り捨てることになる」と言うのである。このような抵抗にもかかわらず、私たちは勇気と情熱をもって、消費者に焦点をあて続けた。なぜなら、消費者こそ最終的なユーザーなのである。自然な需要というのは素晴らしい! 消費者たちは新製品ルナを求め、いまではトップ・セリングになっている。

場合によっては、一般通念と戦わなければならないときがある。なぜなら一般通念というものは、いつでも最も抵抗のない道を行こうとするからだ。もしあなたが誰でを知っている論理に従えば、だれでも作れる製品しか作れない。そして、誰かがわずかだけでもマーベリック(一匹狼)的なアプローチをして、それが正しければ、違いを生むのである。
シェリル・オローリン、ブランド部門の部長

私たちは意見を取り上げ、ルナ・バーを作りだした。私はキッチンにとびこみ、三日で四種類の味を開発した。私はクリフ・バー社における女性のためのインターナル・フォーカス・グループを立ち上げ、ナッツ・オーバー・チョコレート【チョコレートにナッツをまぶした風味】、レモン・ツェスト【レモン、オレンジの皮の風味】、トーステッド・ナッツ【トーストしたナッツ風味】とクランベリー、チョコレート・ピーカンパイ【コーンシロップとペカンナッツで作る甘いパイ】でルナ・バーの品質改善の手助けをさせた。ルナ・バーはクリフ・バーより軽い味で、表面をパリパリにして、カロリーを低くした製品である。クリフ・バーの女性に刺激を受けて、ドウはパッケージのデザインや名前を考えるなどクリエイティブな面を指導した。配合部門の責任者シェリル・オローリンは、現場を組織した。

専門家たちは、「女性のマーケットを追うのは、男のマーケットの半分をあきらめることになる」と忠告した。ナショナル・パブリック・ラジオはルナ・バーの話を番組で流して、ビジネス・アナリストたちが「マーケットの半分をあきらめるのは知恵のあることかどうか」と疑問を呈した。

しかしシェリルは、ルナで成功することを確信していた。そして、彼女は正しかった。初年度

の販売経費に一五〇〇〇万ドルかけ、年間売り上げ一億ドルを達成したのである。私たちは軽く一億二〇〇〇万ドルを達成することができたが、契約をしたベーカリーは計画の六倍以上の量を生産できなかった。私たちはヒットを狙ってホームランを打ったのだ。

ルナの驚くべき成功は、二〇万ドル足らずの広告費用で起こった。前記したように、私たちは伝統的な広告宣伝に多くを頼らなかった。大会社だったらほとんどが、新製品の売り出しで一五〇〇万ドルなどという低額の販売政策の見積もりなどださないだろう。売り上げ達成額は、新製品の場合なら二億ドルから四億ドルは見込むだろう。私たちは自己資金でやっているから、それだけの金はない。私たちはゆっくり出ていって、どんな製品を自分たちがもっているかを見てもらう。

ルナは自転車店やアウトドア・ショップの棚からとびだし、私たちを心から驚かせた。私たちはクリフ・バーをエネルギーバーとして作り、ルナを女性のための栄養バーとして作った。それなのに数年後にはルナ・バーは売上げで、オリジナル製品のクリフ・バーを超える製品に成長していったのである。そして専門家の予測に反して。ルナは男性優位のマーケットでもちゃんと位置を占めるようになった。大成功をした最初のブランドを、二番目に登場したブランドが打ち負かしたというのは前代未聞のことであるが、ルナはそれをやってのけたのである。

ルナの登場は、社内に多様な興奮をまきおこした。会社のほとんど全部と言っていい女性が、ルナの製造にかかわったからだ。

ルナの成功は、専門家の意見を聞いてもビジネスが成功するとは限らないという教訓をのこした。女性は、彼女らのニーズを満たすバーを欲したのである。私たちは、彼女らを信じた。クリフ・バーでは作りだされた欲求よりも、自然にもとめられる要求を優先させている。

ほとんど売却しかけたこと

クリフ・バー社は、食品の市場とエネルギーバーの市場で、支配的な存在になっていった。一九九九年には年間売り上げが四〇〇〇万ドル近くに達した。これはパワーバー社に迫りつつあることを意味する。五〇〇の株式会社を対象にした雑誌『Inc.』の記事で、四年連続「最も急速な成長をとげている個人企業」として取り上げられた。この段階でも、まだ外部から資本は導入していなかった。このことは、私の誇りであった。クリフ・バーに投資をしたがる人たちは多かったが、私は断り続けた。資金を運用したい投機的資金【ベンチャー・キャピタル】や基金は、クリフ・バーのビジネス・パートナーやその他の人々に誘いをかけてきた。一九九八年から、私たちが危うく会社を売ろうとするようになるまで、会社内から繰り返し聞こえてくるのは「成長のためには資金がいる」という声だった。人々は次第に、クリフ・バー社が生き残る唯一の方法は外部資本の導入しかないと、信じるようになってしまったのである。

私には理解ができなかった。私はおそらく純粋だっただけなのだろう。私たちはすでに成長し続けているし、利益も上げている。外部資本の導入によってどこが異なるのだろう？「外部の会社を利用すれば、流通の力が増す」「製造能力が増す」「材料費調達の資金を節約できる」「生産に寄与する」などなど、私は多くを告げられていた。しかし、もし大きな会社の傘下に入れば、私たちはつき従うしかなくなる。

私は独立したまま進み続けた。共同経営にはストレスがかかり、【外部資本の導入という】一般通念は私の経営判断に影響をあたえた。私は、いつしか現在の成長レートで大丈夫なのだという事実を無視するようになった。私に語りかけてくる内なる声、すなわち「次なるレベルに進もうとするは、将来の夢にむかって前進しようというのではなく、成長のための成長が動機であるようにしか見えない」という、その声を聞かなくなったのである。

会社を成長させる資金を得るために、戦略的に手を組む相手かジョイント・ベンチャーを探すことに、リサがとうとう同意をしてしまった。マース社が接触してきたときには、相手が世界最大の個人企業であっただけに、私は得意になったものだ。マース社はクリフ・バー社の中ではマイノリティーな地位でかまわないと告げてきた。同時に出口戦略も求め、五年以内にクリフ・バーを買い取るという条件を提示した。それに対して、だれが文句をつけられよう？　しかし、私は受け入れがたかった。これは、マース社が大量の資金をクリフ・バーに投入してきて会社の成長を助け、すべてが上手くいったら、会社を（五年後に）買い取る権利を得るということになるではないか。もし計画通りにいかなかったら、私たちは難問を背負いこむ。このような心配【問題】

を抱えながらも、二〇〇〇年初めの頃は、このオプションを考慮するという承認を与えていたのである。

私たちがマース社とマイノリティー・イクイティー[*1]で同意しようとしていた矢先に、バランスバーがクラフト社に買収された。ついで数週間後、ネッスル社がパワーバーを買いとった。いまや「成長のための資金注入」は、会社にとって新しい手段となった。聞こえてくる声は、「やれ！さもなければ消滅するぞ」だった。投資銀行の連中、私のビジネス・パートナー、一般通念の全てが、〝でかい男たち【大会社】〟が私たちを吸収合併するために、全力を挙げてくると主張していた。私たちが急速に成長しなければ、クリフ・バー社は吸収される、と彼らは信じていたのだ。そうした中でマース社に少数株主として投資をさせるというのは、前後関係が逆である。私は「これは、できない」と認識した。会社としてのマース社に私は敬意を払うが、クリフ社に外部のパートナーは欲しくなかったし、完全な吸収はマース社にとってもよいタイミングではない。事は私にとって、「是か非か」の問題となった。個人企業として自己資金で成長を続けるのか、すべてを売ってしまうかの選択である。

もし外部から新しいビジネス・パートナーを入れることが、会社を成長させる唯一の方法であり、そのことによって個人企業のもつ自由裁量が失われるのであれば、それは私にとっては会社

＊1　少数株主権。

我々はスーツ姿の一団をオフィスの周辺で見かけたから、なにかが起こっているのは分っていた。噂話があり、「会社を売るらしい。俺は仕事を失ってしまう。会社が買い取られたら、俺たちは馘《クビ》になる」と人々は語っていた。私は、ビジネススーツの一団が、始終会議に行くのを見た。それは奇妙な光景だった。だって、この会社ではスーツ姿の者なんてだれもいなかったのだから。

クリフ・バーの社員

クリフ・バーは成長をするために、外部からの財政支援を探している、と常に聞かされていたが、それにもかかわらず私たちは暗闇の中に置かれていた。パワーバーやバランスバーに最近起きたことは、ネッスルやクラフトのビッグマネーが次に我々を絞り上げるのにどのくらいの時間がかかるだろうか、という大きな懸念を社員の間に生じさせていた。

クリフ・バーの社員

経営の興味を失うことである。そんなことなら、むしろ売却したほうがよい。しかしながら、私はまだ個人企業として生き残れると信じていた。二〇〇一年、私はパートナー【リサのこと】に電話をかけて、この「是か非か」の問題について説明をした。彼女の口から出た最初の言葉は、「売りましょう」だった。「オーケー、そうしよう」と、私は答えた。

私たちは会社の重要な人たちに、売却という結論を告げた。私たちは、交渉役の投資銀行を雇った。友人や家族にも話した。皮肉なことに、会社を売る準備をするために、私は頭から会社に突っ込んでいったのだ。私は社員たちに会社売却の準備をするように告げた。クリフ・バーの売却条件を有利にするため、以前にもましてもっと働けと命じた。私たちは社員に、「売却が完了したら、各自がたっぷりとボーナスを手にすることになる」と約束した。彼らは南国の楽園に引退することはできないかもしれないが、少なくともボーナスは職場を去る痛みをやわらげるだろう。よしんばそうであっても、私は会社売却の準備が進行する過程で、彼らの眼を見るのはつらかった。私は自分でいうところのパラメディック【準医療従事者】の状態にあった。感じることができない。血を見ることができない。私はただ、仕事を早くやり終えたいだけだった。

投資銀行を通じて会社を売るプロセスは、私にとって信じられないような経験となった。それは全てが計算されつくされていて、組織づけられていた。それは私が誰を知っているかの問題となり、誰に、いつ話すのかという問題になった。事実そうだった。会社売却は方向を転換することであり、交渉することであり、ワインを飲むことであり、食事をすることでもあった。

しかしながら、会社売却は、最後には単なる金の問題になった。私は、会社の企業価値を守りぬいて、よい条件で売買交渉をまとめることができた会社や人々を、いくつか知っていた。しかし、彼らは会社の運命を決める権限を失う。私がそこに見たものは、社会的に責任のあるビジネスのアリーナ（競技場、もしくはその他の場所）にいた開拓者《パイオニア》たちが、いまは全く違ったかたちで生きている姿だった。

毎年三月には、カリフォルニア州アナハイムでナショナル・プロダクト・エクスポ・ウエスト(National Product Expo West)が開催される。クリフ・バー社も会社について宣伝をおこない、製品の紹介をおこなっている。二〇〇〇年に、クリフ・バーはなにごともないようにエクスポに参加をした。しかし、だれもがクリフ・バーは売りに出されていることを知っていた。この年のエクスポでの経験はとくに私を苦しめるものになった。父と母が見にきたからである。二人は私とクリフ・バー社を、大変誇りにしていた。人々は初めて私の両親に会った。しかし会社売却の噂は、依然として囁かれていた。

エクスポの後はバハ・カリフォルニアに友人たちとゴルフに行って、シーフードを食べブラブラするのが常だったが、その年には友人のスティーブに「することが多いので、参加できない」と告げた。エクスポの期間半ばになると、私は絶望的なほど休みが必要なことに気づいた。そこでバハに向かった。友人たちにクリフ・バーのことは話さなかったが、バハを去る日に私はついに友人たちにたずねた。「クリフ・バーはやっていけると思うか? 私は事業を遂行できると思うか? 君が私の立場なら、どうする?」

彼らの答えの多くは、きわめて挑戦的だった。「君が売りたいなら売ればいい。ただ、それが正しい選択だと信じたときに売れ。大会社の買収合戦を言い訳にするな。君は食品業界でベストの製品を作っている。彼らと競い合うことはできる」

彼らは私の胸の内を見ぬいていたのだ。彼らは正しかった。だが私は、会社を売却する方向に向かって真っ直ぐにもどっていった。

歩み

五社がクリフ・バーに値をつけていた。交渉の暗闇の最中、私は妻と息子、友達の一人と共に、サンフランシスコのジャイアント・アット・パシフィック・ベル（パックベル）公園のオープニングにでかけた。私はオープニングセレモニーの信じられないほどの祝賀状態に、全く夢中になってしまった。リサから携帯電話がかかってきて、二つの会社が信じられないほどの値をクリフ・バーにつけてきたと伝えてきた。私は家族とともに、愛する街の豪華な新スタジアムで、贔屓《ひいき》のチームがプレイするのを見ながら、大金持ちになろうとしていると告げられたのだ。喜びで飛び上がることはなかった。この段階ではまだクリフ・バー社の売却は避けられないように、私は思っていた。「大きな男たち」は、私たちを喰いつくすだろう、と。

会社は破滅するかもしれない。そうした中で社員たちは怒りに燃え、会社売却に備えて数か月間働いていた。

第3章

彷徨えるボート

クリフを正常なコースにもどす

私が会社を売却しないと決めた後の、会社の状況を想像してほしい。それまで私とビジネスパートナーは、クリフ・バーを生きながらえさせるには、会社の売却しかないと、社員たちを納得させてきたのだ。一人一人に「ネッスルやクラフトのような巨人と競争しても勝てない」と語り、社員たちは会社売却の準備で疲れ果てていた。そんな状況にあるときに、「売らない」と決定が変わった。CEO（代表取締役）は辞任するしかない——そう思われても当然だ。クリフ・バー社は舷側に穴のあいたボートと同じで、船長はただ一隻の救命ボートに糧食の半分を積んで逃げ出そうとしていると受けとめられる。私はどうすればよいのか？

五〇《フィフティ》・五〇《フィフティ》のパートナーシップの終焉

私たちが企業買収のマーケットから退出すると決めたとき、私とパートナー（リサ）はクリフ・バーを私企業として続けていくことで合意し、握手をした。しかしながら、彼女は将来不安に対するストレスを軽減するためという理由で、一〇〇〇万ドルを要求した。なんと言っても、私は一億二〇〇〇万ドルが積まれたテーブルに背を向けた男なのだ。私は銀行ローンを探すと言い、リサと合意をした。私の希望としては、パートナーが私と同じ道を歩んでくれて、共に会社を経営してくれることだったが、実際はそうはならなかった。

クリフ・バーを売らないと決定して三日を置かずして、リサは長文のイーメールを私に送ってきた。その中で、彼女は私たちの選択肢の概要について次のように述べていた。現状維持のため、つまり個人企業として自己資金でやっていくには、より大きな会社と戦略的な提携関係を結ぶか、会社売却しかない（最初から値をつけてきた会社のうち、二つの会社がまだ興味を示していた）。リサは依然として、会社を売りたがっていたのだ。別のメッセージで、彼女は次のように書いていた。

「熟慮した結果、クリフ・バーを売却するか、大会社と提携をするかという選択なしに、私たちが大会社と競争できて、かつ健全な会社でありうる能力があるかどうか、私は不安に思わざるをえません。私とあなたが、同じような夢と願望を分かち合ってきたのはよく分かっています。しかし違いは――そしてその違いが大きくかつ決定的なものなのですが――これ以上のリスクをとるのは、私の気持ちを不安定にするのです」

二日後にパートナーはCEOを辞任し、私はその席を引き継ぐことに同意した。彼女はクリフの全社員にメールを送り、クリフ社の売却はないということ、彼女が辞任すること、私が新しいCEOに就任することを告げた。社員たちは、なにをどう考えてよいのか分らなかっただろう。私が新しいCEOとしてクリフ・バー社に出勤した日「おめでとうございます」と言葉をかけてきた社員はたった一人だった。

ほかの社員たちは「あんたは何者だ？」と言う目つきだった。後日、多くの社員が、私は長くはもたないだろうと思っていた、と語ったものだ。

私たちは、会社内におけるこのような劇的な事件と変化の数々をeメールで通達をするという、

大きなミスをやらかした。チャールズ・シュワブ社のCEOであるデビット・パトリックは、「まず確保しなければならないのは、最初のeメールで発言する権利だ」と言っている。「個人としてではなく会社として、できるだけ多くの人々と個人的に会い、できるだけ多くの時間をつかって説明し、人々を前にして話をする。そして、彼らの了解の上に立って、ニュースをeメールで伝えること」。こうしたやり方を当時の私たちはまだ、行っていなかったのだ。

リサは、シエラ・ネバダ山脈の東にある、共同所有の別荘《キャビン》に滞在していた。私たち二人は距離を置いて、お互いに、お互いの考えを照らし合わせてみるだけの時間が必要だった。私自身について言えば、パーキングロットで起こった公現祭の瞬間から結論は一つで、明快だった。「クリフ・バーは個人所有で継続し、外部資本は入れない」

私は二〇〇〇年四月四日付けで彼女に書き送ったように、私の全エネルギーの九九％を集中させ、会社の売買交渉で受けた傷を癒し、人々を前進させ、モラルの後押しをしてビジネスを成長させるだけの注意を払うことが私の務めだし、それが必要なのだ、と考えていた。会社にその他のものは必要ない。尋常でないものを必要とする余裕などはないのである。二日後、彼女はシエラ（の別荘）からメールを送ってきた。「私はこの問題から手をひきたいと思います。私はすでにクリフ・バーの栄光を見たし、私は私で先に進みます」

彼女の決断は、まさに私にとって尋常ではない一撃だった。私のパートナーは、歩み去っていく。私は二五〇〇万ドルをリサにボーナスとしてオファーした（これは、銀行口座に一〇〇〇万ドルしかない男からのオファーである）。そして、長期にわたってマイノリティーな株主としてとどまってくれないかと頼んだ。私は、クリフ・バー社はなんとか二五〇〇万ドルは調達できると思っていたし、この新しい提案が彼女を安心させられると考えていた。しかし彼女は提案を拒否し、私が彼女の持ち株全部を五年以内に買い取るように求めてきた。

私のかつてのパートナーは、彼女の持ち株分の金を、会社から全額もち去ろうというのだ。この基本的な点について妥協の余地はなく、彼女は自分が求めるものが得られなかったら、会社の解散を要求すると圧力をかけてきた。会社の解散はクリフ・バーの終焉を意味し、まさにハルマゲドンである。私は弁護士を通じて合意に向かい懸命な作業をせねばならなかった。妥協にこぎつけるまで七か月の時間がかかった。

彼女の要求を満足させるには、約五〇〇〇万ドルが必要だった。幸運だったら、と言う条件付きだが、さらにあと三〇〇〇万ドルの財務上の負担が掛かってくる【不運だったらもっと金が掛かるという意味を、この文章は含んでいる】。彼女への五〇〇〇万ドルの支払いをふくめて、全部で八〇〇〇万ドルの資金を、どうやって調達しろと言うのか？　そして時を同じくして、会社を成長させねばならない。どうすればよいのか？　リスクは私にとってもクリフ・バーにとっても、一〇倍に膨れあがった。私はホワイトアウト[*1]の中で、鉛の靴をはいている登山家のような気分だ

＊1　視界がきかなくなるほどの猛吹雪の状態。

った。しかしながら、私を止めるものは、この時点ではもはや何もなかった。

銀行からの借り入れを考えたが、すぐに非イクイティー・マネー【非株式資本関連資金】を見つけるのは大変困難であることが分かった。こうした目的の資金は、株式買戻し、あるいは資本修正と解釈される。つまり所有権の変更である。今回のケースは、二人のうち一人のオーナーが株式持ち分を現金化するというものであり、銀行はその買い取り資金を用立てしたがらないという状況にあった。銀行は、成長する会社に対して資金を使いたいのである。

私はまた、借り入れを担保するのに必要な財務履歴や利益、資産をもっていないこと、それもいま必要な額さえも担保できないことを学んだ。

クリフ社は、二重の衝突に直面した。誰もが〝成長するには金が要る〟と言っていた。だがいまや私たちは、外部からの資金導入なしで成長しなければならないだけではなく、かつてのパートナーへ支払うための借入が必要となったのだ。それはクリフ・バー株式会社を成長させる資金ではない。私のありさまは、まさに三振に次ぐ三振だった。

銀行は一〇〇〇万ドルだって貸してはくれない。そして私は、五〇〇〇万ドル必要なのだ。

銀行が借り入れ申し込みを拒否したので、私はいわゆるメザニン・ファンディング【中二階の資金提供＝ミドルリスク・ミドルリターンを狙う資金の供与】をのぞいてみた。この基金は高リスクをとる貸し手だが、高リターンも求める。利子の範囲は二〇％から二五％で、毎年複利計算される。また利子は二〇％かも知れないが、マイノリティーの会社の所有権の保持をともなう。メザニン・

ファンディングが、会社の所有権の、例えば一％か二％、あるいは三％を取ったとしよう。会社が成功裏に成長すれば、この数字は幾倍にもなる。しかしながら、私は貸し手のメザニンに対しても、空振り三振だった。

私の目的はクリフ・バーを一〇〇％所有しコントロールすることだった。だがこれに対するもう一人のパートナーの考え方は、きわめて不安定な状況ゆえに私を弱らせ、私はベンチャー・キャピタル・グループとの話し合いに追い込まれていった。その経緯《いきさつ》は、気味の悪いほど会社売却の経緯に似ていた。ビジネストークはソフト・セル【穏やかな販売方法】で始まった。「素晴らしい会社だ。我々はあなたが大好きだ。【会社の】成長のお手伝いをしたい。クリフ・バーへの投資を考えている」

どちらが有利な立場なのかは、あきらかだった。ベンチャー・グループは彼らの金のいくらかを投資して、私たちの銀行借り入れを可能にする。私は【かつての】パートナーに支払う金を得て、会社全体をコントロールできるようになる。しかしながら、それは信じられないほど高い金を支払うことになる。ベンチャー・グループは、投資額の三五％のリターンを複利計算で求めたのである。かくして一二〇〇万ドルの投資を受ければ、五年後にそれは五〇〇〇万ドルの請求書、しかも完璧な形での請求書になる（グループの契約書には、私が早めに投資額を返済できない、と規定されていた）。これに縛られたら、クリフ社が背負う借金の総額は、銀行とリサへの支払いを合わせると一億二〇〇〇万ドルを優に超えてしまう。もし金が彼らの思惑通りに十分な悪役を演じなければ、彼らは度はずれたマネージメント・コントロールを要求するだろう。二ページにわたる文書では、給与、損害賠償、新製品開発に年間予算についてまで合意が要求されていて、さらに二、三の条件の指定を求めていた。その上彼らの狙う主なゴールは、五年で会社を売却することにある。だからベンチャー・キャピタルが要求をする五〇〇〇万ドルが支払えなければ、五年以内に会社売却のリスクを背負いこむ。最終的にベンチャー・キャピタル・グループは、一二〇〇万ドルの代わりに、三〇%の会社の所有権を要求してくる。

もし私の夢である一〇〇%のオーナーシップを実現させようとすれば、五年後には一億二〇〇〇万ドルが必要となる。それを可能にしたとしても、普通株の三〇%をベンチャー・キャピタル・グループに渡すことになるだろう。私にとって、会社をコントロールできないことは最悪の状態だ。結局私は交渉の場を去り、彼らを送り返した。

製図版に逆もどりである。金を貸してくれる銀行はない。ベンチャー・キャピタル・グループからの投資は、危険すぎる。私のビジネスパートナー（リサ）は依然として彼女の取り分を主張していた。しかしそのうちに、私の弁護士を通じて妥協する意志を示してきた。その結果、前金の支払いで一五〇〇万ドル、残りの四二〇〇万ドルは五年間支払いを待ち、一年に対して一〇〇万ドルをノン・コンピート・アグリーメント【非競争合意】で支払うという条件で合意をした。クリフ社は、またもや銀行探しに歩き回らねばならなかった。そして、やっと交渉が成立した。銀行は十分な資金をメザニン・レートで貸し出す（年利二三%で、それには三%のファントムストックが[*1]

含まれる)。これで私はパートナーに、前金で一五〇〇万ドル支払えると同時に、残りの金はシリーズA[*2]の普通株を固定価格プラス利子、かつ買い戻し条件付きで渡して決済することができる。

二〇〇〇年一〇月三一日、私とリサは新しい合意書にサインをし、かっての私のパートナーはこれからの五年間で受け取る合計六二〇〇万ドルと共に歩み去っていった。私は会社の六七%を所有するオーナーとなった。一〇〇%のオーナーになるのは、リサに満額の支払いが終わったときだった。しかし私は、財政用語でいうところの最後の場所に落ちこんでいた。もし会社が清算されるような事態になれば、私はいちばん最後に金を受け取る人物になる。

会社と私にとって、世界のすべてが変わった。大きな問題がのこった。クリフ・バー社は、この巨大な負債が払えるのか? 何年かかるのだろうか? エクイティー・パートナー会社の持ち分を有するパートナーなし、あるいは自分たちの首を絞めあげかねない財務援助なしで、支払えるのか?

私の弁護士ブルース・リムバーンはこれらの過程での困難な瞬間、私をよく導き、危険な時期を巧みに処理してくれた。さまざまな分岐点で、ブルースは私に必要なバランスの取れた考え方

＊1　ファントムストック＝架空株式。企業の長期インセンティブの一つとして活用される報酬制度。オプションを行使しても、実際に株式が売買されないので株価に直接影響は与えない。資本構成、議決権にも影響はない。
＊2　シリーズA＝ベンチャーキャピタル〈VC〉などが資本参加してくる第二段階〈第一段階はSEEDとよばれる〉。普通、優先株がVCには渡されるが、この文章では普通株になっている。

弁護士の話

携帯電話の呼び出し音が鳴ったとき、私はちょうどサンフランシスコのユニオン・スクエア近くで催されたミーティングから、立ち去ろうとしているところだった。それはゲーリーからで、彼はバークレイのバーにリサと一緒にいる、ということだった。「いま一億二〇〇〇万ドルの会社買収のオファーを断ったところだ」と、彼は言った。私は信じられなかった。リサはマティニーを飲んでいるという。「我々はいったい正しい選択をしたのだろうか?」「いま、何をすればよいのだろうか?」

二〇〇〇年のあの美しい春の日、私はユニオン・スクエアのベンチに腰かけて、ゲーリーとリサを相手に長い話をした。私はなんとか彼らの支えになろうと試みた。

「よかったね」と私は言った。「君は正しい選択をしたんだ」と声に確信的な響きをこめたが、説得力があったかどうかは分らなかった。しかし決定はなされたのだし、引き返すことはできない。私なら、どうしただろう？　一億二〇〇〇万ドルという大金から歩み去るだけの度胸があるかどうか分からない。しかしながらゲーリーとリサはそうしたのだ。私は、彼らが自分たちのしていることがよく分かっていることを願った。

このようにして、クリフ・バー社とゲーリー・エリクソンの顧問弁護士として、私の驚くべき旅が始まった。それからの七か月間とその後も、ベンデルとローゼンと私（!）の三人は、企業専門の弁護士《ビジネス・ロイヤー》としての私のキャリアの中で経験した最も波乱にとんだ仕事で、依頼人を支える役割を果たすことになった。ビジネスの処理業務をうまくやる鍵は、対立する両者の欲しがっているものが何であるのかを見分けて、それぞれに意味のある方法で「欲しがっているもの」を与えるところにあると思う。これは両者のバーゲニング・パワー（交渉力）が互角であるときに、とくに重要になる。処理を成功裏に収めるためには、両者にとってウィン・ウィン[*1]の状態を作り出すことが大切だ。つまり、両者とも欲しいもの、必要とするものを手にしなければならないということである。

ゲーリーによるリサの持ち分株式の買取りは、将来を信じ、将来を恐れる中で幸運をつかみたいと望む話であり、幸運を逃すことを恐れる物語なのである。それはまた人間関係が続き、やがて終わる話でもある。

私にとって、ゲーリーとクリフ・バー社と共にする旅は、極めてやりがいがあり、価値あるものであり続けている。クリフ・バー社の企業統治[*2]のモデルに触発されて、二〇〇三年にベンデル・ローゼン・ブラック&ディーン法律事務所は、環境の持続性が中心的な価値となるエコビジネスの、アメリカ最初の証明書をうけた法律事務所となった。我々の旅は、まだ続いていく。

ブルース・リンバーム。ベンデル・ローゼン・ブラック&ディーン法律事務所の弁護士

＊1　ウィン・ウィン＝双方とも利益を得るということ。win-winは経済界や法曹関係では、すでに日本語として使用されている。
＊2　corporate governance＝コーポレイト・ガバナンスと言う言葉は、現在そのまま日本語として使用される場合が多い。

を示し、会社を救う法的助言を与えてくれた。私のかつてのパートナーと合意に至るまでの七か月間、ある時点でクリフ・バー社の売却を薦めていた投資銀行がシカゴから飛んできて、ブルースとビジネスランチを共にしたことがある。ブルースによれば、この銀行家は、同じような古い語り口をしたそうである。

「クリフ・バーは〝大男たち〟相手に競争なんかできやしない。この案件は、ゲーリーって奴の一回限りのチャンスなんだ。これをやらねば、彼は生涯悔やむことになる」

投資銀行が本当にブルースの昼食代を払ってくれたことを願う！

交渉でパートナーの弁護士が私に発した最初の質問は、「ゲーリー、会社を売ってしまって新しい企業をおこしたらどうかね？」だった。私の感情はすぐさま反応して、「ノー」のひと言となった。そのような選択肢を考慮することさえ、私は拒否したのだ。それ以来、私は多くの人たちが、彼らが始めた最初の会社を売って新しい会社を始めるのを見ることになったが、それらが同じ過程を踏む経験であったことは滅多にない。私は世界中を旅行して、息をのむように美しい場所を見てきたが、好きな場所は世界に一つしかない。それはアルペン風の湖、岩山の頂《いただき》、小川やみずみずしい草地をそなえもつ堂々たる高地シエラの峡谷である。弁護士が私にたずねた質問もこれと同じで、「ほかに行って、完璧に気に入る場所を見つけたらどうだい？」とたずねているようなものなのである。クリフ・バー社は、私の高地シエラ峡谷であり、この世界で唯一私のいる場所なのだ。そのほかのものは探したくもない。原点に戻るときだった。

ステージに復帰する

私が会社に復帰したとき、盛大なバンザイの声などなかった。クリフ・バー社には六五人の社員しかいなかったが、私が誰であるか知らない人も多かった。私は会社売却の話が現実化してくるまでのある期間、私とかつてのパートナーとの緊張関係をやわらげる方法として、基本的には会社から消えていたのである。会社の士気はこれまでになく低かった。人々は会社売却に備えて懸命に働いていたので、すっかり疲れ切っていた。噂がとびかっていた。ある人たちは、私が三か月以内に会社を売ると確信していた。またある人たちは、私がプレッシャーに押しつぶされるだろうと思っていた。会社を立て直そうと試みていた最初のころ、私は四種類のフルタイムの仕事を同時にやった。

○士気を高める役員として。
社員たちがクリフ・バー社あるいは私を信じているかどうか、私には分からなかった。私は、彼らが再び会社と私を信じるようになるのかさえもわからなかった。

○緊急治療室のドクターとして。
私が会社から距離を置いていた間に、多くの操作上の問題が発生していた。品質管理《クオリティーコントロール》、過剰在庫、利益率の低下に一般の組織上の問題など――これらは直ちに修復にかからねばならなかった。

○交渉人として。

私とパートナーの協力関係は崩壊していた。クリフ・バー社を売却しないと決めて二週間以内に、パートナーと私の関係は、調停から弁護士を通じてコミニュケーションをする間柄に、急速に変化をしていった。交渉には七か月を要した。

○資金調達者として。

会社の半分を所有しているパートナーから権利を買い取るのに、私は多額の金を必要とした。会社を売って六〇〇〇万ドルを手にして立ち去るかわりに、私はいまや六二〇〇万ドルの権利買い取り資金に財務コストを加えた金額を、借金として背負う身になっていた。

私はこのストレスの多い時期に、多くの本を読んだ。いまでも思い出すのは、ジュリア・バタフライ・ヒルの本『ルナの遺産』の中で、彼女が語る物語に引き込まれていったことである。彼女は二三歳のとき、北カリフォルニアの古いカラマツの森林伐採に抗議して、カラマツを二〇〇フィート【約六一メートル】も登り、パシフィック木材会社と交渉してカラマツの森林とその周辺を保全する取り決めが成立するまでの二年と八日、間に合わせのプラットフォームで冬の寒さや、嫌がらせや、孤独に耐えて抗議の座り込みをして頑張り続けたのである。皮肉にも、彼女が座り込みを続けた木の名前はルナだった（彼女が七三八日にわたる木の上での抗議の座り込み中、バーを食べたことを望みたい）。様々な力が、この若い女性に向かって集まってきた。

大会社は木を切り倒そうとしていた。ヘリコプターは危険なほど、彼女に接近飛行をした。人々は、彼女に嫌がらせをした。しかし彼女は最初の嵐の後も、最初の脅しの後も木から降りてはこず、彼女がなすべき仕事をやり遂げるまで木の上にとどまった。ジュリアは、私の気持ちを奮いたたせた。私のカンパニー・シィット[＊1]も永遠に続く。ほんの一握りだが確固たる支持者《サポーター》がジュリアにいたように、私にもそうした人たちがいる。私の妻キットは、会社と私に対する信頼で動揺することはなかった。私の家族や親しい友人たちも私を励まし、社員たちも直ぐにふたたび参加してきた。しかし時として、それさえも孤独を感じさせた。本当に勝てるのだろうか？　私は正気を失っているのだろうか？

会社を変化させること

ビジネスの場として会社が健康であるかどうかは重要な決め手となる。クリフ・バー社にはこの点で問題があった。私たちは、会社を売りに出すというあわただしさの中で、社内のモラルの

＊1　会社の座り込み＝会社を大会社に売却せず、個人所有でやっていくということ。

「私は製造された製品に、保証の裏書きはしない。しかしながら、私の信念と活動には裏書保証をする。物語の出だしの文章としては、こういう文章は奇妙に響くかもしれない。しかしこれが、私が何者であるのか、またどこに最も高い価値を置いているのかを示す核心部分なのである」

「私は、言葉はその人と他の人とを結ぶ絆《きずな》だと信じるように、育てられてきた。私にとっては、言葉は常に行動をともなわねばならないものである。もし言葉が無意味なものだったら、その言葉を使っている人の価値も無意味なものである」

「クリフ・バー社だけは、製品単価も、会社としても〝X《キス》〟に値するだけの価値がある。しかしゲーリーが人々を守り、地球を守り、利益も共に守るという三重の最低線をひいて会社経営にたずさわっている事実は、価値のつけようがない。活動する中で〈なにに価値を置くのか?〉〈なにを信念とするのか?〉ということ、それらが私を勇気づけたのである」

「私たちは、経済がなによりも大切だと誤って誘導をされてきた――それは利益のために、高い値段を支払う人々とそれを放任している惑星にのみ許されることである」

「もし私たちがエコノミックスとかエコロジーという言葉を注意してよく見ると、これらの言葉が同じ根をもつ言葉エコを分かち合っているということに気がつく。エコは、家とかホームを意味している。エコノミックスの最も純粋な解釈は、〝個々の家の世話をする、あるいは管理をする〟である。私たちのホームは、たんなる家というもの以上のもので、相互につながり合い、肩を寄せ合う人生のすべてである。私たちはお互いを、この惑星を、私たちの子供の将来のためを考えて世話をし合い、それらのことを、もっと大切な仕事にしなければならないのだ」

「私が一〇〇〇年の古い歴史をもつカラマツの森を守るために二年以上にわたって森に住むという行動をとったのは、世界の森林に対する誓いに注意を呼びおこさねばならない、という私の内なる深い思いからだった」

「私は一本の木の上に座り続けることを、現在および全ての持続可能で健康な世界へのコミットメントとして選んだのだ。長期間維持できるといわれる経済が、その経済から獲得する価値と同じだけの投資をしなければならないのを知るのは、興味深いことではないか?」

ジュリア・バタフライ・ヒル

維持を無視してきた。私は、会社が機能不全になっていると感じた。売り上げの低下は、機能不全を増大させていた。

クリフ・バー社に戻ったとき、私は社員が一人でも、「これで大丈夫。ゲーリーが帰ってきた。彼が我々を窮地から救ってくれる」と考えるかどうか疑っていた。私が最初に実行したことの一つは、社員全員の前に立って、私が何を考え、何をしようとしているのかを語ることだった。当時の私がスピーチしたところで、クリフの社員たちをたちまち安心させることなどできないことは知っていた。信用を回復するには、もっと多くの会話と、会社の透明性を絶えず維持することが必要だと分っていた。

私は何時間も社員たちと話をしながら、彼らひとりひとりを知るため、私自身を目に見える存在にするため、オフィスを歩き回った。

会社を率い、管理し、社員を監督するリーダーたちを、一刻も早く現場につれもどす必要があった。私がリーダーシップのチームに確信させねばならなかったことは、漂流をするクリフ・バーというボートを私たちが航路に戻せるのだということ――つまり穴を塞いで、水の上に浮かべ続けさせる――ということだった。「私たちはやってのけられる！」と人々を説得し、信じさせることがあのころの私の最も困難な任務だった。リーダーの何人かは疲れきっていたし、何人かはクリフ社に所属してもいなかった。リーダーの一人は疲れてしまって、どうしてよいかわからない、と私に言ってきた。その者に対して、「明日になったら辞表を私のデスクに出してもらいたいと思ったり、会社に残ることを承諾したうえで、数か月の猶予を私に与えて欲しいと思ったりしている」と答えた。そして「しかしながら信じてほしい。すべての物事が二か月以内に変わり始めなければ、私は君の仕事探しの手伝いをする。だが、いまは中途半端ではなく、君は完全にこの場所にいるべきだ。私たちは会社を変える。それができることを、君は信じなければならない。なぜなら君はリーダーの一人だし、社員たちは君を見ているからだ。もし君が相反する感情の板挟みになってグラグラしていたら君にレポートをあげる社員たちは、彼らの仕事を決してうまくやってはいけない」と。彼は会社にとどまった。他の者たちもそうした。私たちの方向転換の成功は、私に次のような教訓をあたえた。社員が心から信じてくれたなら、なにごともやれるのだと。

販売接近（near-sale）と士気の低下にも関わらず、クリフの製品はマーケットで健闘していた。消費者は、会社内の問題を知らなかったのだ。彼らは依然として私たちの製品を好んで買ってくれていた。私たちがチームとしての機能を回復することだけが必要なのだと、私には分っていたから、コミットすることが必要だった。「私たちはこれをやる。私たちは競争に参加する」と、はっきり口にすることが必要だった。会社にはリーダーが、それも「〝大きな男たち〟（巨大産業）を相手にしても、私たちは競争できるのだ」と信じるリーダーが必要だった。

私が会社を引き受けたとき、「修復の必要はどこにもない」ということでは、会社を率いるなどはできないと分っていた。二〇〇〇年の六月一日、私の日誌には、「**なにがこの会社を変えるのか？**」とある。設問の下に、私は四三のアイデアをリストにして書きつけた。そのトップは、CEOおよび会社のオーナーとしての私の肉体的なプレッシャーについてと、それでもおこなう会社への明快な関与だった。

これからのページでは、私がリストにあげたいくつかの基本的要素について述べていく――すなわち私がクリフ・バー社を本来のコースに戻していった経緯である。

能力のある人を雇っているのか?

いまや私のショーが始まった。だから、俳優たち——つまり会社のために働くすべての人たち——をしっかりと見る必要があった。製品販売の一か月前、私は雇用凍結の問題解決に着手した。会社は驚嘆するほど成長したが、実はそのことこそが問題を生んでいた。正式な社員が一五人足らなかったので、その分だけ臨時雇いに頼らねばならなかった。会社はスリム化されすぎていたのだ。あまりにスリム化されていたので、成長を維持することも成長のプロセスを正常に保つことも困難になっていた。オフィスの拡張を延期していたので、社員は狭苦しいスペースにひしめき合って仕事をしていた。ある意味ではなにもかもが、会社売却が終わるまで保留になっていた。もし買収をかけてきた連中の新しい会社が、この会社【クリフ・バー社のこと】をミッドウエストに移したいのなら（この移動に、クリフの社員たちは含まれていない）、なぜ新しいオフィスを早々にミッドウエストに建設しないのか?

私は直ちに雇用凍結を解除した。しかし、能力のある人を見つけねばならない。ジム・コリンズは著書『よきものから偉大なものへ』で、次のように書いている。「最初に能力のない者を出してから、能力のある者を入れねばならない。それから、どちらの方向に向かうかを計算する」。日々のマネジメントを引き受けてから一年の間、私たちはボートがちゃんと浮かんでいるように補強を続けた。私はまた、以前のパートナーが会社を経営した一年六か月の間に雇った人たちを、雇い続けるのかどうか、決定しなければならなかった。私は苦痛をともなう業務に向かい合い、高いレベルのマネジメントに従事していた人たちを含めて、何人かの社員を解雇した。

幸運なことに、経験豊富で創造的な人々が、正当な理由をもとにクリフ・バー社にやってきた。彼らは職を得、私たちとクリフ社の価値を分かち合うことになった。クリフの社員たちは製品を信じ、彼らも金儲け以上のことに参加していることが分かっていた。クリフの人々が情熱をとりもどすのに、長い時間はかからなかった。

コミュニケーションと信頼

二〇〇〇年六月一日の日誌に、私は次のように書いている。「私たちは恐れと心配という病気、ゴシップという病気を治さねばならない」。私は、全社ミーティングを金曜日におこなうことにした。これは後に木曜の朝のミーティングにかたちを変えていく。毎週、ごくまれな例外を除いて、新しいパーフォーミング・アートセンターで全社員が会うことになっていた（スタートの段階では、体育館だった）。ミーティングは、〝バーゲル【ドーナッ型の堅ロールパン】とドーナツ〟で始める。それから新鮮な果物、クリームチーズ、パン菓子、ジュース、コーヒー、ティー、そして社員が自由に話す時間を提供する。それに続くミーティングでは、私はデビット・レッターマン【アメリカのコメディアン、司会者、プロデューサー】を演じた（もちろん下手くそだが）。ときたまビジネスに関係したテーマで語ることがあるし、あるいは旅行や冒険について話して、それが会社の方針とどう関連するかを話す。また社員や、サポートしているゲストを呼んで、その考えを聞くためインタビューをしたりもする。ジュリア・バタフライ・ヒルや乳癌センター基金のジョアンナ・リッツオらをゲスト・スピーカーとして招いたし、場合によってはスピーカーフォーンを使って子供が誕生した社員を祝福し、会社に素敵な手紙を書きよこした消費者も招待した。それは会社のためのライブであり、自分自身でおこなう発表会であった。それは、それに先だつ何年間かに失われていた「皆が自由になって楽しむ時間」だった。ミーティングの締めくくりには、いつも消費者からの手紙を読み上げた。

木曜日の朝のミーティングは、私を会社の前面に押し出した。社員は、私やリーダーシップをとっている連中の顔が見られる。最初の不安定な数か月間、私にとって毎週会社で社員たちの前に立つことはきついことだった。私は本気でものを言わねばならなかった。本気でコミットしなければ、たちどころに社員たちに見抜かれてしまう。

だれであっても、なにかを一緒にやれば、そのとき信頼が生まれる。回を重ねるごとに、私たちははっきりと会社が一つになっていくのを認識することができた。定期的な全社ミーティングは、社員の〝心配からくる混乱〟をしずめて、〝ゴシップによる無秩序〟を断ち切っていった。もっともゴシップを止めるのには、さらにレベルの高いコミュニケーションが必要だったが。

私はまた、本を割り当てて読んだり、討論させたりして、会社の各部署間の友好な関係づくりをボランティア活動でやることなどを始めた。たとえば、一人の社員が「人類のための生息地(Habitat for Humanity)」というＮＰＯ法人のもとで働くことになったら、異なった部署から二〇人の同僚を集めて一軒の家を建てる作業を共にしてもらう。共同作業をすることで友愛が発展する。私たちは一年間、社員たちを五、六人からなる各部局間のグループに分け、各グループごとに一冊の本から一章をとりだして、他のグループに「あなたがたは、こうである」と決めつける。経理部の人たちは一日中帳簿をつける作業から離れて、「どうしてそのように決めつけられたのか？」について議論するチャンスが得られる。相互交流は私たちの考え方をもっと創造的にしていったし、議論はごく自然にクリフ・バー社で維持したい価値についての議論となっていった。

私は毎週、ランチを各部門やグループと共にとるようにした。私はマネージャーたちに「お互いの壁は、取り払わなければならない」と伝えて、会社全体が直接コミュニケーションできるように努力を注いだ。マネージャーたちが会社の方針を信頼し始めたとき、自分の受け持ち部署の人々とより密接にコミュニケーションが計れるようになった。木曜の朝のミーティングも、お互いの壁を取り払うのに役立った。私はマネージャーたちが積極的に席を立ち、社員たちに話しかけてオフィスを歩き回るようにした。

社員は会社のリーダーたちに直接会うことを望み、また会う必要があり、話す機会を欲していたのである。デビット・パッカードは、これを〝歩き回るマネジメント〟と呼んでいる。私は社員たちに興味をもち、そのうち彼らも私に興味をもっていることに気づいた。透明性を維持するには努力がいる。完全にやることはできないが、クリフ・バー社では全てのレベルで、正直であることを重んじ、直接コミュニケーションをすることから生まれる文化の創造、再創造のために、全員が懸命に働くようになった。

諸々のプロセスと人々

クリフ社を売りにだそうとした一年前、私たちは創業以来最低の利益しかあげられなかった。総売り上げは三三％のアップだったから、高い売上げの伸びだと思うかもしれないが、それまでは毎年五〇％から一〇〇％の伸び率を示していたのだ。生産コストが二〇〇〇年から二〇〇一年にかけて急上昇し、すべてにわたって純利益に影響をあたえたのである。品質にも問題が生じた。賞味期限付き（一一か月）の食品生産では、在庫過剰におちいっているのを発見した。過剰在庫はルナ・フレーバーの何種類かの生産を、一年半もストップせざるを得ないほどだった。クリフ社はその部門を、一九九九年から外部に生産委託していたのである。私は本社生産に切り替え、数か月以内に在庫管理、品質問題、利益率を健全な状態にもどした。

部門にしてもグループにしても、ましてや個人は、しばしば孤立して働いていると、私は感じていた。部署間や個人の間には、憤懣《ふんまん》があることにも気づいた。一部の人たちは、会社や製品に対して不安をもっていた。実際社員の一人は、使用されている原料について疑念を抱いている、と私に告げた。なぜなら彼らは、生産現場であるベーカリーを見たことがないというのが論拠だった。秘密主義はモラルに悪影響を与えていた。

社員たちは、自分たちが売っている製品が、どのようにして作られているのか、を見たがっていた。企業秘密である知的財産を守ることはもちろん大切だし、いまでも大切なことだが、私は製品加工の本質的な段階を見せることにした。会社の経営を引き受けた最初の一年の間に、私は社員全員を、ルナの製造現場の見学ツアーにつれていった。次の年には、クリフ・バー・ベーカリーでパーティーを催して、仲買業者やスタッフたちを招待した。社員に、会社の他の部署（または下請け）がどのように経営されているのかを見えるようにしたのである。縦の関係でも横の関係においても、信頼がきずかれるような方法を見つけ出す必要があったのだ。

社員に対する待遇も、見直す必要があった。社員たちは何を支払われているのか？　私はこの発議に関して、ヒューマンリソースと懸命に取り組んだ。最初に、給与の凍結を取り払った。これは会社売却を準備し始めたときに始められたものだった。私たちは待遇の内容を変え、基本給、特別ボーナス（奨励金）、医療費および歯科の治療費、401K、その他諸々をふくめて全員の給与を見直した。多くのケースで、ベイ・エリア【サンフランシスコ】のマーケットレートに合わせるために、上方修正をしなければならなかった。同じサイズの個人企業の中では、ベストの待遇を提供可能にしていると、私は確信したかったのだ。

個人的に学んだこと

私はそれまで、一人で会社を経営したことはない。いまや全責任は私にあり、学ばねばならぬことはたくさんあった。本を読むときはゆっくり読んだが、自分のためになる本は熟読し、研究をした。The Tipping Point【臨界点】、The Living Company【生きている会社】、Good to Great【よきものから偉大なるものへ】、Saving the Corporate Soul【法人の魂】、The Legacy of Luna【ルナの遺産】、The Dream Society【理想の社会】などは、いまでも私のオフィスの棚に並んでいる【本の名前は訳者の翻訳による】。いま振り返ると、二〇〇一年に私は「他の会社、とくに個人企業がどのようにして繁栄をしたか」について貪欲に本から学んだ。個人企業が株式を公開したのちに売却をされてしまったということ、とくにベン&ジェッリイズ社やオドワラ社のように大変尊敬をしていた個人企業のケースから、私は学ぶものがあった。

他の企業家たちと、長時間話をする機会も探し求めた。パタゴニアからやってきたイボン・アンド・マリンダ・シュイナードとは、ヨセミテで共に週末を過ごした。イボンとマリンダは、私のもっている維持可能なビジネスの未来像について、私のアウトドアに対する情熱と同様に、同感の意をあらわしてくれた。登攀《とうはん》のプロセスやディナーを共にしながら、私は彼らの知恵から大いに学んだ。

私は、ベン・アンド・ジェリーズ社のベン・コーヘンとも会った。その他、ケン・グロスマンのような食品と飲料産業のリーダーにも会い、ケンは私を大いに奮起させてくれた。彼はシエラネバダ醸造所のオーナーである（この醸造所はアメリカ最大の個人所有の醸造所である）。ラニー・ビンセントは、〝新しい制度と組織〟に関するコンサルタントだが、一九九八年から私と一緒に仕事をしたことがあり、私の大切な導師である。私はできるだけ多くのものを読み、私の会社と同じ規模の会社がどのように成長して、どのようにオーナーが会社を管理し、リーダーシップを発揮するのかについて、共に語るに足る人々を探し求めた。

クリフの喜び

我々は仕事をあまり深刻には考えていないし、むしろ楽しんでいる。そのことは、我々の広告がよく示している。我々は、自分たちが発揮した創造力をよく知っているし、〝ただ食べ物というだけです〟というキャッチコピーどおり、仕事に対して謙虚であることも分っている。

クリフ・バーの社員、二〇〇一年一〇月

クリフ・バー社は本来、働くのに楽しい場所なのだ。それにもかかわらず、いま私は社員に過度の生真面目さを感じていて、それはそれで結構なことなのだが、ユーモアを引き出したかった。私は楽しさを取り戻したかった。そして、クリフ・バー社に、陽気で愉快な気分とユーモアをとりもどす方法を見つけた。

一年間、〝アイアン・シェフ【鉄人シェフ】〟のコンテストを催したのである。会社のミーティングの前に、二つのチームが、テレビのショー番組アイアン・シェフ（Iron Chef）を真似て競い合う。会社のだれでもがチームの料理を味見して、どちらがベストのレシピなのかを選ぶのである。勝ったチームは次の週の競争相手のチームに料理のテーマを指定する。大にぎわいとなった。全社員が参加して、創造的な名前や突飛なコスチューム、信じられないようなレシピで、このコンテストに参加した。

ダグは、いまや（終業後の）年中行事となったマティニー&ウエーニー・パーティーのアイデアで登場した。パーティーは食物と飲み物の範囲【両極端】を特徴づけるものともなった。素敵なマティニー用の料理として、レリッシュ（調味料）、ケチャップにマスタード（辛子）をかけて完成させたホットドッグ（すべて牛肉か大豆でできている）はその一例だろう。ダグとデビッド・ジエリコフ（ヒューマン・リソースのVIP）と私が、ケチなほどの量のマティニーで、コスモポリタン【カクテルの名前】、ノン・アルコールの（カクテルの）調合をしている間（もちろん指名した運転手が待機していた）、会場ではフランク・シナトラの曲をかけ、宙には風船をただよわせたものだ。私たちは小売店の人たちも招待するし、そのためパーティー用のTシャツとキャップも作っている。

【この部分の文章は、121ページの写真のキャプションと共に、言葉遊びとゴロ合わせとおふざけで構成されている。

マティニーは非常に高い酒、ホットドッグは安い食い物。アメリカではホットドッグを食べるときの飲み物はビールかソーダー。酔うはずもない量のアルコールのために、乗用車の運転手を待機させているといったように】。

「アイアン・シェフ・コンテスト」——ポール・マッケンジー撮影

【*訳者注。使用されている言葉に意味はなく、ほとんど語呂合わせである】:アイアン・シェフのチーム。二人のマッシャー【*何かを潰していると思われる】と一人のミキサー【*何かをミックスしていると思われる】。カーガソンのチーム。グルメの神様、二人の姉妹と一人の弟、バター、サーク・デ・ソテー【ベルギー料理の名前の語呂合わせ】、シューフライ・パイ、2スティーブス&ヨナ、三番目のシェフ、リゴ、いかがわしソテーのようなもの、オバールチーム、キャスト・アイアン・シェフ株式会社、みすぼらしいチーム、フー・マン・チュー【テレビドラマの中国人キャラクター】、エキゾティコス・アル・ミヌートス、フレッシュ・モホ、料理をしている人たち、肉と菜食主義者とメカジキのトロンボーン。

かつて毎年恒例としてやっていたキャンピング・トリップ（キャンプ旅行）も、いつしかおこなわれなくなっていたが、これを復活させた。いまでは毎年シエラネバダにロック・クライミングやマウンテンバイクによるオフロードのライディングに行っている。キャンプファイアーでは、マシュマロを焼いた。さらにレクレーションにこだわって、ベイ・エリアの様々な場所にピクニックをして歩き、毎年恒例のスキー旅行も始めた。これはヒットだった。スキーをしたことのない人たちまでも旅行に参加をして、この新しいスポーツを学んだ。

私たちはオープン・ドッグ・ポリシーだった。だから〝君の犬を出勤日につれてきてもよろしい〟とした――ただし、その犬がよく訓練されていればだが（この点で、私の犬はダメだった）。スラッビー（情報収集犬のクリス）は皆にかわいがられ、ＣＦＯ【財務担当役員】のスタン・タンカは公式にスラッビーカレンダーを作った。そのカレンダーでは、スラッビーが毎月新しい衣装を着けて現れるという趣向だった。スタンはカレンダーを売って、老人や看護者の給食宅配サービスへの寄付金を集めた。

クリフ・バーにユーモア、喜び、冒険の精神がもどってきた。私たちにはくつろぎが必要だと、固く信じている。懸命に働くこともできず、がむしゃらに遊ぶこともできず、ユーモアのセンスを共にもつこともできない、そうすべきいかなる理由もここにはないのである。

クリフの魔法の力

私にとって魔法の力てぇのは、エンジン付きで駆け回ってる赤ちゃんを捕まえたようなもんだ。そして空の広さは限られてる。クリフ・バーは、魔法の力が建てた家だ。

クリフ・バーの社員。二〇〇一年一〇月

最初のタフな数か月の間にも、私たちの製品は実によく売れた。これで資金調達の時間を稼ぐことができ、パートナーシップの解消も徹底してやることができ、会社をもとの軌道に戻すことができた。クリフ社は劇的に成長を続けたが、組織の運営では問題が残っていた。私は魂を探す旅に出た——魂、すなわちクリフ・バーの本質である。私は、この会社がどのような種類の会社になれるのか知りたかったのである。

私は、そのうちエクイティパートナー【資本パートナー】が必要になるのではないかとまだ疑っていた。仕事仲間も含めて、クリフ・バー社が個人所有の会社でありうるかどうかを問いかけていた。社員の一人は、「時間の問題ですよ。小切手の金額が大きくなれば、あなたは会社を売るでしょうね」とさえ言った。だが、会社を個人所有であり続けさせるという私の考えに、変わりはなかった。

「どんな会社でありたいのか?」。それは私が自分自身に問い続けている質問だった。二〇〇〇年の秋、アル・スプリンガーがナショナル・プロダクト・エクスポ・イーストにあらわれた。アルはガトルード【スポーツドリンクのブランド名。クエーカー・オーツ社に所有されている】[*1]やドール・フード社で、マーケットに対する実践的な知識によって有名になった人物である。彼は、私企業でやっていくという私たちの決意に興味をもったようだ。こちらのブースを見た後、彼は私に言った。「君の展示ブースではなにかが起こってるね。ざわめきがある。見てごらん、あそこの競争相手の展示ブースを。死んでいるだろう?」それから彼は私の頭を回転させる何か、つまり私にとって魔法の言葉になる何かを言った。彼はこう言ったのだ。「彼らは魔力を失ったのさ」

クリフ・バーには何かがある、と私には感じられた――それがあなたにとって魔法の力と言う言葉であっても、なにであってもよい。ブランドに、製品に、そしてこの世でのあり方になにかがあり、それが他社との違いをつくりだす。一方で、魔法の力というのは錯覚にもとづく力であり、慎重に管理する必要があるものだと私には分かってきた。会社はそれを失うこともある。会社を売却するというのも、魔法の力を失わせる方法の一つである。消費者はすぐには分らないかもしれないが、やがてその会社がもっていた魔力が失われていることに気づき、会社に対してネガティブに反応するようになる。

オフィスに帰って、私は全社会議の席上でこの話を披露した。「皆さん、私を助けてもらいたい。私はホームワークを割り当てる。皆さんが大変忙しいことは分っているが、これは特別な仕事だと思ってもらいたい。最初の問いかけは、魔力をもっていたが、それを失った会社をとりあげて欲しい。なぜ彼らがそれをもっていたのか? なぜ彼らがそれを失ったのか? それを分析して

○彼らは大きく成長をするときに文化を保持しなかった。それゆえに創造的な活力を失った。
○彼らは社員の価値を無視して、本社をカリフォルニアからコロラドに移した。理由はCEOがそこに住みたかったからである。結果はモラルの低下と組織の機能不全を招いた。
○彼らは消費者との気持ちの繋がりを忘れ（そもそも、なぜこの業界に入ったのかを忘れた）、そしてビジネスのプロセスだけに集中した。一本のエネルギー・バーに誰かが一ドル五〇セント払ったとき、消費者はアイデンティティー【帰属意識、同一性】の一部を買うのであって、便利なスナック食品を買っているのではない。消費者たちは、彼らがよいと感じている会社、製品、ブランドの仲間入りをしたいのである。
○会社は信頼に値すると理解される位置から、商業主義と金のモンスター主義に動いていった。彼らには信頼性、品質、社会との関わりが欠けている。
○会社には、よりよくなる前に、より大きくなるというトリックがあると私は思う。力を維持しつつ、少々大胆になること。ルーツを見失わないこと。一般庶民に感謝をし、不運な人々に手を差しのべ、忠実だったものを支える。それから街の新しい子供たちへと動いていくこと。注意をしないと、会社がただ単に大きくなることは危険なことでもあるし、魔法の力と妥協をしてしまうことにもなる。しかし、それは往々にしてなされることでもあるが。

＊1　クエーカー・オーツ社のこのブランドの所有は一九八三年。Wikipediaによると、その後二〇〇一年にペプシコ社に買収されている。ペプシコの四大ブランドの一つとなる。シェアは全体の七五％。

いただきたい」。何ダースという人たちから洞察力に満ちた反応がもどってきた。一二五ページにあるのは、「彼らがなぜ魔力を失ったのか?」という宿題の、答えからのサンプルである（会社の名前は伏せる）。

テーマははっきりした。これらの会社は、次のような理由によって魔法の力との組み合わせを失ったのだ。コスト削減への努力、製品の品質低下、主体性の喪失と他者の真似をすることで特性を失ったこと、単純な発想から抜けだせなかった、消費者との接点を失ったこと、組織的な強さの喪失、大規模市場への過度の集中、当座の風潮にとびのってしまうこと、革新を忘れたこと、貪欲になり過ぎたこと、消費者サービスの低下、消費者よりビジネスに重きを置きすぎたこと、地域社会に注意を払う努力をしなかったこと、信頼性を失ったこと、オープンで、革新的で、創造的な文化を失ったこと。

私は社員たちから学んだ。私は彼らの洞察を、私のビジネス・ビジョンに組み入れていった。社員たちは、コスト削減より品質を優先させた自分の会社を信じてくれた。社員たちは、会社は〝単純にして置かねばならない〟し、彼らがなした〝最善のものに固執すべきだ〟と思っていた。信頼性、創造性、変革と地域社会および消費者との密接な関係は、リストの真っ先に掲げられねばならない。

私はクリフ・バー社の魔法の力が強く、かつ大きくなることを望んだ。二〇〇一年一〇月、私は次のような宿題を全社員に割り当てて、会社で配布した。

〝クリフ・バーは魔法の力をもっているのか？〟

〝もしもっているのなら、なぜクリフ・バーはもっているのか？〟

〝クリフ・バーはどのようになったら不安定になり、魔法の力を失うリスクを冒すのだろうか？〟

〝どのような事柄が、それを失わさせる原因になりうるのか？〟

〝どうすれば、もっと魔法の力が得られるのか？〟

〝あなたはどのような方法で、我々の魔法の力に作用しているのか？　肯定的な場合と否定的な場合、両方について記していただきたい〟


このことや、その後のホームワークに対する反応で、私は驚嘆した。社員たちは、これらの設問を真剣にうけとったのだ。彼らの答えは、会社の核心をなす価値、私たちが存在している意義、私たちの情熱、統一性についても語っていた。答えはノートブックにまとめられて、一二冊のコピーが、目立つようにメイン・オフィスに置かれた（それらはいまでも、その場にある）。いつでも、だれでも手にとって読めるようにするためである。質問に対する意見の中からいくつかを、ここで紹介しておく。

○もしあなたがこの質問を昨年していたら、私はこの会社から、特別な魔法の力は失われたと言っただろう。なぜなら会社売却の可能性で、我々の将来不安は募っていたし、社員の多くは仕事への情熱が消え去ったと感じていた。多くは、「大きな犬が小さな犬を喰う世界」だと感じていた。大きな犬に対して競争できると自信をもっている我々が、自分自身を信じなければ、生きたまま喰われるだけだ。

○私たちは利口な会社として知られています。私たちは、たとえそれが何であれ、独自の価値に固執する会社だと見られています。私たちは、製品を販売している地域社会を支えていきます。私たちは、製品の原料で手をぬいたりはしていません。

○さらに魔法の力を得る最良の方法は、それを手に入れることを強制しないことです。意識してやると、私たちを本当にダメにしてしまいます。

○私は、クリフ・バーが魔法の力をもっていると確信しています。しかしそれは製品ではなく、製品の後ろにいる人たちが作りだすものです。なるほど、私たちは〝偉大な味の、競争相手のケツをぶっ飛ばせるバー【バーと、もう一つの意味の棒をかけている】〟をもっているけど、それは物語の一部でしかありません。クリフ・バーの人々は純粋によい人たちです。私たちは、お互い私たちの製品を信じています。これは、まれなことだとは思いませんか？

○もし我々がコスト削減の罠にはまり、品質で妥協し、人々の生活の中で〝肯定的な力であるという自己認識〟を失ったら、我々は簡単に魔法の力を失うだろう。利益がすべてではない。

○もしクリフ・バーの最終ゴールが、最も利益を上げる会社であるというのであるならば、揺れ動きながら魔法の力を失っていくだろう。クリフ・バーの挑戦の一つは、大きく成長し利潤をます中でも、初期の理想から目をそらさないことである。

○クリフ・バーがあまりに心地よい場所になったら、魔法の力は失われるだろう。リスクをとり、新しいものを開発し、確信的で刺激的な道をたえず進まなければ、よりよい製品を作ることも会社を強くすることもできない。

○成長が速すぎれば、逆にそれを失いかねない。株式を公開したり、会社を売却したりすれば、すべてが終わる。

○私は会社が成長したことで、我々がどこから来たのかを忘れてしまうのではないかと(小さな)恐れを抱いている。それは我々をここまで引き上げてくれたものと共に踊るのを、忘れることになるからである。

○クリフ・バー社がその価値や品質を忘れたら、魔法の力を失うだろう。我々は典型的なアメリカン・ドリームを追うべきではない――つまり〝自分のビジネスを所有して、できるだけ速く成長させ、売りはらって現金化する〟といったような。クリフ・バーは一九九九年に、魔法の力を完全に失っていたと私は確信している。

○我々は消費者たちへのフレンドリーなアプローチを維持する必要がある。【会社に】成長が必要であっても、大地に足をつけてすこしオフビート【弱拍】になることも必要だ。

ホームワークの割り当ては、社員たちがクリフ・バーになにを感じているのかについて明確な理解をあたえてくれた。ホームワークは人々に、クリフ・バーにあるべきものを表現する方法になったし、提言は私たちの未来への理想に対するガイドにもなった。クリフ・バー社は常に前進

モホ（魔法の力）はパワーであり、マジックであり、良きこと——それは手に触れることもできず、適切な文字であらわすこともできない。よい気持ちであり、あなたの愛する人たち、マウイ島のある夏の日、バックパックに入れた一本のクリフ・バーを、あなたと話をするために立ち止った男と分かち合うこと。そして目を合わせることもなく歩き過ぎていく代わりに、自分が何者なのかを自分で見つけること。それは正しいことなのである。

私たちはすべてを売り払うことはできない。自分のこと以外はなにも気にかけず、カスタマー・サービス・ラインに電話をかけたら、無数のラインのついたコンピューターが応答して本物の人間はでてこないような世界では何の価値もないことなのだが、私たちは生きている人間なのである。クリフ社では、クリフォードが電話に答えてくれる。私たちは人間の声を聞く。私たちは心底自分たちの製品に関心を払っている。私たちは心から私たちの世界の世話をする。金を稼ぐのは間違いではない——生活のために金はいるから。でも金を利口に使うというのは、よいエネルギーの別の形である。クリフ社がエネルギー食品で世界に健康な選択肢をあたえていることに私は誇りをもつし、特に私たちはクリフ社、つまりモホでそれらを提供していることに誇りをもつ。

レスリー・ヘンリックセン。ゲーリー・アンド・キッツ社のアシスタント

している会社である。しかも私たちの今日の明快さは、一九九〇年と二〇〇〇年初めに先立つ輝きなのである。

持続可能性[*1]への移行　環境への足跡[*2]を減少させること

環境に対する心くばりが、いま現在の生活から欠けているのに私は気づいていた。クリフ社は環境意識の要素はあったが、統一された明快な努力はしていなかった。私はエリザ・ハモンドに目を向けた。エリザは、私の妻のベストフレンドとして育った。私とエリザは、サン・ルイス・オビスコのカリフォルニア・ポリテクニック大学で知りあった。彼女は農業を専攻し、私はビジネス専攻だった。彼女はAの成績をとる生徒で、私は…ええと、まあ、C+の成績の学生だった（私はいまでも、私より利口な人々を雇おうとしている）。私たちは親友になり、彼女は環境、農業、世界の飢餓問題について教えてくれた。彼女が経歴を積みかさねていくにつれて、世界中で研究をおこなっていくのを、私は見てきた。メキシコからボルネオへと、エリザは持続可能な農業に彼女の

＊1　持続可能性=Sustainability。人間活動、特に文明の利器を使った経済活動が将来にわたって持続できるかどうかをあらわす概念。環境問題、エネルギー問題によく使われる。
＊2　環境への足跡=Ecological Footprint。地球の環境の容量をあらわす言葉。人間の活動が環境にあたえる負荷を、資源の再生産や廃棄物の浄化に必要な面積として示した数値。略してSFともいう。

情熱を注いでいった。

そののち彼女はニューヨークに住んで、三人の子供の母親となっていた。私は、エリザに電話をかけた。

この電話の中で、私はエリザにクリフ社の社内エコロジスト【生態学者、環境保全活動家】として働けるかどうかをたずねた。最初の電話をかけたとき、私はまだ「持続可能性」という言葉を、どのように理解してよいのか分らなかった。有機肥料という言葉が、だいたい会社がやろうとしている領域をカバーするのだろう、という程度にしか考えていなかったのだ。しかしエリザは、次のように言った。「あのね、私たちがいま話しているのは有機肥料以上のことだと思うわ。私たちはサステナビリティ【持続可能性。前ページ＊1を参照】について話しているのよ」。次の質問をしたとき、私の学習効果の曲線は急上昇した。サステナビリティってなんだ？　クリフ・バー社と、どんな関連性があるのか？（第七章は、私のサステナビリティのビジネスモデルについての概略を述べている）。エリザは社内エコロジストになり、この惑星（地球）から環境への足跡【エコロジカル・フットプリント。前ページ＊2を参照】を減らすためになにがクリフ社としてできるかを私たちに理解させ、会社（と私）を助けつづけている。

二〇〇〇年に、クリフ・バー環境問題プログラムをスタートさせた。二〇〇三年までに、マーケットで最大の有機物エネルギー使用と栄養バーの会社として、クリフ・バーの味はすべて有機物であることを明快にした。社員たちは、クリフ・バー社の計画のすべての面で〝環境審査〟に自発的に参画した。私たちは有機木綿からTシャツを作り、再生紙から印刷物を作り、会社全体でエネルギー消費量を減らしていった。クリフのサステナビリティに向けての活動は、進取の気性を刺激して会社の前進を加速させた。サステナビリティへの動きは人々を元気づけ、やる気を起こさせていったのである。

人々は自らの「価値を表現する具体的な方法を生み出すこと」で興奮をするのだ、ということを、私は学んだ。会社全体が、クリフ社基準のエコロジカル・フットプリントを減らす計画への熱意を分かち合い、クリフ・バー環境プログラムはビジネスを方向転換させ、自分たちの理想に深みをつけ加えていった。

灰色のゾーンに生きること　質問する文化の創生

クリフ・バー社を方向転換させられることは分っていたが、どのようにすればよいのか。その方法を、私ははっきりと知らなかった。私たちは灰色の領域《グレーゾーン》にいて、そのことは当然ながら多くの人たちを不安定にしていた。彼らは、白か黒かの答えを求めたのである。彼らは私たちが競争できるのか、成長のために財務的な裏づけがあるのかをどうかを、知りたがっていた。私に答えはなかった。実際のところ、長い目で見れば、答えをもつことより疑問をもつほうがより大切なのだと、私は信じるようになった。私は「質問をする文化」を確立しようと思った。ホームワークの割り当てが役に立った。確信を述べることから始めるかわりに、私は適切な質問をすることから始めた。ある金曜日の朝、私は会社で全員に呼びかけた。「あなた方は、自分が答えをもっていないからといって、質問をすることを恐れないでほしい」。小さなグループのミーティングでは、だれかが絶対的な意見を述べると、ほかの人たちは会話からはじき出されてしまう。そこで私は、「自分を枠の中に閉じ込めてしまうのではなく、どのようにして質問をすればよいのか」について指導をした。質問が、クリフ社を分析する新しいホームワークの割り当てとなった。ほとんどの社員が訊いてきた。「我々は心をもつことができるのか？　心で会社を支えられるのか？」。この質問を土台にして、私たちホームワークを作っていった。私は彼らに、心をもった会社を探すように、そしてなぜその会社がそうなのかを分析するように告げた。「ブランドを探して、もってくるように」

金曜日のミーティングが期限だった。その日、製品ボックスが並び、私たちをとり囲んだ。人々は「なぜ、このブランドには心があると思ったのか」を説明し始めた。半信半疑であることの心地よさを感じながら、いかに質問をしていくのかを学ぶ試みは、会社のモラルを押し上げた。社員たちはお互い、恐れではなく明るく快活な気分で接するようになった。

グレーゾーンでくつろいでいると、心配や恐れはなくなる。すべてについて解答を求められることがなくなると、グループや会社の雰囲気が変わってくる。ある人たちは、グレーゾーンにいると落ち着かない。「白か黒か、すべてはっきりさせること」と教えられて育ってきたからだ。

しかしクリフ・バー社と私は、グレーの領域があるし、解答も選択もはっきりしない場所をもっている。質問をすることと調査をすることは、企業家にとって大切な鍵なのである。

大きな魚と泳ぐこと

ある一つの問題が、販売が間近になるにつれてだんだん支配的になってきた。私たちは大会社と競争できるのか？　実のところ、私たちには会社の成長をひっぱれる商品が二つあった。私たちは、一般通念が「原則だ」と主張する伝統的な外部資金なしで、いわゆる〝大きな男たち〞と競争している。多くのエキスパートが、私たちは競争できないと言っていたけれども、そんな意見は何の意味もなかった。

クリフ・バー社を立ち上げる以前のことだが、ドウと私が包装を開発していたとき、彼が「それで、きみの会社はどのくらい大きくなくちゃならないと思っているんだ？」とたずねた。「そうだな、もしセールスで一〇〇万ドルを突破できたら、ちょっとしたもんだけどな」と私は答えた。会社は劇的に成長した。そして成長し続けている。私は、成長を続けている周囲の小さな会社を見回してみたが、私たちは決して後退していなかった。それのみか、だれもが私たちは〝大きな魚〞と泳ぐことができる、と言っていた。

私はボブ・ガムゴートと知り合った、尊敬もしている。ボブは、マース社の北アメリカ部門の社長で、一九九九年にクリフ社に投資の案件をもちかけてきた（マース社は、クリフ・バー社の売却話が進行中には、手を出してこなかった）。会社売却の話が消えたとき、ボブは電話をかけてきた。私は、会社を個人企業としてキープすることが私にとっていかに大切であったかを話した。ボブは私の決定に敬意を払い、一週間後にアダム・モーガン著の『大きな魚を食う』という本を送ってきた。カードが添えられていた。「君の決定を祝福する。グッドラック。幸運を祈る。君は偉大な会社をもっている。君はやれるし、やりぬくことができると信じている」。ボブは、私たちが競争できると言い切った、ただ一人のエキスパートだった。私は本を読んだ。それは小さな会社が、いかにして大きな魚――大きな会社――と競争するのかについて書かれていた。

どのようにしたら私たちのような〝小さな魚〟が〝大きな魚〟と競争できたのか？　まず第一に、クリフ社の人たちが「我々は競争できる」と信ずるようになった。第二に、自分たちの製品がマーケットでベストであり続けるということを、原料の品質の高さで確認した。私たちは、自然の欲求に従ったのだ。ルナがよい例だった。ルナは宣伝することなしにマーケットに登場して、一年目に販売高一〇〇〇万ドルを達成したのだ。

二年目は二九〇〇万ドル売り上げた。いかした包装を施し、偉大な（そして本当の）会社の話を語った。消費者たちは、個人企業であるためにくぐり抜けてきた私たちの問題を知らなかったが、包装の裏を読むか、バーを味わってみれば、だれでも製品には多くの手がかかっていることが分かる。私たちは、いわゆるシンデレラストーリーをもぎ取ったのだ。

会社を売却しかけてから二年後、私は会社の負債全額を借り換え、リサから残りの株式全部を買いもどした。どのようにやったかって？　二〇〇一年の一二月、妻のキットは、私が「質問する文化」を奨励しているのを知って、会社の負債について簡単な一つの質問をしてきた。「いくら借金があるの？　五年の支払い期間が終わるまでに、いくら支払わなければならないの？　いま会社を自分たちのものにする方法はないの？　リサに払うかわりに、銀行に支払えないの？」

私はCFO【最高財務責任者】のスタン・タンカのところに行って相談をしたところ、借り換えのタイミングとしてはちょうどよいということが分かった。スタンと彼が組織したチームは、魔法のような契約条項——または彼らが財務用語で言うところの管理プレゼンテーション——を作りあげた。私は銀行を歩き回り、一緒に仕事をしてもよいという銀行[*1]を数行見つけだした。SPPキャピタル・パートナー、LLC、ブティック投資銀行会社を交渉の仲介をするために雇った。私は【リサの】残りのパートナーシップの負債を、ユニオン・バンク・オブ・カリフォルニアからの借り入れと、アライド・キャピタルのサブオーディネイト・ノート[*2]で支払った。その結果、八〇〇万ドルの利子を節約することができた。**最高だった。キットと私は**二〇〇二**年八月二日、クリフ・バー社の**一〇〇**%の株主となったのである。**私たちは二年で五〇%から六七%

＊1　Boutique Investment-banking Firmは財務アドバイサリーに特化した銀行。
＊2　銀行が発行する債券。

の株主になり、そしてついに一〇〇%のオーナーになった。私は名前入りのメダリオンを会社の全員に配り、シンデレラ・ストーリ・ナンバー2を可能にしてくれたお礼を言った。

私の【かつての】ビジネス・パートナーは最後の支払いを受け、クリフ・バー社に関する最終章を締めくくった。

二〇〇〇年に話をもどすと、私たちは大会社と競争できない、そのうち不利な立場に追いやられる、六か月以内に在庫品として買い取られるなどと言われていた。事実はその反対で、続く三年以内にクリフ社は四〇〇〇万ドルの売上げから年間売り上げ一億ドルへと成長した。これを、巨額な債務を抱えたまま外部資金の導入なしでやったのだ。

ルナとクリフ・バーは、自然食品、自転車、アウトドアのルートでトップセリングのバーになった。市場占有率は三五%だった。食料雑貨商の売れ筋商品ランキングで、ルナは一位、クリフ・バーは三位だった。ルナ・バーは、食料雑貨品、自然およびアウトドアのルートで国内第一のバーとしてパワーバーを追い越した。しかし年間売上高よりもっと大切なことは、クリフ社が生き生きと繁栄している会社に立ちもどったことである。私の個人的な生活も変わった。私は自転車に乗り始め、よく眠り、ユーモアのセンスをとりもどし、家庭生活もよくなった。クリフ・バーだけではなく、私ももどってきたのである。

私たちはモホ（魔法の力）をとりもどした。私たちは偉大な問いを発しつづけている。私たちは素晴らしい、やる気のある人たちと共にいる。私たちは健康で、美味しい製品を作りつづける。

理想と信念をもてば、あなたは信じられないような障害を乗り越えることができる。

公現祭再来

私とジェイが一七五【約二八二キロメートル】マイルの〝公現祭〟のサイクリングをおこなってから一〇年後、私は会社の前に立って（社員たちに）すべてが始まった旅の物語を語った。幾人かは一部についてすでに聞いていたが、多くの人たちにとっては真新しい話だった。私は社員たちに「自転車にまた乗りたい」と言った。今回は、社員たちと一緒に、である。私は彼らに言った。「あの日、サイクリングをしなかったら……、もし私があの距離を走らずに、六本のバー全てを食べなかったら、あなた方はいまここに座っていなかっただろう。私はそれを祝いたい。私はアイデアの誕生と、そのアイデアから成しとげてきたものを祝福したい」

二〇〇〇年一一月、クリフ・バー社は最初の年次公現祭のサイクリング大会をおこなった。社員は【私とジェイが一〇年前に通ったのと】同じルートを走った。みんながみな一七五マイル走行できないので、一〇〇マイルと三五マイルのオプションを設けた。一二人が一七五マイルを完走し、二人が一〇〇マイル走行のオプションに参加をした。五〇人余りが三五マイル走行のオプションで、私たちの最後の三五マイルに挑戦してきた。その中には妻のキットやU・S・郵便サービスのプロのサイクリング・チーム、会社の友人たち、それに大勢の社員たちもいた。

もともと〝公現祭〟は、私がエネルギー・バーの最後の一本を食べたことで始まった。今回私はクリフ・バーの製品をたくさん食べて、それでも気分が悪くならないことを証明しようと思った。そこでイベントに加えて、私は走行に先立つ七日間クリフ・バー、ルナ・バーならびにクリフ・ショットのみを食べた。会社は注意深く注目していて、社員たちはクリフの製品に使われている材料でスープを作ったりして、私を助けようとした（チェルシア、ブルー、ありがとう！）。

社員はバーを切ったりトーストにしたりもした。ジャネットは実際に製品の一つでパイの皮を作り、クリフ・ショットを詰めものにした。一週間で私は四五個のクリフ・バー、二〇のルナ・バー、そして四二個のクリフ・ショットを食べた。私は、私が製品を食べ飽きるかどうかをテストするだけではなく、自社製品を一週間食べ続けて一七五マイルの自転車走行で、はたしてどうなるかを知りたかったのである。サイクリング仲間が挑戦してきた。撮影担当はドキュメンタリー番組を作った。それができあがって上映されたとき、私は長い年月で最高のサイクリングの日々を過ごすことができた。大満足だった。

最初の〝年次公現祭〟のサイクリングは、まるで会社の拠り所のように感じられた。会社売却を止めて、七か月が経っていた。

私たちは、ユニークな会社の始まりを祝っていたのだ。モラルはよい状態にあった。社員たちは理想の一翼を担って生きていると感じている。そう私は信じる。毎年より多くの人たちが〝年次公現祭〟のサイクリングに参加をしてくる。その中には一度もサイクリング車に乗ったことも

クリフ社の年次公現祭のサイクリング。(下)クリフ社のグルーピー(デビとレスリー)。——ステファン・ヒューストン撮影

パパ、ママと家族。最初の年次公現祭のサイクリングで。——ダイアナ・クロフォード撮影

ない人たちも含まれているのだ。人々は何か月も前からクリフ社のトレーナーが考えたトレーニングプログラムに従って参加に備えるのである。

〝公現祭〟のサイクリング・ナンバーワンは一九九〇年だった。会社ナシ、お金ナシ、バーもナシ、なにもなし。あったのは、たった一つのアイデアだけ。いまわが社は「アイデアと現実」を毎年祝っている。〝公現祭〟のサイクリングは、私たちが帰ってきたこと、ならびに、毎年おこなうイベントによって最高の会社が続いていることを象徴している。それは偉大なパーティーであるだけではない。それは、「私たちはなにごとかをやりとげ、理想の一部なのだ」とだれもが感じられるイベントなのである。

二〇〇〇年に催した最初の〝年次公現祭〟のサイクリングの祝いで、キットと私は、最後の一団としてゴールにもどってきた。そこには私の両親クリフとメリーが、大きなプラカードを掲げて待っていた。「クリフ《Cliff》よ、永遠なれ《4ever》！」プラカードには、そう書かれていた。For ever の For は数字の四、すなわち〝私たち四人〟のことだった。

私たちは帰ってきたのだ。

第4章

白い道／赤い道

人生とビジネスのための哲学

一九八六年、私は友人のジェイに、アルプスを一緒に自転車で走ってみないかと提案した。「【スイスの】ルツェルンで会おう」と私は言った。ツール・ド・フランス、ツアー・オブ・スイス、ギロ・ディ・イタリアで聞くヨーロッパの主な峠を、二人で走ってみたかったのだ。私たち二人は、すでにいくつかのアルプスの山頂に登っていたが、今度はこれらの山々の峠を自転車で上り下りして、世界で最も美しい山のいくつかを眺めながら、一〇〇〇マイル【約一六一〇キロメートル】以上《プラス》のツアーを経験したかった。かつてこのような願望をもった旅をしたことはなかったので、私はジェイに「地図はある。僕はヨーロッパに行ったことがある。君もある。やろうぜ」と話した。身軽な旅をしたかったので、五〇ポンドから八〇ポンドもの装備を積み込むかわりに、八ポンドのパックを一つしかもたなかった【一〇ポンド＝約四・五キログラム】。私たちはミニパック（靴箱ほどのサイズ）を、自転車のシートの下にくくりつけた。

　最初の旅と同じように、これに続く二〇の旅でも、私たち二人はやらねばならないことをやった。三つか四つの峠をこえる一〇〇マイルの旅の後でも、食物とホテルを見つけると、毎晩自転車を修理し、衣服を洗濯し、ルートを研究し、金を替えた。雨の中でも、雪の中でも自転車をこいだ。急斜面は、まるで私たち二人に罰をあたえているようにきつかったけれども、下り坂は（最

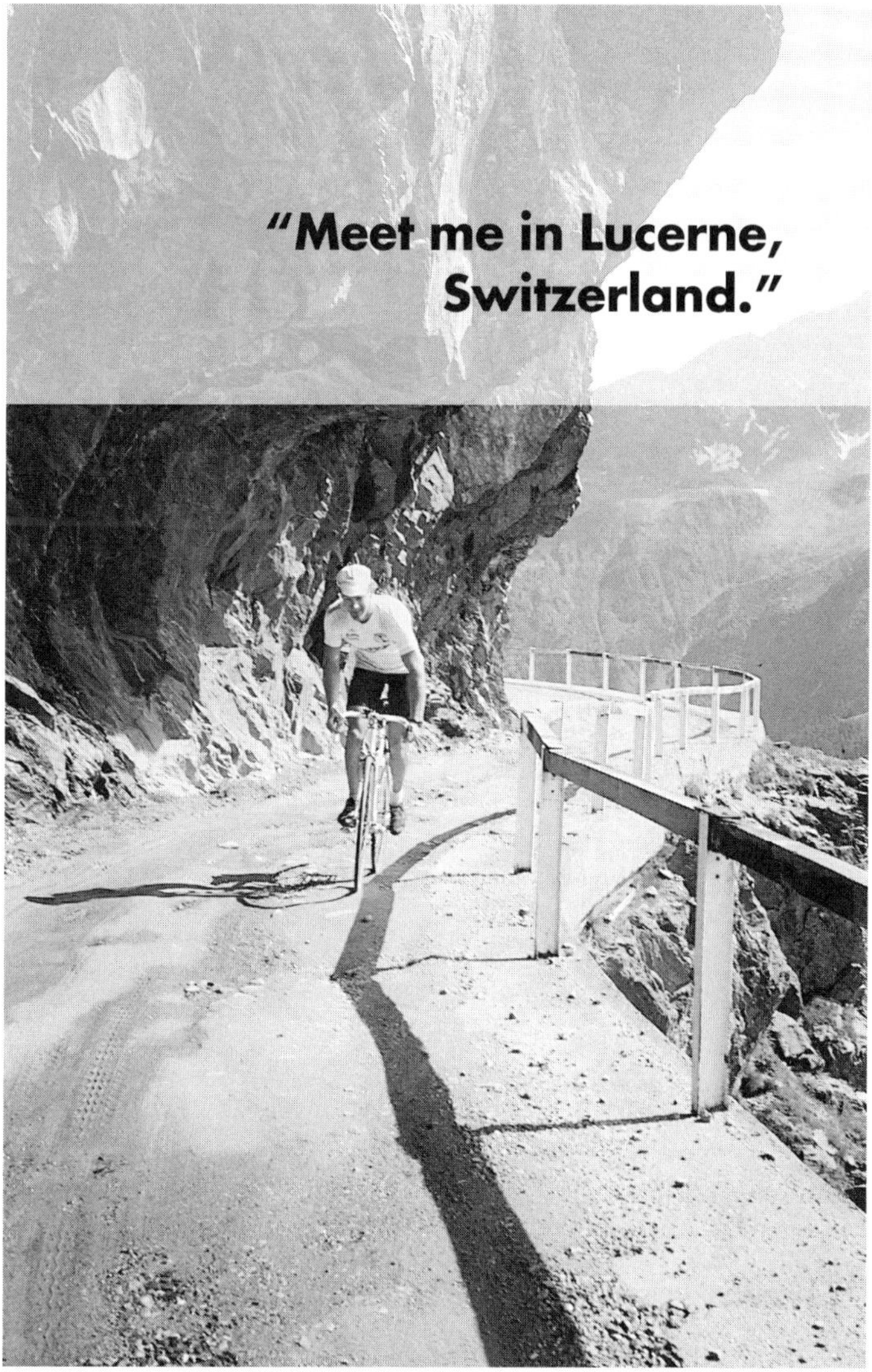
"Meet me in Lucerne,
Switzerland."

スイスのルツェルンで会おう

高一時間以上続くことがあった）私たちを陽気にしてくれた。道に迷い、空腹で、脱水状態になり、体温低下をおこし、そして時々ビールを飲み過ぎた。高い峠の、きびしい上り下りの多い道で苦労をする二人へのご褒美は、雪を頂く壮大な山々の景色であり、緑したたる谷間であり、高原の湖、おとぎ話に出てくるような村々だった。この旅にしても、これに続く数々の旅にしても、私にはわずかな知識しかなかった。しかし、これらが人生とビジネスに対する哲学に基礎を与えてくれたことは確かである。

最初の日、私たち二人はルツェルンを朝早く出発して、有名なアルプスの峠に向かった。私たちが熱望するルート、グロース・シャイデックへの道である。地図で研究すると、赤く塗られた道があった。その道はめざす峠に、まっすぐ向っている。これこそ、われらがルートだ！　興奮を隠しきれないまま、赤く色どられた道へとめざした。しかし興奮状態はすぐに狼狽にかわった。自動車やトラックが唸りをあげて走り抜けていく。赤い道は高速道路なのだ！　自動車が一台寄ってきて、運転手が窓から英語でさけんだ。「自転車は走行禁止だッ！　法律違反だぞッ」

アホなアメリカ人の気分で高速道路を降りてから、峠に向う道順を人にたずね、私たちは交通量の少ない地方道を走り、初日の目的地に着いた。荘厳な山々を見つめると、いくつかはすでに登頂していた山だったし、いくつかは将来登ってみたいと思うものだった。私たちはルートの選択で最初からミスを犯していたのではないかと考えたが、「もともと間違った地図を見ていたのではないのか」という考えには思いが至らなかった。

アイガーの山麓を行くミハエル(1987)

第二日目、アイガーの荘厳さは見ることはできなかった。猛烈な吹き降りが九〇〇〇【二七四三メートル強】フィートの峠を越えようとしていた二人を襲ったからである。

体温低下が危険な水準にまでなったが、なんとか次の目的地に到着した。それからの数日間、私とジェイは主なヨーロッパの峠の数々を横切り、いくつもの美しい谷間を走破し、毎晩のように美味《おい》しい地方料理を堪能し、モントルー（有名なジャズフェスティバルの故郷）を囲むワインカントリーを走り、シャモニーに向かった。ロッククライミングとスキーのメッカである。

　シャモニーで、自分たちが間違った地図を使っていたと結論づけることになった。地図はイタリー、フランス、ドイツ、スイスを包括している。私とジェイの旅はこの一部を縫うように走ることにあるのだが、走っているうちに地図に記載されていない小さな道がいくつもあることに気がついた。この道はどこに行くのだろう？　翌日、次の目的地ブール・サン・モーリスに行くのに計画がたてやすい、より細かく道路が記載されている地図を買った。地図を見て、「五〇ものルートがあるじゃないか。なにも交通量の多い道を行く必要なんてないんだ」と気がついた。私たちは小さな道で、メジャーではない峠をいく道を探し始めた。その日二人は四つの峠を越えたが、その一つは自動車なら一台がやっと通れるほどの狭さだった。道路はブール・サン・モーリスで終わっていた。このルートを発見したときの興奮は、とても筆では書き表せない。

　シャモニー以後は、地図やルートに対して真剣になった。地図をじっくり研究することで、旅の本質までが変わって、たんにA地点からB地点に移動する旅というものではなくなった。本当の意味での冒険になったのである。小さな田舎道を行くことで、私とジェイはいわゆる観光コースの地域から離れ、驚きを求めだした。自転車旅行がなされていない素敵な小さい道を見つけだすのが、自分たちの旅の定義となった。

　次の日、クールマイユールまで到達しようとした（イタリアの有名なロッククライミングの村である）。

その夜、地図を研究した結果、クールマイユールからフェレットの鞍部【コル・フェレット】をこえてスイスにもどるルートがあるのを見つけた。このルートがとくに興味深く思えたのは、峠【鞍部】近くで道路がまったくなくなっているように見えたからである。多分踏み跡か未舗装の道路しかないのだろう。

地図を研究するジェイ

ブール・サン・モーリスからプティ・サン・ベルナールを下り、初めてイタリアに入った。信じられないほどうまいイタリア料理に、切り詰めた食費の予算が許す以上の大枚をはたいた。パスタ、デザート、パン、それに大量のワインをバッチリ腹につめこんで、私たちはまっすぐモン・ブランに向かい、さらにコル・フェレットに向かった。ここはフランス、イタリア、スイスの三か国が合流する唯一の地点である。

予測していたとおり舗装道路はそのうち消え、険しく難しい未舗装の道となった。ここで思い出しておかねばならないのは、私たちがマウンテンバイクではなくてロードバイクで走っていたことである。だから道の状態によっては、自転車を担いで歩かねばならなかった。もちろん時間がかかった。明るいうちに峠近くにたどり着けそうもなかったし、峠をこえても下るのにどれだけ時間がかかるのか見当もつかなかった。

私たちは一筋の道幅しかない踏み跡の道を下った。マンモスのように大きな氷河や草原も、陽の翳《かげ》りに入りこんできた。舗装道路にたどり着いたときは、夜のとばりがおりて真っ暗だったが、近くの村まではさらに数マイルの距離があった。ゆっくり下っていくと、やがて山小屋《シャレー》に着いた。私たちはそこに泊まった。アルプスにおけるもう一つの信じられない一日を思い返しながら、その夜、大量のウイナーシュニツェル【ウイーン風トンカツ】とビールを腹につめこんだ。

　私たちは、自分たちで選んだ険しいコル・フェレットの未舗装の道を愛した。私たちは冒険を愛した。ヨセミテ峡谷には、ジェイも私も既にクライムを終えた大岩壁がある。レイナー山も登攀した。数インチ【一インチ＝二・五四センチメートル】の幅しかない岩棚で、身体をロープで花崗岩《かこうがん》に固定したまま眠ったこともある。同様にコル・フェレットをこえたその日は、私たちが愛するものを、私たちに豊かに与えてくれた。気分のよい高い山々の上にいたし、サイクリングをしたし、雪原を歩かなければならなかったから山登りもしたようなものだ（雪原では自転車をかついだ！）。それに加えて、この日の終わりだけではなく、この旅のすべての日々の終わりには、素晴らしい食事を供され、素敵なアルプスの村

"Mammoth glaciers
and alpine meadows
slipped into the shadow
as we passed."

マンモスのように大きい氷河とアルプスの高原地帯。私たちが通過するとき、陽は翳りを帯び始めていた。
コル・フェレット、イタリア

に泊まり、素敵な人々に会った。私とジェイは、大冒険を経験していたのだ。

白い道を見つけること

自分たちがどのような道を旅したいのかを知るにつれて、旅はますます調子がよくなっていった。地図はよくつくられていて、どの道がバスやトラックや自動車が多く往来するのか、どの道が静かで、狭い地方の道《カントリーロード》なのか一目瞭然だった。

ミシュランは道路を赤と黄色と白で、明快に定義づけていた。バスやトラック、乗用車が頻繁にとおる道は、明るい赤で塗られていた。黄色に塗られた道路は、赤い道路ほど大きくないが主要交通路だった。幹線道路から枝分かれしている何百という道路は白く塗られていた。私たちは赤い道路からスタートし、黄色い道路に移り、私たちのマントラ【真言、聖なる思想】が成った三日目には、白い道を走ったのである。

白い道には冒険だけではなく、最高に壮大な風景があった。その土地の人々と、顔を合わせる出会いがあった。それはツアーバスの停車場や、ガソリンスタンドでのような出会いではない。コル・フェレットの日は、冒険の旅を別のレベルにまで押しあげた。私たちは未舗装の踏み跡でしかない二つの白い道路を、たとえそれが背中に自転車を背負ってでも、結びつけたのである。

白い道の旅を続けたけれども、有名な峠パッソ・ガヴィア【イタリア】、ザ・ステルヴィオ【イ

"The white road

is quiet. It's about simplicity."

白い道は静かである。それは完全に単純である

タリア】、ザ・フルカ【スイス】、シュプリューゲン【スイス・イタリア】にも登った。高度一万フィート【約三〇〇〇メートル】まで登り、毎日少なくとも八〇マイル【約一三〇キロメートル】サイクリングした。私たちは一四日間の旅で、一二〇〇マイル【約一九三〇キロメートル】分のペダルを踏んだのだ。計画を実行できたことで、私たち二人は幸せを感じていたし、冒険や出会った人々、道路の美しさで気分が浮きたっていた。

私たちは旅の最終地点を考えていなかったけど、時間切れになったときはオーストリアのインスブルックにいた。私は自転車のシートをデザインする研究のため北イタリアに帰ることにし、ジェイは一四日間はいていたソックスをついに脱いで（一度も洗わなかった）、世界的な登山家マグ・スタンプとアイガーに登るために去っていった。私とジェイは心身ともに十分強靭だったし、幸せだった。二人は白い道を、本当の意味でほとんど旅をされていない白い道を享受したのである。

この旅で多くのことを学んだ。白い道と赤い道は質的に異なっている。まず正しい地図が必要なのだ。赤い道は目的地を決めるため。白い道は目的地に至るルートを決めるため。白い道を旅するには軽装でなければならない。白い道は静かである。それは単純さについての道である。しばしば、白い道は冒険的になる。深く掘り下げてみる必要がある。この道を行く者はそのために自分の勇気を信じなければならない。

一年ほどたってから、私はこの旅とビジネスの関係について考え始めた。私たちが実行した〝白い道の冒険〟のような旅をした人は、多くはいないだろう。私たちの会社がやった〝白い道の冒険〟のような叙事詩の旅をやろうと決定した会社も、多くはなかろう。会社も、赤、黄色、白の、彼らだけの道を選ぶのだと私は思う。クリフ・バー社は、白い道の旅を続けるために努力をする（でも、いつもそうじゃないけどね）。

目的地について。赤い道の途上にある会社

赤いマークのついた道路はA地点とB地点を結ぶ、最も広く、最も早い道であり、まっすぐで最速スピードで突っ走れる。**赤い道は目的地のためにある**。

赤い道は高速道路である。私たちが知る限りでは、自転車はしばしば走行禁止になる。走行が許可されていても、重量車、トラック、バスとすれちがう。

自転車から降りてホテルやカフェに行けば、会うのは土地の人ではなくツーリストである。食べるのは地方の料理ではなくファーストフードである。赤い道では、トラックが単純なミスを犯して、自転車の前方に急に曲がりこんできたりする。赤い道は危険で、うるさくて、紋切り調で、ストレスに満ち、自分でコントロールできないリスクに満ちあふれている。

赤い道の会社は、ビジネスはA地点からB地点へ、目的地に向って移動するようなものだと考える。赤い道の会社の主な存在理由は、目的地にあり、それは株主利益を最大化することにある。株主利益の最大化の真髄《しんずい》は、金銭による利益配当で、会社の存在する理由がもし株主利益の

ためであり、それが最低基準になったとしたら、他のものはすべて犠牲になり、目的遂行のために提供されることになる。

　エネルギーバー社は、この赤い道の定義を**最低基準値**（バー）**とした会社**として思い起こされるかもしれない。実は私も、一九九八年から二〇〇〇年の四月までは、さきごろ排除をしたが、**当時のクリフ・バー社の共同所有者が最低基準値としたもの、そして私が「これが、そうだったのか……」と、土壇場で見出したもの**と同じ思考方法に陥っていた。なぜか、どこかで金儲けとクリフ・バー社の成長という価値観が入れかわり、金儲けが基本的な存在理由になってしまっていた。

　私たちは社員の世話をし、同時に偉大な製品を作りつづけてはいたが、これらが二等席に座らざるをえなかったこともある。一九九八年にクリフのマネージャー一四人が秘密裏に二日間集まり、会社のために「達成の難しいゴール」[*1]を開発しようとした。開発をした一七のゴールのうちの一二は、金儲けのためだった。つまり赤い道の最低基準である。一九九九年、私はこの〝赤い道の基本的なルール〟に従って戦略文書を作成した、上級マネージメントのグループの一員だった。この計画の目的は、外部資本の必要性だった。二〇〇〇年四月、この戦略案は危うく会社を売却させるまでに私たちを誘導することになったのである。

　白い道では、その瞬間――旅そのもの――が問題となる。あなたがオフロードの小道の難しい場所をマウンテンバイクでくだっているとき心配するのは、自分がいまどこにいるのかということだ。目的地のことを考え、足元の地形から目をそらせば、転倒するのは眼に見えている。〝白い道にいる会社〟には、決められたものとか目的地は存在しない。旅はどんな場所でも終わる可能性がある。クリフ・バー社にとって、旅の最終目的地はどこになるのだろうか？　会社売却なのか？　一定の金銭的なゴールなのか？　一定数の社員を雇うことなのか？　二〇〇種のそれぞれ特長のある商品の自慢をすることか？　これらのいずれも、私たちの最終ゴールではない。私たちはどの会社でもやるように計画はたてるが、議論の中心に据えるのは、どんな道路を旅したいのか、どんなビジネスタイプになりたいのか、ということなのである。

そこに到達する面白さは、到達すること自体にある。白い道の上にある会社

ボトムライン・バー社
（最低基準のバー社）

　キットと私は会社のオーナーであり続けると決め、白い道の走行に伴うリスクをすべて処理すると決心した。白い道のリスクは、道そのものから発生する。道は改良されていないかもしれないし、あるいは崖

＊1　Big hairy Audacious Goal＝大きく、毛深い、大胆なゴール。計画の名称で、一般的によく使われる用語。特別な意味はない。

によって傾斜がついていて、ダウンヒルであまりスピードをだすと、道からとび出てしまうかもしれない。ロックスライド【岩盤を滑ること】でうつぶせになりながら、巨大な岩盤を乗りこえられるかもしれない。ジェイと私がそうだったように、避難場所から遠い高山で、悪天候につかまるかもしれない。赤い道には、主たるリスクは一つしかない。それは、あなたが自分で制御することのできない自動車やトラックに、衝突されてしまうことである。会社にたとえれば、トラックに衝突されることは大企業に買収されることを意味する。表現を変えれば、あなたは他人によって影響を受ける、ということになる。

白い道を旅するということは、他人にリスクを取ってもらうのではなく、自分の手でリスクをとることである。

私たちは何枚か地図をもっていたし、ことが進行するにつれて新しい道を作っていったけれども、ガイドブックはなかった。企業に最低基準がある理由は一つだけ——会社を成長させ、利益をあげて株主価値を最大化することである。白い道の旅は、私にとって人生哲学を学ぶ道であったし、いかにビジネスを仕切るかについて基礎を作りあげる道であった。クリフ・バー社は、この章で述べられている白い道の原則によって運営されているのである。

私たちの〝白い道の会社〟は、一つだけの理由ではなく五つの理由によって存在している。ブランドを維持すること、自分たちの会社であること、自分たちが社員であること、コミュニティー（共同体）の一部であること、そして私たちの惑星（地球）にいること。この五つの要素は相互に関連したシステム、すなわちクリフ・バー・エコシステムを形作っている（詳細は第七章で述べる）。私たちは、クリフ・エコシステムに多大な注意を払っている。社員を元気づけて支えることは願望の一つだが、それは終点を意味するものではなく、終極の目的はそれ自身の価値を高めることにある。

もしクリフ・バーがこの三年間に二〇〇％ないしは二五〇％の成長を達成しようとしたら、一〇〇名の社員を雇い、全員が常軌を逸したほど激しく働かねばならないだろう。クリフ・バーを二倍に成長させるためには、借り入れをおこさなければならないか、あるいは新しい資金面でのパートナーを見つけなければならない。赤い道の思考方法ならば、これは十分に理由づけられるビジネス戦略だ。

だがクリフ社は、社員を支えることを目的としているのである。一週七〇時間から八〇時間の勤務は、社員たちに運動する十分な時間を失わせることになるし、休養をとる自由時間が不十分になり、家族と過ごせる時間はわずかなものになる。そういった類《たぐい》の負担をかける。これは彼らの健康と生活のバランスが崩れることである。もし社員がそれほど過酷に働いたら、彼らはＮＰＯ（非利益団体）活動に時間をさくこともできなくなるし、そうなるとクリフ社のサービスプ

（一六一ページの訳）

白い道。それは旅と同じである

信念への飛躍をしなければならない。
魂（の声）に耳を傾けろ。
身軽に旅すること。
詳細に記述された地図が必要だ。
それは簡単なこと——食べて、眠って、
自転車に乗って走ること。
新しい道を見つけようとすることは、
しばしば道がないことに気づくこと。
選択肢は数百。
リスクは君の手の中にある。

面白い！
地方の文化に敏感であれ。
クリエイティブ（創造的）であること。
変化にオープンに対応しろ。
ユーモアのセンスが必要だよ。静かに！
正直であること。
仲間のサイクリストを信頼すること。
それはときどきアドベンチャラスになる。
自由がある。

THE WHITE ROAD: IT' S ABOUT THE JOURNEY

You must take a leap of faith

You must listen to your gut

You must travel light

Detailed map required

It's about simplicity–**eat, sleep, ride**

You desire to find new roads—sometimes there is no road

Hundreds of choices

Risk is in your hands

It's fun

You must be sensitive to local culture

You must be creative

You must be open to change

Sense of humor needed

It's Quiet

もう一度地図をチェック

You must be honest

You must trust your fellow riders

It's often adventurous

There is freedom

（一六三ページの訳）

赤い道。それは目的地についてのことである

信念に頼る必要はない。
あなたの勇気を信頼しなくてもよい。
軽装で旅をする必要もない。
詳細が記載されていない地図でも、
一枚あればよい。
忙しい。
静かな新しい道を見つける必要はない。
選択肢はいくつかある。
（あなた以外の）誰かがリスクを
コントロールしてくれる。
退屈である。

文化にセンシティブでなくてもよい。
クリエイティブ（創造的）でなくてもよい。
変化に対してオープンである必要はない。
ユーモアのセンスも必要ない。
騒がしくて、やかましい――透明な考え方を
ねじ曲げる。
正直である必要はない。
他人を信用する必要はない。
冒険を求める必要はない。
あなたのルートは、前もってきめられている。

THE RED ROAD: IT' S ABOUT THE DESTINATION

No need to take a leap of faith
No need to trust your gut
No need to travel light
One un-detailed map required
It's busy
No need to find cool new roads
Few choices
Someone else controls risk
It's boring
No need to be sensitive to the culture
No need to be creative
No need to be open to change
No need to have a sense of humor
Loud and noisy—distorts clear thinking
No need to be honest
No need to trust others
No need to desire adventure
Your route is predetermined

赤い道で旅するときには十分な縮尺の地図、縮尺124万5千分の1。
A地域が赤い道で旅するときに十分な広さ

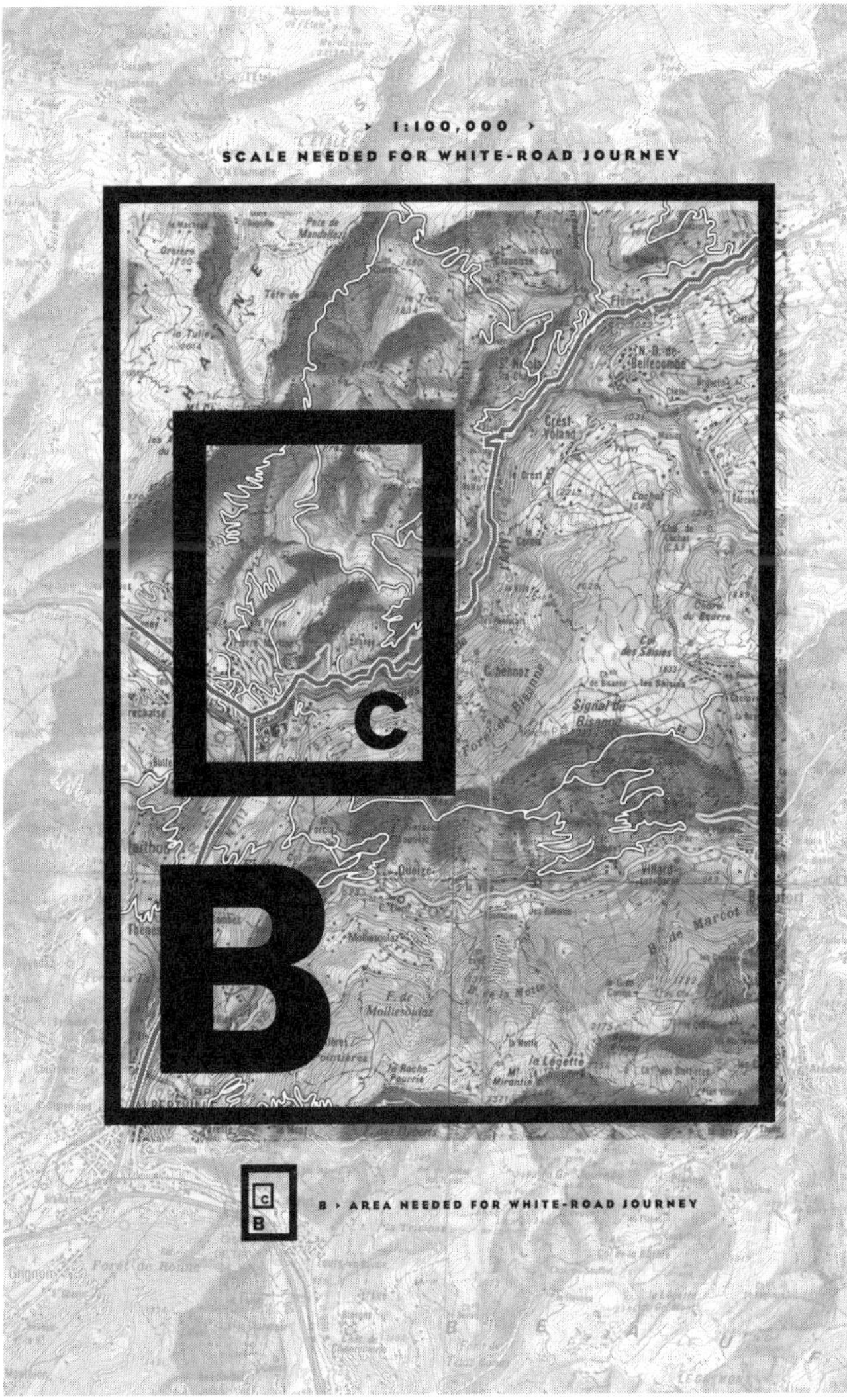

白い道で旅するときに必要な縮尺の地図、縮尺10万分の1。
B地域が白い道で旅するときに必要な詳細な記述

白い道で旅するときに必要な縮尺の地図、縮尺10万分の1（詳細表示）。
Cが白い道の旅に必要される詳細が表示された地域である

ログラムにネガティブに作用をする。社員の数を増して、彼らを急いで全体的に統一しようとしたら、私たちが求めてきた〝協調の文化〟を危機にさらしてしまう。別の言葉でいえば、白い道を去ってもっと交通量の激しい赤い道に入っていくことになるのである。

正しい地図再訪

もしビジネスのゴールがA地点からB地点に移動するように、会社の収入をできるだけ早く増したい、ということであれば、詳細にわたって記入されたマップなどは必要ない。必要な赤い道を、おおむね真っ直ぐに進めばよい。最も安い材料や部分を製品に使い、新製品を取締役や株主にプレゼンテーションし、巨大な金を新製品の製造につぎこんでどんどん売上げをのばす。

しかし、この絶対に確かな方法は、白い道では通用しない。白い道を旅するには、すべての小さな道と地形まで書きこまれた地図が必要だ。地図が詳細にわたったものでなければならないのは、白い道のビジネスは二者択一を展開していくからだ。ビジネスは険しい小さな道を探して進む。いくつかの会社にとって、その道では峠越えができないかもしれない。ほとんどの会社は、成功の確実性を求める。

私たちの姿勢は、「計画を立てて、市場の反応を見よう」というものだ。ルナ・バーの例がいちばんよい例である。もしすべて順調にいったら、売り上げは一五〇万ドルになるだろうと見込んでいた。調査は入念にしたのだが、まさか初年度に、一〇〇〇万ドル売り上げるとは思ってもみなかった。女性を製品購入者として販売の的を絞るのは、誰も通ったことのない道を行くようなものだった。事実第二章で述べたように、大会社や産業のエキスパートたちは、女性を相手にすることに批判的だった。赤い道には、人が密集している。なぜマーケットの半分を切り離す白い道を行く必要があるんだ？　というのが言い分だった。

もしルナの物語が、白い道をとることで新しい領域がひらけることを示しているのなら、急速冷凍《ラピッド・クエンチ》の例は、白い道がいかに行き止まりに導いていくかを示している。私たちはクリフ・バーを、パワーバーの選択肢として作った。これをモデルにして、一九九四年にガトラーデ【商品名】

（一六九ページ訳）

単純さ

食べて、眠って、サイクリングする。
食べて、眠って、サイクリングする。
食べて、眠って、サイクリングをする。食べて、眠って、食事する。分かった？
ジェイと私は、我々の白い道の旅の基本そのままに、人生を単純化した。単純さは、旅のテーマとなった。

三枚目の写真の上部に、「食べて↓眠って↓サイクリングする」の文字がある。

➤ SIMPLICITY

Eat. Sleep. Ride.

Eat. Sleep. Ride.
Eat. **Sleep.** Ride.

Eat.
Sleep.
Ride.
Eat. Sleep. Ride.

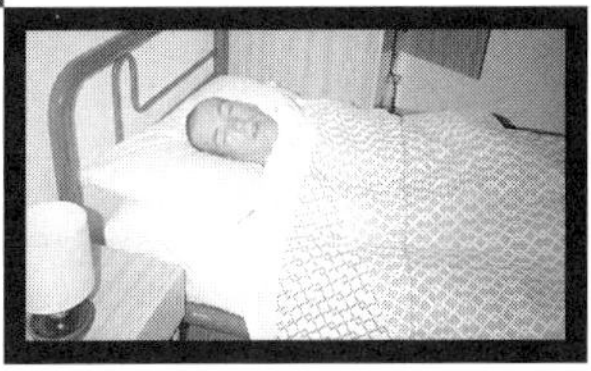

Eat.

Sleep.
Ride.
Eat. Sleep. **Ride.** Get the point?

Jay and I stripped our lives down to the basics on our white-road journey. **Simplicity** became the trip's theme.

の選択肢を導入した。急速冷凍したスポーツドリンクである。本物のフルーツジュースを急速冷凍して、砂糖と果糖で作ったジュースからの選択肢としてマーケットに送り込んだのである。私たちはガトラーデ社の何百万ドルという売り上げに、ほんの一部でも食いこめれば上出来だと計算していたし、それは自然な流れだとも思っていた。だがこの白い道の決定は、結果がでなかった。流通システム、セールスオーガニゼーションが、私たちの知っているものと極端に違っていたのである。もちろん利鞘《マージン》についても同じことだった。白い道は、つねに結果をだすとは限らない。ラピッド・クエンチの場合、道を開拓して、それが行き止まりであることを発見しただけだった。とはいえ、私たちは「身軽に旅すること」を旨としているので、製品に多くの金を投入しなかった。その結果、傷も浅かった。

そして、なんとシンプルで、すばらしく、満ち足りた人生だったことか。サイクリングの旅では、必要なもの全てがあった。一日一〇時間から一二時間サイクリングした。ヨーロッパの最高の地方料理に舌づつみをうった。静かで風変わりなペンションやシャレー【スイスの山小屋風の家】、ホテルに毎晩泊まったのである。

単純さはビジネスにおいても役に立つ、と私は思っている。個人所有は単純である。自然にコントロールされた成長率で会社が成長するのは、単純である。外部資本を探さなくてもよいのは、単純である。味のよい自然食品を作りだすのは、単純である。クリフ・バー社の初期の時代、数人の社員だけで、数種類の製品しかなかったときには、生活は単純だった。そしてもちろん、社員や製品が増えていくにつれて、ビジネスが複雑さをましたのは本当だ。しかし私たちの価値観の中心には、人がふえようと、製品がふえようと、利益が増そうと、変わることのない単純な価値が維持されている。私たちの製品は、単純で自然な原料を使い、オリジナルの要素にできるだけ近く作っている。会社の組織構造は比較的単純で、ビジネスでの一般基準より階級は少ない。決定と直接コミニケーションは比較的早くおこなわれるから、社員たちが会社組織の迷路——オーナー、役員会、複数の株主、マネージャー、中間管理者などなど——にさ迷い込んで、進退決めかねる泥沼にはまったりはしない。私たちはアド【広告】でストーリーを語り、その簡単なメッセージで消費者と会話をし合うことで、クリフ社の製品を買ってくれる動機につながって欲しいと思っている。彼らを操作して、製品を買わせるのではない。

白い道の旅は、静かな走行である。赤い道をいく会社は、多くの音を聞くことになる。マーケット、株主、会議、経済コンサルタント、顧問それに一般通念などが音源である。すべてがそれぞれの意見を述べてくる。白い道では、外部からの音を余り聞くことなしに、ビジネスをやっていける。私たちは消費者の欲するものに、耳を傾けるだけである。

あなたの靴はパックにおさまらねばならない。軽々と旅すること

ジェイは壮大な旅を始めるにあたって、ルツェルンで汽車を降り、自慢したものだ。「なにも

（一七三ページ訳）

ジェイによる記事（**靴を見つけたジェイ**）

ゲーリーに会いに行く最初の日は、とても楽しかったのを思い出す。僕たちが準備により一層念を入れる前に、僕は寝巻用に重さ一トンのジーンズ【誇大に表現をしている】と、パックに収めきれないほどテニスシューズをもってきた。大満足で、出発前はヒステリカルに笑ってばかりいた。僕は靴を三足もっていたので、それらをパックに入れることはできないし、その上あの重たいジーンズがあった。ある日、峠を越える前夜、僕たちはチョー素晴らしい三ツ星レストランでプロシュット【イタリア製生ハム】にメロンとワインで食事をした。【次の日】峠に向かって道を登り、自転車のタイヤは岩だらけの砂利道でなんどもバウンドした。僕たちはハイカーを追いぬき、僕がゲーリーに追いついたとき、靴の一足がなくなっているのに気がついた。僕の自転車は、登りの悪路でなんども跳ねたから、そのときに失くしたのだろう。僕たちは大笑いしながら、靴を探すために坂をもどった。ハイカーたちにふたたび会ったとき、彼らも笑っていたし、僕たちも笑っていた。それほどおかしかったが、その後、僕は二度と旅にテニスシューズをもっていったことはない。

僕たちはマウンテンバイク以前の自転車で、あの山道を走ったのだ。細い車輪は岩だらけの砂利道で跳ねとんだ。数年前、旅の途中で僕たちはある男に地図で休息所をさし示し、これから先の道の状態についてたずねた。「マウンテンバイクならなんとかなるかも知れないが、この自転車じゃ走れやしない」と、男は言った。「ありがとう。後で会おう」と僕たちは礼を言って出発した。

ジェイ・トーマス

JAY (FINDING HIS SHOE)

“I remember how much fun it was leaving to go meet Gary on that first trip. Before we were refined I just brought over my jeans for my nightly clothes, which weighed a ton, and tennis shoes that I couldn't fit in the pack. It was just a blast—laughing hysterically before we left. So I had these shoes that wouldn't fit inside my pack and these heavy jeans. One day we had prosciutto, melon, and wine in a super-nice, three-star restaurant before riding over a pass. We head up this road and our tires are bouncing all over the place on the rocks. We passed hikers. As I caught up to Gary I discovered that one of my shoes was missing since my bike had been bouncing all over the place going up this rocky gravel road. We had to ride back down the road laughing our heads off to find the shoe. We were laughing, the hikers were laughing. It was so fun. But I never brought tennis shoes again.

We were going over dirt roads before mountain bikes. Our old skinny wheels just bouncing along these rocky roads. On a trip just a few years ago we showed a guy a map at a rest stop. We asked him how the road ahead was. He said, 'You can't do it on those bikes. Mountain bikes maybe, but not those.' We said, 'Thanks. See you later,' and took off.”

—JAY THOMAS

（一七五ページ訳）

白い道の旅行を軽装で旅する。

自転車：リッチーの道路に関する論法。

（一九ポンド）

パック（八ポンド）

地図

自転車の修理道具

カペッチオのダンスシューズ

予備の靴下

軽いスラックスとシャツ（夜間用）

複数の箱

パスポート

クレジットカードと現金

手帳とペン

サン・スクリーン【日よけ幕】

歯磨き粉とブラシ

フィルム

サイクリング用の特別の衣服（長袖のジャージー、レインジャケットとパンツ、ウールキャップ、タイツ）

ボディー用：ヘルメット、サイクリング用のショーツ、ソックス、エネルギーバー、カメラ、その日のためのマップ、サングラス。

Traveling Light on the
White-Road Journey

Bike: Ritchey Road Logic
(nineteen pounds)

Pack (eight pounds):
Maps
Bike tools
Capezio dance shoes
Extra socks
Lightweight slacks and shirt (for night)
Boxers
Passport
Credit card and cash
Small notebook and pen
Sunscreen
Toothpaste and brush
Film
Extra cycling clothes (long-sleeved jersey,
rain jacket and pants, wool cap, tights)

Body: Helmet, Jersey, Cycling shorts, Cycling shoes, Socks,
Energy bars, Camera, Map for the day, Sunglasses

かもパックにぴったり入れたぞ！」

「そうだろうとも！」と私は答えて、「お前が身につけているブルージーンズとテニスシューズを除いてはな」と続けた。ジェイはテニスシューズをパックの横にくくりつけていた。

四日後、コル・フェレットに向う険しい道を一マイルほど登ったとき、私はジェイにたずねた。「デュード、お前の靴はどこだ？」。岩の多い砂利道で彼の自転車が何度もバウンドしたとき、靴の片方がぬけ落ちてしまったのである。私とジェイは坂を下り、二人のドイツ系スイス人のハイカーがジェイの靴をもっているのを発見した（その前に彼らに会ったとき、私たちがコル・フェレットの峠を越そうとしているのを知って、彼らは無茶だと言った）。このことで、身軽に旅するときでも靴はパックに納まってなければならないということを学んだ。

どのように軽装で旅するかって？　八ポンド【約三・六キログラム】しかないミニパックには、寒い雨の日に着るサイクリング用の特別なクロス、軽いスラックス、シャツ、夜に使うカペッチオのダンスシューズ、修理道具、現金少々とクレジットカードが入っていた。毎日かわしたジョークの一つは、「今夜のディナーには、なにを着るのかい？」だった。文字どおりの軽装備は、私たちが裏道や山の道、道のない場所を開拓できるようにするためであり、重いパニエ【自転車やオートバイの両側につける荷物入れ】をつけた人にはやれないことである。そして、小さな村に着いて小さな一つ星のホテルに向かうとき、自転車にワイン、バケット【パン】、チーズを積むのは簡単なことである。

重い荷物の旅、1982

軽い旅、1996

もちろん自足できるように、準備した以上の道具――食べ物、テント、スリーピングバック、着替えの衣服、自転車のパーツなど――を全てバイクに積んで、旅をすることはできる。この選択には、明らかに有利な点がある。温かい衣服なし、食物なし、寝る場所もないといった悪条件に陥ることはない。私は荷物でいっぱいになったパニエ付きの自転車で旅して、必要があればだれでもサポートできるような旅をしたこともある。

しかし問題は、このように重い荷物を積んでいては、白い道の旅はできないことにある。八〇ポンド【約三六キログラム】の重さがあるパニエをつけて高山の一本道を登るのは、文字どおり不可能である。もし登れたとしても、下り坂の走行は荷重がかかって自転車の制御が困難になり、大変危険になる。私はロードサイクリングが好きだし、軽い自転車で峠を越えるときに見る山々の美しさが好きだ。私にとって、重い荷物を積んだ旅は、自転車も走行も楽しさを体験できないことと同じになる。

いかにしてビジネスの旅を身軽にするのか？　まず第一に、無理をしないことである。無理をしている会社は、赤い道を行かねばならないかもしれない。クリフ・バー社で私たちは、(個人会社のような)会社は可能な範囲で生きるということがベストだと信じている。そうした方法の一つには、消費者の自然な要求【需要】にこたえる、というのがある。これを実行することで、過剰な宣伝費用やマーケティングの費用を回避することができる。持続可能なレートで成長し、過剰投資はせず、自分たちの企業文化を守れるレートで人員も採用する。荷重《におも》に旅するということは、余計なパートナーをつれていることかも知れない。パートナーが多くなれば荷物も重くなる。債務を背負うときと同じである。投資家たちは投資をして利害に関係し、あなたを監督するのである。

身軽に旅するということは、どのような方向にでも早く動けることであるし、自分で選んだ道に自由に行けるということでもある。

ガイド付きの旅

重い荷物を入れたパニエを積んで自転車の旅をする選択肢には、ガイド付きというのがある。このような旅は、あなたが常日頃訪れたいと夢見た場所を身軽に走り回れるよろこびが体験できる、という利点がある。

ガイドは、あなたの荷物をサグワゴン【自転車の後ろにつける支援車】にのせて走ってくれる。ガイドはルートの計画を立てて、食べるところも寝る場所も決め、一日何マイル旅するかも決めてくれる。タイヤがパンクすれば、誰かが修理をしてくれる。ガイド付きであっても、サイクリングは面白いしアドベンチュラスだが、探検はない。もしあなたの望みがすべて満たされたら、少しは驚きがあるかも知れない。しかし結果は見えている。グループ単位で動いているから、地方の人との接触は少ない。ジェイと私には、ガイドはいなかった。そのほうがもっとワクワクしたし、アドベンチュラスにもなった。私たちは自分たちの道、ホテル、食べ物を見つけるのが好きだったのだ。計画するのが好きだった。次になにがおこるかわからない、という状況が好きだったのだ。

ガイドなしで旅することは、リスクが大きくなることでもある。低体温症がおきたとき、サグワゴンにはいり込めるのは本当にすてきなことだ。私とジェイにはその選択肢はなかった。クリフ・バー社にとっても、サグワゴンはなかった。脱出をさせてくれる〝甘いパパ〟をもつような贅沢などもなかった。多くのエネルギーバーの会社が、いまはサグワゴン付きで走っている。パワーバーにはネッスルがついている。オドワーラにはコカ・コーラがついている。バランス・バーはクラフトに支援されている。もしある年に利益を上げることができなかったら、サグワゴン【この場合は親会社の意味】は資金を注入してくれるだろう。

ベンチャーキャピタルにコントロールされた会社はガイド付きの旅のようなものだ、と私は思う。上にいる誰かが、経営陣ヌキ、社員の意見ヌキで「これが我々のすることだ」と伝える。

私たちのような会社では、自分だけで難しい決定をしなければならないが、それでも社員の不安も含めて、彼らの声を聞かねばならない。私は絶えずクリフ・バーについて、社員たちの声が聞ける方法を探し求めた（ホームワークの割り当てのように）。クリフ社では、社員たちがいつでも自分の旅を創造できる余裕があるようにと、私は希望している。

方向を変えて

数々のアドベンチャラスなサイクリングの旅で、ジェイと私は頻繁にコースを変えて，オリジナルプランどおりであることにこだわらなかった。たとえば、オリジナルプランではスペインのパンプローナから北イタリアのバッサーノ・デル・グラッパまで一六〇〇マイル走る予定だった。パンプローナの最初の三日間、私たちはいままでのサイクリングで経験したことのないような暑さに悩まされた。脱水症状で足がひきつった（私の不幸な肉体的トレードマークである）。私たちはツール・ド・フランスで有名なコル・ドゥ・ツールマレー、コル・ド・オービスクの峠もふくめて、ピレネー山脈の難所にかかっていた。三日目が過ぎたとき、天気が北カリフォルニアの男たちには暑すぎることに気づいた。

コースを変える必要があった。私とジェイはコースを変更し、北に向い、素敵な旅をした。旅をフルコントロールしていたから、いつでもコースを変えられたのだ。

赤い道での旅では、選択肢はすくない。白い道の旅は、数百もの選択法を作りだす。個人企業

COL
DU
TOURMALET
Altitude : 2.114 m

として、右に左にルートや道をとることができる。

私たちには、会社の能力には許されないほどの投資へのリターン【投資収益率】や、最低基準に駆り立てられなくてもよい自由がある。白い道はもっと興味深いものなのである。私たちは製品としてのルナに焦点をあててスタートし、女性による、女性のための元気の出るフィルムフェスティバル「ルナ祭」をスポンサーするようにカーブを切っていった。ルナ祭から生じて乳癌基金が立ち上がり、「環境が原因となる乳癌の研究グループ」が押し進められていった。ルナは単なる栄養バー以上のものを代表するようになった訳である。ルナは女性の健康、力、そして女性が快適だと感じる場所を象徴するようになった。それぞれのバーが、私たちを感動させてくれ、勇気づけてくれる女性たちへの、個人的な貢献をかたち作っていく。同じように、クリフ・バーで有機質の材料を使うという進取の精神で始めたものが、さらに発展して風力エネルギーを促進させ、リサイクルボックスの利用になり、会社全体のサステナビリティー・イニシャティブ【維持するための主導権】へと進化していったのである。私たちの白い道は、何百という小さな美しい道へと変わり、人々を導いていく自由を与えてくれた。

ビジネスにとって進路変更は、普通ではないビジネスの選択をする柔軟性を意味する。そのためのお金は、最低基準値であるとしても、わずかな役割しか演じない。

白い道の驚き

ジェイと私の最初の冒険の二日目、二人のゴールはグスタード村だった。テニストーナメントのふるさととして有名な場所である。しかしながら到着したとき、あまりに観光地化しているように映ったので、私たちは走り抜けて高原にシャレーが点在する美しいアルプスの村に着いた。

この居心地のよさそうな村に泊まることにしたのだが、すぐにホテルがないことに気づいた。私たちは村の男に、だれか部屋貸しをしてくれる家はないかとたずねた。調べにいった男はやがて帰ってきて、そんな部屋はないと告げた。日も暮れていたので、私とジェイはベンチに座ってピクニック用の非常食をとり、グスタードまでもどるべきかどうかを相談し始めた。その数分後に男がやってきた。そして「あなた方をわが家に客人としてお招きする。ただし、申し訳ないが部屋は地下室だ。金は要らない」と言った。

その部屋は、どのような三ツ星ホテルの部屋よりも素敵だった。広々としていて、テレビとお湯のでるシャワーまで付いていた。私たちにとって、それは贅沢以外のなにものでもない。テレビでツール・ド・フランスを見、アメリカの選手グレッグ・レモンドが黄色いジャージー[*1]を獲得したのを見た。彼は後に、このツアーで優勝した最初のアメリカ人となった。この家の主人は四コースのディナーでもてなしてくれた。ラクレット（スイスチーズを使った家庭料理。【フォンディユと

＊1　ツール・ド・フランスで最高の栄誉とされる。この黄色いジャージーは世界的に知られている。

並んで有名】）、ワイン、野菜、様々な肉。デザートには、食後酒のキルシュ【桜桃酒】まで含まれていた。私たちはこの幸運を信じられなかった。次の日の朝、新しき友人は私たちを抱きしめ、さよならを言ったのである。

このような寛大な扱いは、惨めで、弱っている状態にあるとき受けやすいように思う。この旅で、このときが弱っている状態だった。私たちは、計画した旅をしている訳ではなかったが、車の中にいた訳でもない。大きなパニエといえども、好き勝手な場所にキャンプができるほどの道具を運べる訳ではない。クリフ・バー社も、自ら好んで個人企業であり続けたのだから、弱い立場にある。しかし人々はクリフ・バーの傷つきやすさを評価し、それゆえに会社の旅路に援助の手を差しのべてくれたのだと思う。人々が、最高の味と最良の材料を探し出してくれたのだ。ほかの人々は最高の包装を可能にする取引をやってくれた。消費者はクリフ・バー社を継続させるために情報を送りつづけてくれた。彼らは、クリフ社が、たんに金を稼ごうとする大きな法人ではないことを知っているのである。

スイスの村で出会った友人によく似た大勢の人たちが、クリフ社が弱々しく傷つきやすい時期に、外部から援助の手をさしのべて助けてくれた。

その他にも、白い道では別の驚きがあった。それは、人生を特別なものにする驚きだった。一九八九年の旅で、ジェイと私はピレネー山脈【スペイン・フランス国境の山脈】の城跡を過ぎ、中世からぬけだしてきたような村に通りかかった。私たちはランチをとるために自転車を降りた。

ところが村には中央に広場があるだけで、レストランも店もなく、家がいくつか山の斜面に散らばっているだけだった。どこかで食べ物を……と探していると、いきなりトラックがあらわれた。トラックは広場で停車し、運転手がチーズと肉を村人に売り始めた。私とジェイも村人に混じって列にならび、チーズと肉を買った。「バゲットはないのか？」とたずねると、「バゲットはない。パン売りのトラックはもうこの村にきて、行っちまった」と答えた。

とにかく食べ物が手にはいったことで満足したので、村の中央広場の泉の縁石に腰を下ろして食事を始めたら、広場の真向かいに、入り口にビーズ玉の垂れ幕《デ・プエルタ・コルティナ》がかかったかわいらしい家があるのに気づいた。女の人がひとり垂れ幕を割って姿をあらわし、中にいる息子に向かって出てくるようにと手招きした。息子は半分に切った大きなパンを抱えてやってくると、私たちに手渡して、母親のもとにもどっていった。母親は私とジェイを見て、微笑んだ。それは夢に見るような、美しい瞬間だった。小さな出来事かもしれない。しかしそれは、旅で得た最も特別な瞬間でもあった。

ビジネスの旅路では、多くの人たちがこのフランスパンのように、私たちに恩寵《おんちょう》を与えてくれた。私たちは一度仲買人たちをブルームフィールド・ベーカリーでもてなしたことがあった。このベーカリーは、ハロルドとビルの私有であった。彼らはパーティーを開いてくれ、一セントしか請求しなかった。彼らは催しの全ての料理を、ハロルドが所有しているレストランのコックを総動員して賄《まかな》った。さらに彼らは、駐車場に大きなサーカス用のテントを張って、出店で多種多様な料理をふるまい、私たちの仲買人と社員を音楽と料理でもてなした。そのうえ、営業企画と販売プレゼンテーションについて打ち合わせをさせてくれるまでの度量の広さを見せたのである。彼らに、このようなことをする義務はなかったが、彼らは私たちの奮闘ぶりを知っていたし、私たちの価値を支持してくれていた。それゆえ彼らは、私たちにパーティーをプレゼントしてくれたのである。

このような例は、数えきれないほどある。つい最近のバイク・トレード・ショー（バイクの展示会）では、クリフ社がスポンサーとなった水泳の指導者が、会場の入り口でクリフ・バーを入場者に一本ずつ手渡した。誰も頼みもしなかったし、彼がペイをうける訳でもないのに自発的にそうしたのである。

白い道を行く会社は、他者に寛容さを作り出させるし、他者を魅了もする。

スピード

私は様々な形の交通手段を使って、ヨーロッパを旅した。たとえば、バス、汽車、自動車、オートバイそして自分の二本の脚である。

私が愛するのは自転車に乗っているときのスピードである。周りの風景にどっぷり浸って楽しみながらでも、優に一〇〇マイルは走ることができる。登攀走行になると一時間に五マイルから

クロワ・デュ・フュール（峠。スイス）

一〇マイル程度だから、壮大な山々や峡谷に注意の目を向けられるに十分な、ゆっくりとしたスピードで動いていくということだ。身体は猛烈に動いているのだが、周囲を見まわすことができる。仲間のサイクリストとおしゃべりもできるが、それでも動いてはいる。反対に下り坂になると、重力にひっぱられて、普通のスピードでも気分は浮き浮きと高揚する。一度私は素晴らしい山道を、時速一〇〇キロを超えるスピードでくだったことがある（二度とやらないがね！）。

ビジネスにおいて、過度に遅い動きは競争で打撃をうける可能性がある。しかしフランスの特急列車なみのスピードで動くのも、また危険をはらむ。速く動き過ぎると、長期間の持続性に傷害をあたえる決定をしかねない。赤い道のスピードで動こうとすれば、急速な成長のために人も金もいる。もし私たちの会社が急速な成長をしようとすれば、多くの人を雇わねばならないが、しかしそれは私たちのコーポレイト・カルチャー【共存の文化】に影響してくる。急速なスピードは、適材適所で人を雇うことも難しくする。今年クリフ・バー社が五〇人新規採用したとしても、全員がきちんと働くとはとても思えない。早く動くことは、会社に「影響力を行使する追加的な資金をもちこむこと」を意味するかもしれない。

最も大切なことは、速さが過剰だとサイクリングを楽しめないことだ。汽車の旅は素敵だが、フランスの特急列車だと、時速二〇〇マイルで風景が飛び去るときのように、ほんの一瞬しかフランスの村が見られない。自転車の旅だと、風景も楽しみ、文化の喜びも味わえる。私は同じことを、私たちのビジネスで望んでいるのだ。

低体温症と何をするかを知ることについて

最初の自転車による冒険旅行の二日目の朝、ジェイと私は降りしきる雨の中を歩いていた。「雨降りはもっとひどくなるだろう」と注意を受けていたので、アルプスを走っているとき雨になった場合を考えた。二人はレインギアー【雨具】を身につけ（その雨具というのが、防水効果がわずかしかないのにすぐに気づいたのだが）、とにかくスイスアルプスの高度九〇〇〇フィート【二七四〇メートル強】にあるグロース・シャイデックの峠に向かって自転車でこぎ上がっていった。

峠に達したときには「骨までずぶ濡れ」といった状態で、寒さに震えていた。話す言葉が不鮮明になり、思考能力が低下した。何年かのアウトドアの経験から、自分たちが低体温症になっていることには気づいていた。いまや四〇〇〇フィート【一二〇〇メートル強】山を下る必要があった。坂を下っていてもうまく自転車に乗っていることができず、自転車をコントロールできるようになるため、何度も止まらねばならなかった。私はブレーキをかけることも、ハンドレバーを操作することも、ほとんどかなわなくなっていた。確実に、私の体の中心温度【コア温度】は低体温症の第一段階に入っていた。中心温度が低くなり過ぎると、死にいたる。ジェイも同じ状態だった。

二人は災難に巻き込まれていた。やっとの思いでスイスの谷間の町グリィンデルヴァルドにたどり着き、最初のペンション（ベッド&ブレックファスト）で自転車を下りて、ドアを叩いた。中年のスイス婦人がドアを開けた。ジェイと私はドイツ語が分からなかったし、婦人は英語を話さなかった。彼女は私とジェイを一目見て、一言も発することなく家にひっぱりこみ、ボイラールームにつれていった。それから衣服を全部脱ぐように指示し、シャワーの下に立たせて熱い湯も浴びせた。身体の中心温度を正常に戻すのに、二時間かかった。彼女はその間熱いスープを用意してサラミにチーズにパンで腹を満たさせた。後に天候が回復したとき、彼女は私たちを抱きしめて送り出したのである。

この経験から、私は二つの教訓を学んだ。「万全の用意をして、果敢に行動しろ」というのがその一つ。私たちは今回ちゃんとした装備をもたず、峠から最初の避難所となった場所までの距離さえも知らなかった。もしガイド付きの旅だったら、サグワゴンから予備の装備をとりだすという手があっただろう。赤い道を行っていたら、もっと早く避難所を見つけただろう。白い道を行っていたからこそ、私たちにはより周到な準備が必要だったのだ。

あのスイスの婦人は私たち二人を見て、ただちに家に入れた。これは私に、第二の教訓となった。彼女は一言も質問も発しなかったが、一瞥《いちべつ》しただけで、なにが必要なのかを判断し、行動した。おそらく彼女は、いままでアイガーやユングフラウから様々な低体温症の症状を示しながら下山してくる登山家たちを見てきたのだろう。

白い道でのビジネスには、バックアップがない。だから、なにが起ころうとも対応できる準備が必要なのである。全てのビジネスは、白であろうが赤であろうが、長期戦略的な計画をたてることができるが、ときによっては、果断に最高決定を下さねばならないことがある。決定したら、ためらいなく実行しなければならない。十分な資金で支えられていないクリフ社のような会社にとって、決然たる実行は無謬《むびゅう》でなければならないのである。

道具の準備を整えること

ザンクト・ゴットハルドの峠でスイスからイタリアに入りながら、私は暑くて、脱水状態で、イライラしていた。そんな気分には関係なかったが、ペダルを踏むたびになにかが軋《きし》む音が聞こえた。自転車のどこかがおかしい。それは分っていたが、なにが原因なのか思いつかなかった。ついに峠道の途中で自転車を止め、私は音を出す犯人を突き止めた。チェーンのリンクが一つ壊れていた。幸運なことに、私はそれを直すのに必要な工具をもっていた。しかし私は、出発前に主たる道具、つまり自転車を完全な状態にする作業を怠っていたことに気づいた。私はすでに、一〇〇〇マイルを走行したチェーンをつけたままの自転車で、次なる旅に出発したのだ。もちろん途中で壊れただろう。

私たちが求めるような旅では、すべての装具が完全なコンディションでなければならない。自転車も身体もトップのコンディションでなければだめだ。私はその日、路上で自転車を修理したが、このときから私たちは自転車が完全に調整されているかどうかを、出発前に確認するようになった。ヨーロッパに自転車店はある。しかしそれが三〇マイルも離れていたり、日曜日で休みだったりしたら、なんの役にも立たないのである。

ビジネスにおいても、あなたの道具は最高の形でなければならない。全ての法的契約書、雇用契約書、就業規則書、ウェブサイト、書類などは、完全な状態である必要がある。コンピューターシステムは完璧でなければならない。たとえば、クリフ社は仕事で間違ったソフトウエアを使うというような過ちから、多くを学んだ。修理には、不必要なストレスとコスト【費用】がかかった。私たちはその二年前に、設備の整った新しいビルに転居すべきだったのだ。白い道の旅は、壊れたリンクがあってはならないのである。

その電報を送れ

ジェイと私がルツェルン駅から出かけようとした最初の日、「それで、どれくらい金をもってきてくれたんだ?」と、私はジェイにたずねた。一〇日から一四日間の旅を賄《まかな》う金が、それぞれに必要だと計算していたからだ。当時の私は、その日暮らしの状態だったが、四〇〇ドルとクレジットカードをもっていた。私はジェイが、私の蓄えを十分補充してくれるものと期待をしていた。「八〇ドルだよ」とジェイは答えた。私はパニックにおちいった。「ジェイ、八〇ドルを一四日で割ると一日六ドルだ。これじゃ、話にならないよ」

私たち二人はヨーロッパで、真剣な金の問題に直面した。そこでジョー・ハゼルビーに電報を送ることにした。彼はベルリンをベースにして飛んでいるパイロットで、ジェイの父親と高校時代親友だった。ジョーとは四年間話をしたことがなかった。電報の文面(これは一九八六年の話であり、そのころにはeメールがなかった)は、フレンドリーなもので、「やぁ、ジョー。長いこと会ってないね。どうしてる？」から始まっていた。だが私とジェイは、すぐに電報では「一語がいくら」で計算されることに気づいた。フレンドリーな文章は二〇ドルかかる。つまりジェイの持ち金の四分の一が吹っ飛ぶ。結局、五ドルで電報を送った。「ジョー、金が要る。シャモニーの郵便局宛に送れ。自転車旅行中、ジェイとゲーリー」

ルツェルンを四七五ドルの現金と、借入れ限度額四五〇ドルのクレジットカードをもって出発し、シャモニーに三日後に着いた。その日私はエクプレッソコーヒーを、一日に一杯も飲むという、かつて望んだことなどない記録を打ち立てていたので、カフェインの体内レベルは金に対する心配をいやがうえにも増大させていた。私は全くあきらめていた。ジョーが電報をうけとって侮辱を感じなかったとしても、金が手にはいるチャンスは少ないと考えていた。ジェイが郵便局に為替が届いているかどうか調べにいっている間、私は自転車の見張り番をしていた。数分後、ジェイがまるでタッチダウンをいま決めたフットボールの選手のような勢いで、広場を横切ってくるのが見えた。

ジョーは二五〇ドル送ってくれたのだ。

ごらんのとおり、当時の私たちは無責任な若者だった。しかしこの体験から、私は教訓を得た。それは、白い道を行くと、なにか創造的な方法でビジネスの資金を調達しなければならないときがある、ということである。【二〇〇〇年の段階で】誰も私がビジネスパートナーから、相手の持ち分を買い上げるだけの資金を調達できるなどとは、思ってもいなかった。私たちは数えきれないほどの選択肢を開発し、創造的になっていった。そのプロセスは、四年間も会ってない人に電報を送った状態とよく似ている。白い道にとどまりたいと思う人は、自分はどれだけの電報が送れるかを計算したほうがよい。私は、多くの小さなビジネスのオーナーで、会社を大きくするための資金を見つけようと、苦闘している方々と話をしてきた。典型的だったのは、彼らは社会的な習慣に従って資金を調達しようとしていたことだ。たとえば、ベンチャーキャピタルとか、ほかの投資家とか、銀行ローンである。彼らもまた、自分のジョー・ハゼルビーを見つける独創性が必要なのだ。

強引に押せ。そして、それを愛せ

これは、嫌な奴をローストにすることじゃないんだ。

ジェイ・トーマス

スペインからフランスにかけてのピレネー山脈の旅で、ジェイと私は八日間で八〇〇マイル走行した後、一日一二〇マイルのペースで走った。七〇マイルから八〇マイルを目標にすることもできたかもしれないが、特別に美しいと思った村々に戻ってみたかったのでハイペースを保った。美的なゴールが私たちを動機づけていた＝美味しい食べ物、信じられないほどの美しさ、有名な峠の数々、コル・ドゥ・ガリビエ、コル・デゥ・マドレーヌ、そしてコル・デゥ・イゾルドなど。

私とジェイは雨の中を走った。冷たかった。二人は強引に進み、毎日高度で計算して一万四〇〇〇フィート【四・二七キロメートル弱】ずつ登った。サグワゴンもないので、とにかく懸命にペダルをこいで登った。朝起きるたびに、筋肉疲労で一体全体歩いて朝食をとりにいけるのだろうか、と疑うほどだった。ましてや、自転車に乗ってふたたび走るのである。エスプレッソを三、四杯飲み、ジュースを飲み、一五〇〇カロリーのパンとジャムとチーズを食べてから、お互いに「レッツ・ゴー」と声をかけ合った。この一二〇マイル【一九三キロメートル強】の日々は、私の最も記憶すべき走行として、いままでも覚えている。

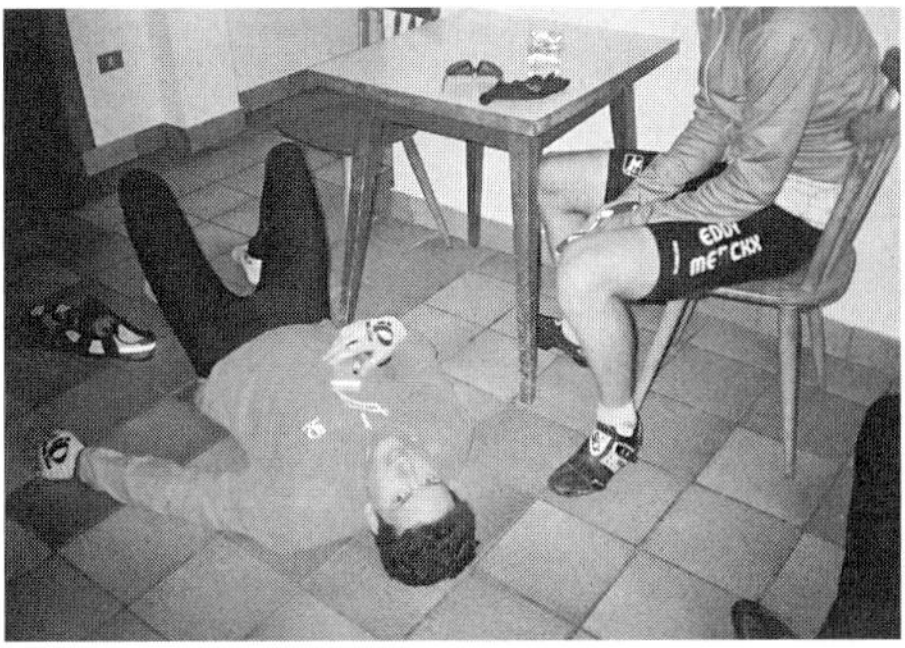
ニック。ディナーの前の一休み。バル・カルデナ

「有機原料でいく」という決定を、私たちはクリフ・バー社で強く押しだした。私はクリフ・バー社を二〇〇三年までに、公式な有機物質のみを材料として使用する会社にしたいと考えていた。その目標を二〇〇二年の秋までに達成した。クリフ・バーに使用する原料をあますことなく分析するのは大変な仕事だ

ったが、私たちは数百の原料をすべて査定した。難しいプロセスにもかかわらず、社員たちは張り切って素晴らしい仕事をしてくれた。ジェイと私が、たとえ五〇マイル分余計にペダルをこぐことになろうとも、行こうとした村がどのように美しい所であるかをすでに知っていたように、社員たちはクリフ・バーがあろうとすべき場所に到達しようとしたとき――すなわち「有機質の原料を使う会社」になろうとしたとき――自らの意志でよく働いてくれたのである。

この章で私が語ったサイクリングの旅の数々は、難しい側面もある。面白いし、アドベンチャラスではあるが、反面注意深い準備とリスクをとる意志が要求される。これらをくぐり抜けさせるのは、やはり旅への情熱と本物の愛である。それには旅のあらゆる部分を愛さねばならない。きびしい運動量、周到な準備、それに冒険。一日八時間から一二時間ペダルをこぎつづけなければならないから、もちろん自転車に乗っていることも愛さねばならない。

クリフ・バーの旅を、それをすることが正しいからという理由だけで続けることは、私にはできないだろう（でも、やるけどね）。私が続けるのは、クリフ・バー社を愛しているからだ。もし自己資本だけでやっていくのなら、大きなリスクをとって、本当に一心不乱に働かねばならない。それは欲望とは関係ない。白い道の旅は、底辺に横たわる情熱がなくては、それが自転車による旅であっても、ビジネスであっても、やりとげることはできない。

白い道は起業家の道。情熱と冒険に満ちている

事実であってフィクションではない。
または、私は決してアーノルド・パーマーとゴルフはしないということ

私が述べている類《たぐい》の冒険旅行は、大変なストレスを肉体に強いてくる。赤い道の旅やガイド付きの旅行なら、途中でガツンとやられるようなことが起きても目的地には到着できる。白い道路の旅では、A地点からB地点に行くのは、自分自身に支えられた自分だけなのだ。正直さは決定的である。もし何かのダメージから回復しようと思うのなら、それは自分自身でやらねばならない。自分を欺《あざむ》くことはできない。

ときどきジェイと私は「一日休みをとらねば、休まなきゃ……。これ以上働いたら、頭がおかしくなる」ということがあるが、私たちには自分のエゴを弁護する言い訳はできないのである。お互いに正直でなければならない。赤い道にある数多くの会社では、たとえば世界のエンロン[*1]でさえ、正直であることでもがいている。

どうしてこんなことが、白い道ではなくて赤い道でより多く発生すのか？　おそらく白い道にいる私たちの方が、不正直であることがもたらす悪い結果を、より直接的に感じられるからだろ

＊1　エンロン＝アメリカ、ヒューストンにあった総合エネルギー・IT会社。二〇〇一年に破綻。当時はアメリカ史上最大の企業倒産だった。

う。正直ではないということは、真剣にものごとに取り組んでいないか、自分を無謬《むびゅう》にみせようとしているかなのである。

もちろん、人々が親密さだけで固まっているグループでは、正直でないことも気楽にやってしまうこともあるだろう。しかし私としては、だれかがごまかそうとするのを見ているより、社員が「こりゃあ、キツ過ぎる！」と言う、その正直な声をむしろ聞きたい。

私は思うのだが、巨大な会社にいると不誠実でもいられるし、そのまま長い間、あるいはおそらく経歴《キャリア》の全期間をつうじて誠実であるということから、離れていることもできる。しかしクリフのような小さな会社では、正直ではない行為には厳正に対処せねばならない。

あるとき、弟と経営責任者が、私をある社員のオフィスに呼んだことがある。彼らは最高に興奮していた。「社長に言ってくれ、社長に言ってくれ」と彼らはその社員に言った。その社員は「私はあなたをフレッド・メーヤー・プロアマ・チャレンジ（トム・ワトソンとかジャック・ニコルソンとかいった有名なシニアのゴルフ・トーナメント）に参加できるように手配した。あなたのフォーサム【四人一組のチーム。ゴルフの用語】は、一人が仲買人、もう一人がフレッド・メーヤー社のCEO、そして後の一人がアーノルド・パーマーです」

誰もが、私のゴルフ好きを知っている。私は信じられなかった。私たちはハイタッチをしながら、オフィス中を踊りまわった。考えてもみてもらいたい。この国には二五〇〇万人のゴルファーがいるが、その中のわずか数人しかアーノルド・パーマーとプレイをしたことがないのである。

後になって、私はシカゴのトレードショーでこのフォーサムの一人となるはずの仲買人に出会った。彼は私にたずねた。「よお、ゲーリー。フレッド・メーヤー・チャレンジには来るのかい?」。「もちろんだとも。プロアマで、ぼくは君とフレッド・メーヤー社のCEO、それにアーノルド・パーマーとプレイすることになってるんだぜ。待ちきれないよ!」。彼はあ然となって、私が正気を失ったのか! というような顔で私を見つめた。約束についての私の説明を聞いたとき、彼は言った。「それで、その男は、どうやってそうした嘘から逃げ出そうというんだい?」

このことで、私はその社員がトランプのカードで紙の家を作るといったような、最も一般的なビジネス上での不誠実さ、誇張を用いたことが分かった。誇張はビジネスにとって風土病のようなものだ。

アーノルド・パーマーとゴルフのフォーサムを約束することに加えて、この社員は習慣的に売り上げの端数を切り上げ、売上高予想を過度に見こんだりしていた。彼は費用の報告書でも、数字の切り上げをしていた。誇張や、行き過ぎた予想、実行できない約束をすること、これらはビジネス、仕事のうえで自分自身を守るための戦略のように見えるが、結果的にはトランプのカードで作った家のように、すぐに崩れてしまうだけである。そのツケはまわってくる。この社員にとってのツケは、彼のやり方すべてが明らかになったときの失職だった。

白い道での自転車の旅はファサード【建物正面】ではできない。ビジネスでも同様である。正直さと透明性が、ビジネスでは最も効力を発する。

白い道VS赤い道

赤い道は予想可能であり、完全に熟知されていて、安全で保守的である。赤い道は旅人を確実に目的地に運ぶという点で、最も効果的なやりかたかもしれない。目的地まで、どのくらい距離があるのか、どのくらい時間がかかるのかは分っているし、地図にはマイルとおおよその移動予測時間が記入されている。だから、普通ほとんどなんの危険もない。だがそれに並行して、結果的に見返りとなるものとしての発見と驚きはない。

白い道は、まさに反対である。旅人の往来は少ない。道程はまったく知られてなく、予測不可能であり、途中には多くの危険と困難があるかも知れない。私たちは道路がどのくらいの距離があるのか知らないし、いつ知るのかも分らない。知られていないルートを旅するから、旅にかかる時間も予測不可能である。もっとも重要なことは、旅は冒険になるだろうということである。冒険を定義づければ、一定の困難と危険ということになる。しかしこの困難と危険には、しばしば報酬がともなう。それは達成感であり、あまり利用されない道が提供してくれる美に出会う喜びである。

字引は、冒険を次のように定義づけている。(一)危険に出会うこと。(二)大胆で危険な仕事。(三)めずらしい、勇気が鼓舞される経験。ロマンティックな側面をもつ。(四)ビジネス、財務におけるベンチャー【冒険的事業】とスペキュレーション【投機】。

ここで特に興味深く、関連性があるのは三と四である。冒険【白い道】は、旅人が周囲の世界の美しさと危険に関わることで自分が勇気づけられる経験だといえ、その点

写真、グラハム・ワトスン

ロマンティックなものでもある。

つけ加えれば、この定義はビジネスセンスと関連がある。クリフ・バー社の理想とビジネスプランは、冒険であるし決定的に白い道である。それ【ビジネスで白い道を行くこと】は、私たちが心配をする身体の傷害はないが、むしろ往々にして困難もあるし、リスクもある。ただ私たちのビジネス界での成功、競争能力の向上、つまりビジネス上の正統的ではない旅のモードは、私たちのプランが結果的に白い道だったということなのである。私たちが成功したとき、努力への報酬は価値あるものだった。私たちはそのことを継続するし、達成感に支えられてさらに情熱的に続けていく。

やさしい道を行きたがる人たちもいる。たとえ難しくても、もっと面白い道を好む人たちもいる。白い道の旅人は冒険、危険、美しさとその結果による報酬を楽しみ、これらによって成長していく。これらをもたないまま魂の充足を得ようとしても、白い道の旅人は虚しさと満たされない気持ちを感じるだけである。

赤い道の旅人は、目的地に達するのに、むしろ容易で予見可能な方法を好む。旅と、それにともなう旅の過程での冒険は重要ではない。赤い道の旅人は、最小の努力と危険度で目的地に達するのが望みなのである。

ポール・マッケンジー。ルナCHIXの責任者

何もないところにルートを見つけることについて

ジェイと私が最初の旅をした次の年、私たちは再び集まって二人の友人を同様の旅につれていった。何をしなければならないかは、分っていた。正確な地図はもっていたが、ガイドブックはなかった。旅の四日目、北イタリアのステルビオのベース【基地】に一度もどる必要が生じた。地図によれば、唯一のルートは赤い道しかなく、それは自動車やトラックの煩瑣《はんさ》な往来、排気ガスなど、客観的に見て危険があることを意味していた。赤い道は嫌だったが、他に選択肢がないと、不本意ながら認めざるを得ない。しかしジェイがビールを一口すすって地図を研究していたら、オーストリア国境で行き止まりになっている白い道を見つけた。行き止まりからは標高三〇〇〇フィート【〇・九キロメートル強】の山の踏み道になっていて、反対側のイタリアでふたたび白い道が現れている。ジェイと私は前年のコル・フェレットでの体験から、道はあるけれども、それは決してステルビオのベースにもどる最も早い道ではないことがわかっていた。赤い道を選べば、【ステルピオのベースに】一日でたどり着くことができる。ジェイが提案したルートをとれば一日余計に必要で、その上それが実行可能であるのかどうかは分からない。

私たちはオプション【選択肢】について、その夜、議論した。ジェイと私は踏み道で結ばれた白い道、つまり〝道のない道〟を試してみたかった。クレムは経験豊かなロッククライマーで、

"Oh yes, this will go . . .
I wish I could go with you."

もちろん、出来ますとも。私も同行したいくらい

細部にわたって私やジェイに質問した後で、同行することに決めた。もう一人の友人マイケルは冒険好きな人物ではあったが、ロッククライミングや登山の経験はなかった。彼は赤い道をいくことにして、〝誤って導かれた仲間〟とは次の日の夕方にステルビオのベースがある小さな村で会うことにした。

翌日の朝、ジェイ、クレムと私の三人は、伝統的なオーストリアの地方の風景や村々を途中で楽しみながら、素晴らしい峡谷の奥に向かって山を登っていった。午後遅くには全部の山をまわって逆戻りをすることになるかも知れなかったが、そのときを楽しみながら走行した。もちろん、結果がどうなるか、ということなどは考えてもいなかった。高い山上のシャレーのレストランで昼食をとっていたら、ツーリストの一団を率いた元気のよい七二歳のアイルランド人婦人に会った。彼女は何回となくこの地域でツアーガイドしていたので、私たちは地図を引っ張り出してテーブルに置き、目指している場所を指で差し示してたずねた。「ここを越えるのは可能ですか?」。彼女はためらいもなく答えた。「もちろん、越えることは出来ますよ。あなたたちは面白い冒険をすることになるでしょう。私も同行したいくらい!」

私たちは元気のよい72歳のアイルランド人夫人に会った

彼女の積極的な態度に支えられて、私たちは峠に向かうことにした。私たちは信頼に向かって

自転車をかついで雪原を行くスナップショット

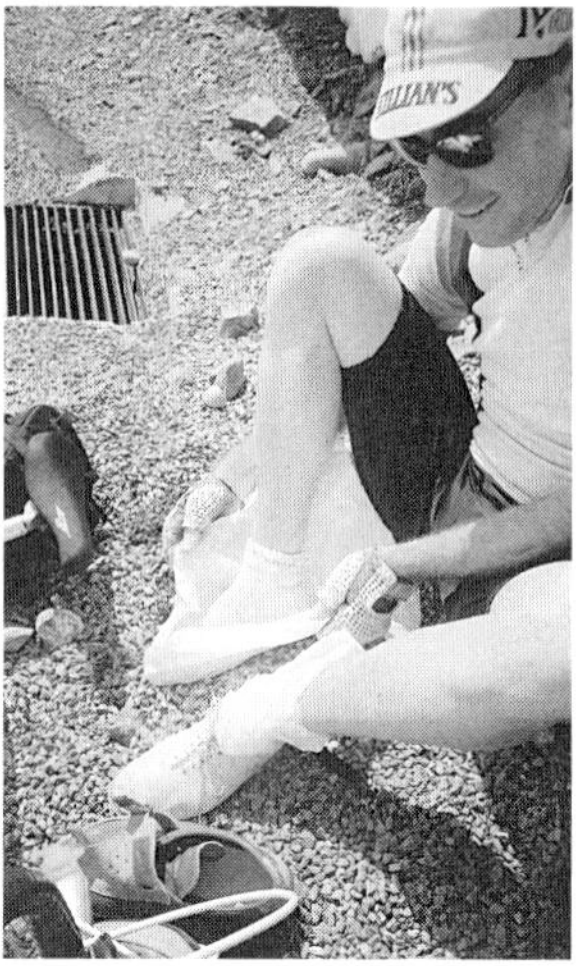

ジャンプをしたのだ。新しい友人が確信をもって断言したとはいえ、私たちが経験のある登山家であったからとはいえ、本当にその峠がこえられるかどうかはわからない。登山道具はもっていなかった。ロープもなかった。頂上に達したとき、反対側は千尋《せんじん》の谷かも知れないのだ。とにかく、出発した。道路はまだ舗装されていた。何人かのサイクリストにもあった。彼らは

"A pass is never where you think it is."

道は、あると思う場所には決してない

一日中山の道路を上り下りして、楽しんでいた。彼らが、三人はどこに行くのかとたずねてきたので、「峠を越えてイタリアに行くよ」と答えた。「どこの峠？」と彼らはたずねた。私たちの答えを聞くと、その地方に住むサイクリストが説明を始めた。「あそこには道などないよ。あるのは氷河とクレパスだけだ」。彼らは、私たちが常軌を逸していると思っただろう。

さらに登っていくと、ついに道路がなくなった。自転車を肩にかついで、雪原を歩いて登るしかない。そのような地形をサイクリングシューズで歩く訳にはいかないが、ほかに携行している靴といえばカペッチオのダンスシューズだけだった。平べったくて、軽くて、パックしやすいからである。しかし、雪の中のハイキングや登山向きの靴ではない。どのようにすれば軽いダンスシューズを、防水のマウンテンブーツに変えられるだろうか？　プラスティックバックで足をつつんだのである。はい、ごらんのとおり！　軽い防水の登山靴の出来あがり。このことはアルプス、シエラ、ネパールの雪の山道でよくやったが、自転車をかつぎ、カペッチオのダンスシューズで歩いたことはまだなかった。私たちは自転車をかついで、少なくとも二〇〇〇フィートは歩いて登った。【二〇〇〇フィート＝約〇・三キロメートル】

道は高度一万一〇〇〇フィートにあった。クレパスに出会うこともあったが、幸いなことに小さかった。私たちは登りつづけた。道はあるはずだと思う場所には、決してなかった。山を登ってトレッキングを続ける私たちを、いくつかの脇道が欺《あざむ》いては迷わせた。山頂近くで、よりはっきりとした二本の道にたどりついたが、最初に試した道では空気の薄い空を見上げて、一〇〇〇フィートはあろうかと思われる崖を見おろしただけだった。この先に道はない。私たちは引き返して山を下り、もう一つの道を進んだ。こちらは正解のようだった。木の十字架がたっていて、道であることを示していた。

私たち三人はお祝いをした。道を見つけたことで気分が楽になった。しかしすでに午後も遅く、

峠の反対側を急いで下らねばならなかった。マイケルに会うためには、本道をさらに二〇マイル【約三二キロメートル】走らねばならない。高度にすれば四〇〇〇フィート【一二〇〇メートル】近く下ることになる。その上、道には高度一五〇〇フィート近くまで雪が残っていた。身体は冷えはじめていた。食糧は少なく、雪を水にする携帯ストーブもなく、それに加えてダンスシューズでは山から滑落する危険があった。

私はグリセードを考えた。これは登山の技術の一つで、基本的には登山靴の靴底をスキーの要領で使い、雪の斜面を滑り降りるのである。

問題が二つあった。一つはピッケルが必要だったこと。もう一つは、どのようにしたらグリセードのとき、自転車を一緒に滑走させられるのかだった。カペッチオのダンスシューズが登山靴の代わりになるのなら、自転車だってピッケルの代わりに二役を演じてもらえるのではなかろうか？　私は右の脇の下に自転車のシートを抱えこみ、ブレーキがかけられるように両手でハンドレバーを握って、ウォータースキーのときの要領で両脚を前方につきだして突っ張り、雪のダウンヒルを滑走し始めた。

私たちは二〇度から二五度の角度のあるダウンヒルを、垂直で一五〇〇フィート近く、自転車でバランスをとりながら、かつ自転車を間に合わせのピッケルがわりに使って滑り下りた。滑走のスピードは時速一五キロから二〇キロ（自転車に装着されたコンピュータによる）、それまでのハードワークに比べれば、グリセードは純粋な喜びのようなものだった。

雪がなくなると、自然と一本道があらわれた。道を下るときは、おたがいに助け合った。何本かの激しい流れを渡るときには岩から岩へとジャンプして、自転車を順々に手渡して流れをこえた。ある場所では野草の花咲く野原を横切った。

花は膝までの高さがあり、あたかも花の上を流れているように感じた。やがて荒涼とした道にでた。農夫がいたので手をふったら、彼は私たち三人が「いま火星から到着したばかりなのか!?」といった顔になった。私たちは疲れ切ってはいたが、ともかく舗装道路の上にいて、イタリアにいたのだ。午後七時には店を見つけ、食べ物をむさぼり、さらに一五マイル走って眠る場所を見つけた。その夜はマイケルに会えなかった。しかし翌日の朝八キロ行ったところで、私たちは彼を見つけた。マイケルはそこから、ふたたび白い道の旅に加わった。

明らかな選択肢は、赤い道ではなかった。私たちは山道を見つけだし、人生最大級の冒険を見つけることができたのだ。赤い道を行く多くの会社は、しばしばすでにある生産物、組織、資金調達方法、宣伝方法、セールスやマーケティングを組み立て直して従来の形から違ったものにする、という選択肢に目を向けないようだ。二〇〇一年には、私も会社売却という選択肢以外に目を向けなかった。しかし、選択肢はあったのだ。

私が今でも最も誇りに思っており、自分たちを主導権をもつ立場に導いてくれた「明らかな選択肢」のもう一つの例は——キャンペーン「ポディウムをこえて【ポディウムはギリシャの神殿や宮殿の土台】」とその賞のあり方——である。クリフ・バー社は、ツール・ド・フランスのような大きな大会にも参加するアメリカ合衆国郵便サービス（USPB）のプロ・サイクリングチームのスポンサーになっている。

数年前、私はランス・アームストロング・エイジェントから電話をもらった。パワーバー社がランスに対して、年間四〇万ドル、期間三年でオファーをだしてきたというのである。ランスによれば、クリフ・バー社はUSPBの独占的なスポンサーではあるが、もし私がパワーバーに対抗をしてオファーをしなければ、ランスはパワーバーの条件を呑むという。クリフ・バーの人々は、ショックを受けた。しかし、みなの姿勢は断固たるものだった。「支払おう。それしか選択肢はない」。金額は当時クリフ社がスポンサー料として支払っていた額の一〇倍だったが、私は危うく払いそうになった。だが五日間熟慮した後、私はオフィスにもどって、「支払わない。いまどうすればよいかは分らないが、なにか方法はあるはずだ」と言った。その結果、結局私たちはスポンサーの地位にとどまった（パワーバーもランスのスポンサーになったから、少しイビツな格好だったが）。

私たちは別の選択肢としてキャンペーンをはった。それが「ポディウムをこえて」であり、これは自転車業界で話題になった。「ポディウムをこえて」は、フランス人がドメスティークと呼ぶところの、チームメイトを讃える賞である。この賞はランスのために走るチームの最終走者を支えてゴールをさせ、レースを勝利に導いたドメスティークに与えられる。ドメスティークは、縁の下の力持ちなのである。かくしてクリフ・バー社は自転車競技で、ドメスティーク（チームメイト）に「ポディウムをこえて」のような賞をだした最初のスポンサーとなった。人々は最も価値あるドメスティークを選び、彼はクリフ・バー社からの賞金を、毎年行われるインターバイクショーの表彰式で受けとるのである。私たちがキャンペーンで言っているように、ドメスティークなしで栄光はないのである。

信頼にもとずくジャンプ

私は一五年以上にわたって、二〇回のツアーと二万マイル以上のサイクリングを楽しんできた。それらは私に力強い情熱——サイクリング、ロッククライミング、アスレティック、食べ物、よき人々、旅をもたらしてくれた。

もっと大切なことは、それらは全てアドベンチャラスだったことである——それらは私たちが雪に覆われた道を越えていったときのように、信頼にもとずく飛躍だった。これらの旅は私の人生哲学を磨《みが》きあげてくれた。その哲学が、私が会社を所有し経営していく下支えになっている。最初の旅の「白い道、赤い道の比喩」は、クリフ社を白い道にとどまらせるときの助けとなった。毎日私たちは、路上でさまざまな人と顔を合わせる。毎日のように、私たちは信頼にもとずいて飛躍をせざるをえない。この章で述べている要素《エレメント》の一つでも不履行となったら、会社は白い道から脱落をしてしまう。一番初めに私がクリフ社の木曜朝のミーティングで「白い道、赤い道」の

"Every day at Clif Bar,

as we head up the next pass
wondering if it will go,
we make a leap of faith."

毎日をクリフ・バーで。なぜなら私たちはやれるかどうか迷いながらでも、顔をあげて次なる道へと進んでいくから。私たちは信頼にもとずいてジャンプをするから

話をしたとき、誰かが「そういう類の決定には、マーケティングや生産、宣伝や財務、それがなんであれ毎日直面している」と言った。もしそこで始終誤った決断をしていたら、クリフ社は赤い道を行くまったく違った形の会社になっていただろう。

クリフ・バー社には白い道を歩み続けさせた、と私は信じている。私にとって、はっきりしている誤った瞬間は、有無はどうあれ私が道路から飛び出して、会社を売ってしまおうとしたことである。全ての道は赤い道に通じているように見える。私は会社を、個人所有の私企業とすることに決めた。白い道・赤い道の選択は、信頼にもとずく飛躍なのである。うまくいくかどうかは、だれにも分からない。大金に背を向けて歩み去り、借金の山に入っていくのも信頼にもとずく飛躍だといえる。自己資本によってたつ個人企業であり続け、〝大きな男たち（大企業）〟と競争をし、自分自身を信じる人たちを必要とする――こうした会社には、信頼にもとずいた大きな飛躍が欠かせないのだ。

毎日をクリフ・バー社で。なぜなら私たちは迷いながらでも顔をあげて、次なる道に進んでいくから。私たちは信頼にもとずいて飛躍するから。

第5章

道からの物語

9つの物語とラブストーリー

人生の経験は、哲学を学ぶのと同じように、多くの価値について教えてくれる。私はそう信じている。リスクをどう処理するのか、人間をどう扱うのか、金に対してどのようなとらえ方をするのかなどといった点で、人を鍛え上げる。換言すれば、起業家は自分の人生の物語をビジネスにもちこむわけだ。本書はクリフ・バー社についての事業の話が中心になっている。しかしこの章では、ビジネス以外の場面で、ものごとが「はっきりと真の姿を現した瞬間」についての話――私の若い時代の経験と、最近の冒険が私のビジネス上の価値観（と人生の価値）に影響を与えた物語を語っていこうと思う。

レッスン1 チームワーク――私のサクセスストーリ

私が育った北カリフォルニアでは、チームスポーツがさかんだった。他のものも含めて、私はスポーツを愛していたし、競技から得るものが多かった。スポーツをすることは、すべての子供たちによい影響を与えると固く信じているし、とりわけ若い娘たちに対してはそう思う。彼女たちにさまざまなスポーツを長い間やらせてこなかったことは、私たちの社会にとって残念なことだと思っている。

ハイスクール時代、私はサッカー、ベースボール、フットボールをやった。クロスカントリーを走り、テニスもやった。オーロン・ジュニア・カレッジに入ったときには、サッカーをやろう

オーロン・カレッジのサッカーチーム。試合前のウォーミングアップ風景。――マーク・ガムトゥリー撮影

と決めた。人並すぐれた選手ではなかったが、一生懸命やって素早く動き、堅固なディフェンスの一翼をになった。チームにスタープレーヤーはいなかった。しかしチームメイトと一緒にいるのは楽しく、それに加えてすばらしいコーチがいた。フランク・マンギオーラは、私がかつて経験したことのない方法でチームワークの大切さを力説し、サッカーに対する私の見方に新しい光をあてた。私たちの試合は観客を魅了するようなものではなかった。これはワールドカップではないと知っていたが、サッカーへの情熱と、チームとして一団となって戦うことへの愛は、何者も止めることができなかった。

私たちのチームは地区大会の予選で、三回引き分けるというギリギリの形で、プレーオフに入りこんだことがある。驚いたことに、プレーオフでチームは対戦相手の二校を破り、その結果、地区優勝を飾った。それで北カリフォルニア州杯のファイナルに上がったのだが、今度の対戦相手はデ・アンツァ・カレッジだった。このチームは、ナショナルジュニアカレッジ部門で四位にランクされていた。私たちのチームは、ランク入りしたことさえない。「負け犬たち！」とだれかが私たちを罵ったとしても、「それでも誉めすぎだよ」と言ってよい程度のチームだったのである。

試合が始まる前、チームはウォームアップをする。ウォームアップするフィールドの半分は、ある意味での聖域で、対戦相手のチームは敬意を表して聖域には入ってこない。しかし、デ・アンツァ・カレッジと対戦したときは違っていた。私たちが大舞台に備えてウォームアップを始めたら、相手チームはその周りを輪になってジョギングしながら声をはりあげて罵り、侮辱し、わざとウォームアップの場所に踏みこんだりしたのである。コーチは彼らに一瞥《いちべつ》もくれず、落ち着いた声で「反応するな」と言った。それは力強さに満ちた瞬間だった。私たちは怒りの感情を押さえて静かに構え、試合に集中した。思いの全てをぶつけてプレーした結果、かつてなかったプレーが続出し、チームはまさしく「一人の人間となって」プレーした。目をつぶってパスをしても、チームメイトにつながった。

二対一で勝利！　勝利したことで、私はかえってショックを受けた。どのようにして相手をやっつけたのだろうか？　これは私たちのサクセスストーリーではないのか？

クリフ・バー社は一九九七年、ビジネス界のデ・アンツァ・オーロン・カレッジと対戦する組み合わせになった。そのころ私たちの「すべて自然素材でつくったエネルギーバー」は、七年間にわたってパワーバーのシェアを奪っていた。パワーバーはついに反応して、ハーベストバーという、材料がすべて穀物でつくられている製品を、マーケットに送りこんできた。表面の歯ざわりがクリフ・バーによく似た製品だった。製品の宣伝費には、数百万ドルが投入されるということだった。コードネーム【暗号名】はクリフキラーという噂もながれた。クリフの社員たちは神経質になり、心配し始めた。私はウォーミングアップゾーンにいて、〝大きな男たち〟に囲まれたような気分だった。私は社員たちに、カレッジ時代のサクセスストーリーを話してきかせ、コーチのマンギオーラがそのときどう言ったかを話した。「自分たちのやり方で試合をしよう」。実際、私たちはそのようにした。パワーバーのハーベストバーは、クリフ・バーを殺せなかった。クリフの強固なチームワークは、その後何年もクリフブランドを守り、いまなお成長させている。

私がこれらのことから学んだのは、チームで働かないと悪い結果しか生まれず、モラルは低下するということである。ビジネスの世界では、仕事がしばしば区分けされすぎてしまい、チームワークの意義をゆがめてしまうことがある。「君は君の仕事をやれ、自分は自分の仕事をやる」――これは同じようなパーフォーマンスやチームワークのようにも見えるが、どこかで大きく違っている。どんなチャレンジであっても「自分のゲームをしつづけろ」ということを、私も学んだ。胸の奥にもつ自らの能力を信じつづけろ、ということである。

クリフ・バーは二重の意味でアドバンテージがある。偉大な社員たちと偉大なチームワークによるプレーである――私たちはサクセスストーリーを生み出すために、一緒になって素早く動いていく。

レッスン2 人生では自分の時間をもて

カレッジを終えた後、私はシエラネバタ山脈のシエラ・トレックでしばらく働いた。アウトワードバウンド【アウトドア活動のための、短期スクール】をモデルにした、野外活動プログラムに参加したのである。それはクリフ・バー以前の私の人生で、最も気に入った仕事だった。私たちはあらゆる年齢の人々を、一〇日から一八日の日程で組まれたインテンス・トリップ【集中登山コース】で山々を案内したのである。私たちは自然に溶け込む方法とロッククライミング技術を教え、ミニマム・インパクト・キャンピング[*1]をとおして自然への愛を教えていった。あらゆる年齢の人たちにシエラネバダ、トリニティアルプス、オレゴンおよびワシントンの滝、ジョシュアツリー天然記念物、その他の山々をガイドした。この仕事は、私がやりたい仕事の全てをふくんでいた。私はハイキングをし、クライミングをし、山々を歩き回り、一年のうち一三〇日を野外で眠った。

仕事で最高だったのは、人々と知り合ったことだった。私も仕事仲間も月一〇〇ドルの給料で、喜んで山々を歩き回った。金は二の次だった。一緒にいることを楽しみ、自分たちがやっている仕事を情熱的に愛した。クライミングをし、笑い、ハイキングをし、共に学んだ。いまでは、こ

シェラ・トレックのスタッフたち。──ゲーリー・エリクソン撮影

の時知り合ったマウンテンガイドの何人かは、私の極めて親しい友人になっている。私は二五年前にシエラネバダ山脈のトレッキング[*2]を始め、そこで彼らと知り合ったが、それはまるで昨日のことのように感じる。私たちは一緒に働いただけではなく、アドベンチャーライフを分かち合ったのだ。セリーラとはネパールやインドを旅した。ジュリーとはヨーロッパで登山をし、ハイキングをした。ブルースとはハーフドームを登った。ルイスとは僻地でスキーとキャンプをやった。

ディブ・ウイルスはシエラ・トレックの責任者だが、的確な人選をおこなって人を雇う神秘的とさえいえる能力をもっていた。登山技術があるのはもちろんだが、人との接し方、価値観、そして

＊1　自然にダメージを与えないキャンプ生活。たとえば──草木を採らない、キャンプ生活の痕跡をのこさないなど。
＊2　山歩きのこと。

その人たちがどのような人間であるのかこそが、彼が人を選ぶときの基準だった。

その結果、私たちはあらゆる瞬間を共に味わいつくすことになった。旅に備えて食糧を用意しているとき、馬屋を掃除しているとき、バックパックの修理をしているときでもなんでも構わない、全員で一緒に素晴らしい時間を分かち合った。私たちは一緒にいることを楽しんだし、やっていることを楽しんだ。トレッキングをしていても別のロッククライミングの旅を計画していたし、たえず野外生活を共にする方法を考えていた。

このような雰囲気をクリフ・バー社でも作りたいと考えていた。「なぜビジネスでは、こういかないのだろう？　どうして仲間が好きだから仕事にくる、というふうにならないのだろう――仕事を楽しみ、一緒にいることを楽しみ、お互いに学び合う。これらは楽しいと理由づけられることじゃないのか」。このように私は自問自答した。シエラ・トレックでは、人々の正しいミックスが中心にあった。クリフ・バー社でも同じである。人々は技術や、どんな人間であるかで判断されて雇われる。シエラ・トレックには登山技術で雇われたが、同時に大学のテーマもそこで研究していた。しかしそのことで、だれからも非難はうけなかった。私たちは力を分け合い、お互いから学び合った。クリフ・バーでも同じである。人々の多様性は、よいところを取り合うという創造的な雰囲気を作りだす。

クリフ・バー社はレクレーション活動をはじめた。参加する、しないは自由である。レクレーションには週末のロッククライミング、人間環境の問題への取り組み、スキー旅行などがあった。

クリフ・バーの人々は、一緒に登山し、ボートを漕ぎ、バイクに乗って楽しんだ。ときどきこれらは会社のイベントになったりしたが、多くは非公式だった。たとえばセールスチームのためコマーシャル・キッチンで夕食の用意をしていると、一〇人かそこいらの社員たちが自発的に集まってきて、一緒に料理をしたりした。

毎日のようにクリフの社員たちがお互い楽しみあい、学び合っている姿を見る。彼らは仕事を信じ、お互いに尊敬しあっている――力溢れるコンビネーションだ。

レッスン3 平静を保つこと、またはダースベーダーのリフェンジ

私はアルプスや、アメリカ合衆国の到るところで山に登り、ヒマラヤをトレッキングしたが、私にとってドラマティックであり、美しいと思うクライミングスポットは、高地カリフォルニアのトアロメ高原をおいて他はない。トアロメは「数日かかるクライミングで有名」といった類《たぐい》の岩壁ではない。この岩壁について世界中のクライマーたちが口をそろえて言うのは、「クライミングするのは難しい。とくにチームをリードするトップのクライマーにとっては難しい」という言葉だ。第一章で、私はクライミングのさい、ザイルのトップを行くクライマーが、彼に続くクライマーを守るための確保の技術【ジッヘル。英語ではビレイ】について述べた。この確保は、リードクライマーにとってリスクがさらに重くなってくる。

リードするクライマーが登攀《とうはん》するときには、ハーケンを岩に打ちこんで確保するか、すでに岩の裂け目に打ちこまれているハーケンや岩壁にねじこまれたボルトを利用するかである。クライマーはカラビナをハーケンにかけてザイルをとおし、登攀を続ける。ある意味では、リードとして岩壁を進む分だけ、自分を確保するということになる。リードしているときに落下したら、落下する距離は最後に確保をした場所からの距離の二倍になる。たとえばもし確保地点から一〇フィート登っていたとしたら、二五フィートは落ちるだろう。トアロメは岩が長く広くて、ジッヘルするのが難しいことで有名なのである。【一〇フィート＝約三メートル】

クライミングのとき確保の困難はあったが、私と仲間はこのトアロメを愛した。毎夏、週末になると私たちはトアロメの岩壁を登っていたので、いつの間にかトアロメスタイルとでもいえるようなクライミングの方法、つまり二〇フィートや三〇フィート，四〇フィート、ときには六〇フィート落下することにも慣れてしまった。ヨーロッパからトアロメにやってきた友人の中には、クライミングを拒否する者もいた。彼らは確保地点からの距離が短く、もし落下をしてもわずかしか落ちないというロッククライミングの方式に慣れていたのである。バウンドをしたり、岩壁を擦りながら落ちていくのは、彼らをあまり魅了しなかったし、面白いとも思わせなかったのである。

トアロメでのある素晴らしい夏の日、ジェイと私はダースベーダー・リフェンジとよばれる、マルチ・ピッチで登らねばならない美しい崖を登ることに決めた（ワンピッチは、クライミングをす

トアロメのロッククライミング。——ジェイ・トーマス撮影

る一区間のことである。【難所は一つ。したがってマルチ・ピッチは難所が何カ所もある、ということになる】)。登攀は五ピッチで、高度は約四五〇フィート。最初のピッチは難しく、難度は五・一a、二つの確保点の間は一枚岩の広がりだった。(登攀の難度は数字で示すようになっている。最高難度は五・一〇aから五・一四bの間)。

ジェイは二番目から五番目までの、恐怖を覚えるほどのピッチをリードした。時間がかかった。私は下で待ちながらジェイが何に手間取って、そんなに時間がかかっているのだろうかといぶかっていた。ところがそのピッチを登って彼に追いついたとき、私はそのピッチをリードしなかったことを神に感謝した。難しいうえに、確保が貧弱だったからである。最後の五番目のピッチは私がリードした。あまり難しくなく、無理なく登れるだろうと思っていた。ところが、登攀の最初のステップは小さなオーバーハングだった。だからジェイの姿を見ることはできなくなった。

このオーバーハングから登攀の終点になる頂上までは、一二〇フィートある。難度はそれ以前のものより低かったけれど、岩壁は平らで特徴がない。ボルトもはめられてなく、そのうえ風が強く吹きつけていた。一二〇フィートの間、確保の場所はないように見えた。もし私が頂上ちか

私は常に、クライミングを人生の一方法だと考えてきた。自然とのバランスを究極的に求めることは、いかなる登攀であれクライミングを成功させる鍵のように思える。五感で感じることを学ぶのは、本当の世界、自然界、私たちの生命の源をもっとよく知ることにもなる。そのような類の感覚は、生命の全てに対する深い尊敬の念からやってくる。それは私がヨセミテでクライミングをしながら暮らしている間に示されたものでもある。

クリフ・バーの人々は、ビジネスを生活の仕方に変えた。このことは私自身に、人生の旅を続ける上で希望を与えてくれた。それは、私たちが皆目覚めさせねばならない精神と私たち自身および全ての広い世界のために、何かよいことをいまやる――それを発見することであるからだ。

ロン・カウク、クライマー

クライミングをしているロン・カウク。——マーク・チャップマン撮影

くから落下したら、最低でも二四〇フィートは落ちる。私はもちろん死ぬ。私はジェイを呼んだが、風の音に遮《さえぎ》られて、私の声はほとんど聞き取れなかったようだ。彼は叫び返してきた。「デュード、俺に向かってパンケーキのように平落としに落ちてくるなよ。パンケーキは扱いたくないんでな」。錯乱状態になるということは、私のオプションにはない。スムーズに、そして集中を維持しなければならない。私は登り続けた。一回の動きで一足ずつ。登り切ってから、ジェイの顔が見えるまでザイルで確保し続けた。トアロメ高原での、ある日の出来事である。

私はこのダースベーダー・リフェンジ、およびその他の何百というクライミングから、落ち着きを保つことを学んだ。ビジネスでも落ち着きを失ってはいけない。これはとりわけ起業家たちに必要なことだが、すべてのリーダーにも言えることである。自制心をうしなってはならない。状況がどのように緊張しようとも、落ち着いて一度に一回だけ動く。クライミングのときには、あまり遠い場所に目をやってはいけない——もし頂上までのあらゆる動きを余り細かく計算したりしてしまうと、いま現在やっている動きから注意が離れてしまう。これは落下につながる処方箋でもある。よいクライマーは、数歩先までしか考えないものだろう。何と言っても、クライミングを知らなくては、全てのルートを考えることもできないのだ。ビジネスだったら、これから先の登攀をどうするかなどは分らないだろう？　頂上のことや、赤い道のゴールのことなどに焦点はあてられない。焦点をあてるのは、数歩先までである。

私のかつてのパートナー【リサ】が株式持ち分の買取りを要求してきた厳しい交渉の時期、私には落ち着きが必要だった。私の弁護士ブルース・リンバーンは賢明にも、私に「黙り込んで、なにが起ころうとも静かにしていろ」と忠告した。

クライミングでは落下をした結果についての理解は必要だが、落下することに焦点をあてることはできない。頂上がどこかを知る必要はあるが、急ぐからと言ってあなた自身を追い越すことはできないのだ。持ち分買取りの話になったとき、私は論理的な保護、つまり私たちの違いをうまく処理する方法があるはずだ、と決めてかかって交渉を始めた。私はビジネスにおけるどんな登攀であっても、ジッヘル【安全確保】なしで計画をたてることはない。ロジカルにみて私には保護がないと分かったとき、この特異なビジネスの結果に焦点が当たった。分かったのは、会社を解体してしまう必要があるかも知れないということであり、もし自分が会社の株式を一〇〇%所有したらどうなるだろうかとは考えられなかった。

交渉には文字どおり数百の動きが必要だった。そのころ、私はたった一つか二つの動きしか、気づいていなかった。私には、ビジネスでどん底に落ちるか頂上に登るかのどちらかだ、というような考え方を遮断する必要があった。

ビジネスはストレスに満ちているが、よいリーダーというのは落ち着きを保ち、ある瞬間にはとどまって、よい動きに焦点をあて、次の段階に移る。そして、落下がいかに激しくとも、平静さは保つものだ！

レッスン4 氷上にて。シェイクして――かきまぜるのではなく

私が友人と登った別のケースでは、事態はもっと危険だった。一九七九年の美しい秋の朝、友人ブルース・ヘンドリックスと私はキャンプを出て、ヨセミテの北の公園にクライミングに行った。私たちが選んだルートには、八〇〇フィートの雪と氷のシュート【氷結した水路】があり、二つの岩の間に五〇度の角度で楔形になっていた。とはいえこのシュートは、登ったこともガイドしたこともあったところだったから、登攀は公園の中を歩くようなものになるはずだった。【一〇〇フィート＝約三〇・五メートル】

私たちは固い雪から登り始め、ピッケルは気持ちよいほどうまく突き刺さった。ブルースと私はリードをお互いに交代し、登攀は簡単で安全であるように感じた。

三〇〇フィート登ったところで、雪は氷にかわった。これからが楽しみだ！　私がリードする番だったので、固い氷の壁を登り始めた。私のピッケルとアイゼン（英語ではクラムポン。アイスクライミングのとき登山靴の靴底につける金具で、ギザギザの歯がついている。【氷に噛みこませて、足場を固める】）は、ほとんど氷結した斜面に刺さらず、効果を発揮しなかった。私は左側にあった岩盤をジッヘルの処置をしないまま九〇フィート登って行った。もし滑落したら一八〇フィート、岩盤に向かって落ちることになり、私も、確保をしているブルースも大怪我をしてしまう（ブルースは、ザイルを体に巻きつけるという古いスタイルで、私を確保していた）。私は登攀に自信はあったのだが、ゆっ

ノースピークのアイスクライミング

ノースピークのアイスクライミング。――ブルース・ヘンドリックス撮影

くりと慎重に安全を確保する地点に向かって登って行った。

片足のアイゼンの締めつけが、緩《ゆる》んでいくのを感じた。それは氷にアイゼンを蹴りこんで、足場を固めるのをいっそう難しくした。問題はない、と私は思った。私にはまだ氷に硬く打ちこんだ二本のピッケルと、もう一方の足にきっちり縛りつけたアイゼンがあったからだ（クライマーは氷壁であれ岩壁であれ、常に三点ホールドの原則を守るように心がける）。私が移動のためにピッケルの一つをぬいて、確保する場所に打ち込んだとき、ピッケルの先が固い表面にはじかれてはね返り、手から飛び出して二〇〇フィート下まで落ちてしまった。ピッケルが落ちた場所を見おろして、もし私が落下したら……と、運命の瞬間を感じた。しかし……まだまだ大丈夫、俺はまだ三点をホールドしているのだから、と考えた。

そのとき緩んでいたアイゼンがはずれてしまって、足首からぶら下がった。私は注意しながらアイゼンを外して、私の左側にある氷と岩壁の間にできた穴に投げこんだ。今や私は、二点ホールドで登ることになった。ピッケルをもっていない片手と、アイゼンをつけていない片足は、氷に対してまったくなんの役にもたたない。私は一本のピッケルと一つのアイゼンで氷壁にぶら下がり、バランスをとりながら動かねばならなかった。

いまや、全体重が腕一本と脚一本にかかっていた。そのうち疲れがきて、等尺性の圧力が増したとき登攀中[*1]におこる足の激しい震え[*2]が始まるのを、私は意識した。もしこの症状がおきたら、確実に脚は氷からすっぽ抜けてしまう。それは絶対に避けなければならない。墜落の可能性は増していく。動かねばならなかった。

もし私が一〇フィートだけトラバース【氷壁をよこぎること】できたら、岩壁にたどりついてジッヘルすることができる。私に必要なことは、五〇度の角度があるアイスシュートを一本のピッケルと一つのアイゼンでトラバースする方法を、新しい登山技術として早々に考えつくことであった。私はピッケルを氷壁に差しこんで、それに両腕ですがり、注意しながら片足を動かした。次にアイゼンのついた足を氷の中に蹴りこみ、注意をしながらピッケルを動かした。これはとても恐ろしいことだった。足一本でバランスを保たねばならなかったし、体重移動を間違えればたちまち落下の危険が高まり死につながる。

しかし移動を数回繰り返すと、集中していれば岩壁までたどり着いて安全を確保できると思うようになった。やっと岩壁にたどりつき、ハーケンを岩の裂け目にうちこんでジッヘルをすませ、ハイブリッド・ロックアイス・テクニックを使って登攀を開始した。つまり氷壁と岩壁が接する所に位置をとり、右側の氷壁にはピッケルとアイゼンを噛ませ、左側の岩壁は素手とアイゼンのない足を使って登っていくのである。こうして一五フィート上の岩棚にとりついて、ブルースの

＊1　等尺性の筋収縮がおきた場合、筋肉の長さはかわらないので、収縮の力が筋の断面積を小さくするような圧力を発生させる。これにより、筋肉内を走っている血管に圧力がかかって、血管の末梢抵抗が上がるため、血圧がいちじるしく上昇する。それが筋肉に震えを生じさせる。

＊2　クライミングの最中におきるこの激しい足の震えを、エルビスレッグとも言う。

登攀にそなえるジッヘルをしたのである。幸いなことに、残りの登攀は困難なものではなかった。私たちは落としたピッケルを回収してキャンプに帰っていった。

私はこのクライミングストーリーから何を学んだかについて語るにあたり、次のような言葉を三つ使おうと思う。それは、注意深くあれ（attentive）、適応性をもて（adaptive）、動け（action）である。登攀開始にあたって、私はあまりに不注意だった。アイゼンをしっかりと靴に結びつけていなかったし、ピッケルが手から離れたときに備えて、ピッケルと手首を紐で繋いでおかなかった。私は適正に登攀をしていなかった。氷結した表面の硬度の変化も予測していなかった。すべてが間違って作動したとき、私はすばやく変化に適応しなければならなかった。登攀を安全確実なものにするために、最後にはいやおうなしに行動を起こす必要にせまられたのだ。

二〇〇三年、クリフ・バー社はこのアイスシュート・ストーリーとよく似た局面に遭遇した。最初の八か月間の販売予測をまちがい、利益率が二六％も落ちこんだのである。二〇〇二年には三〇％の成長を見せたルナが、前年度の販売比率で一〇％の落ちこみをみせた。歳入は予算の二〇％減である。ルナはマーケットで後退しつつある！　モホは九〇〇万ドルの売り上げが予測されていたが、わずか一五〇万ドルしか販売がのびなかった。年ごとにネズミ算式の成長になれきっていた私たちは、会社の歳入がペチャンコになって右肩下がりになっていくのを見てショックを受けた。こんな短期間に業績低下が起こったのだ。社員は以前のとおり意欲に燃えて懸命に働いていたが、彼らの努力はいつものように突出した成功を生まなかった。やる気がそこなわれ、心配が頭をもたげた。クリフ・バーはピッケルを落とし、アイゼンを失い、落下に直面したのだった。

何がおこったのだろうか？　一一年間にわたって突出した歳入の伸びとコンスタントな利益率を示しながら、私たちはなぜ道をそれてしまったのだろう？　どうすれば、クリフを岩場にもどすことができるのだろうか？

注意深く、私たちは本当に厳しい質問を自分自身に発してみて、その結果様々な事実に直面した。私たちは月桂樹の冠【成功の冠】によりかかり、二〇〇三年と二〇〇四年に対して適切な準備を怠っていたのだ。私たちの予測は市場の変化に沿っておらず、消費者の声に十分注意して耳を傾けていなかった。

二つの強力な競争相手、パワーバーをもつネッスルとバランスバーをもったクラフトは、宣伝とプロモーションに大金を投じ、その効果はひしひしと伝わっていた。アトキンズ・アンド・サウスビーチ・ダイエットのような特定のダイエット食品が人気をもち始め、新しい食の傾向をリードしていた。新しいプレイヤーの波が、この領域に入ってきたのだ。二〇〇二年は私たちにとって最高の会計年度だったが、二〇〇三年にクリフ・バー社は新製品をだしてはおらず、従来のブランドにいくつかの新しい風味をつけ加えてマーケットに送っただけだった。成長と革新に関わる事柄を確かにするために、確実なジッヘルをするという作業を、クリフ・バーは怠っていた。

適応性。どのようにすれば前進できるのか？　――二〇〇三年の半ばに、私は「形を変えた天の恵み【不幸に見えて、実はありがたいもの】」というスピーチを会社に対しておこなった。私はスピーチで、「業績の低下は天の恵みのようなものである。なぜなら、思慮深い眼で会社を見なおしてみろ、というチャンスを与えられたようなものだからだ」と語った。全てのビジネスモデルを分析したうえで、私たちの長年にわたる望みである、【クリフ・バー社の】独立性を維持し、成長のために自己資金を供給し続けられるあらゆる動きに注目をした。

動け、リスクをとれ——そのメッセージは会社を劇的なほどに変えた。段階をひきあげるのに必要な技術を考慮に入れて、新しく人材を雇い入れた。個々の部門よりも全体の未来像に基礎を置くことにした。私たちは生産革新の再生を始め、新しい製品に進むパイプラインに全員をかかわらせた。その結果、全ては直ちに変わったのか？　いや、結果が見えてくるまでには数か月かかったのである。

私たちはハイブリッドの努力で登りつづける。注意深く、適応性をもって、いつでも活動できる準備をしながら。いかなるときでも、会社は事実に直面する準備、選択肢を開発する準備、そして動く準備ができていなければならない。

レッスン5 プロスキュー[*1]とワイン

私はかつて、アメリカ合衆国から足を踏み出したことはなかった。長いこと、ヒマラヤとアルプスをトレッキングしたい、クライミングしたいと望んでいた。中東のアラブ諸国も旅したかった。一九八一年、それを実現しようと決心して、旅行のための金を貯めようと三つの仕事を同時にやり始めた。サンフランシスコのノースビーチ・レストランで駐車係をやり、スキーを修理し、調整した。建築請負人のためには釘打ち作業をし、断熱材を取り付けたりもした。一日一〇時間から一四時間、一二か月働いて、二万ドルをためた。こうして、ついに一年間にわたる世界一周のトレッキングとクライミングと自転車旅行の冒険の旅に出かける準備が整ったのである。

一九八二年の新年があけるとすぐに、私は合衆国を後にした。スキーとバックパッカーと、登山道具と自転車で荷物はいっぱいだった。ドイツのミュンヘンにまず飛んだ。そこでは私の友人グレイグ・フラッハが、親切にも基地を提供してくれた（厳密にいえば、私の道具を保管する場所を提供してくれた）。計画では、一つの

クララとガエターノ・マストロディカーサ。フィレンツェ、イタリア。
——ゲーリー・エリクソン撮影

＊1　イタリア原産の香辛料の聞いたハム。

旅が終わると次のクライミングやサイクリング、スキーの冒険のため、道具をとりにドイツに帰ってくるというわけである。ドイツに着いた瞬間、これは私の人生の旅であることを知った。タバコの煙に満ちたカフェにグレイグと入り、周囲で人々がドイツ語で話すのを聞いたりした。その夜は遅くなってから、始めての白ビール*1をビアホールで味わい、その一滴一滴を楽しんだ。

従兄弟のジョンと私は、共にスキーをして育ち、アルプスで共にスキーをするのを夢見ていた。そこで最初の冒険に彼が加われるように計画を立てた。私たちはオーストリアとイタリアでスキーをした。素晴らしかった。オーストリアでは登山電車の中で、私たちが英語でしゃべっているのを聞いたイタリア人の一団が「どこから来たのか」とたずねてきた。サンフランシスコからだと答えると、いっせいに「わが心のサンフランシスコ（I left my heart in San Francisco）」を歌いはじめ、登山電車が終点につくまで歌い続けた。同乗していたオーストリアのスキーヤーたちは、さぞ辟易したことだろう。山の頂上でロベルト・マストロディカーサは彼のグループを離れ、ジョンと私と共に二日間スキーをした。

スキー旅行が終わると、彼は私を両親に紹介したいからと言って、フィレンツェの自宅に招いた。二日間の予定でフィレンツェに行ったが、結局二週間を過ごすことになった。ロベルトと彼の妻が働きに出ているときには、ロベルトのヴェスパ*2にとび乗って、フィレンツェや周辺の田舎を散策した。しかしながら毎日午後の一時には、マストロディカーサ家に帰るようにしていた。ロベルトの母親クララが、昼食をテーブルに並べる時間だったからだ。クララは料理を愛し、私はイタリア料理を愛した。私たちは完全にマッチしていた。かくして、素晴らしいマストロディカーサ家の家族との生涯にわたる交流が始まった。私は彼らを一ダース以上訪問し、彼らも合衆国にやってきた。私の両親は、彼らの家では客人として迎えられた。

ロベルトの父ガエターノが、一度私に言ったことがある。「わしの母親はスパゲッティのソースを作るのに、二四時間かけた。クララは一二時間だ。そして息子の嫁はソースを店で買ってくる。わしには味の違いが分かる。なにかが私たちの文化や食文化におこりつつある。私たちは忙しすぎるのだ」

私はクララと彼女が料理に払う注意深さを観察した。彼女は全てのソースとペイストリーを、自分で作った。パスタは手で作った。クララとガエターノは田舎まで出かけて行って、ソーセージを毎週数キロしか作らない男から、特別なソーセージを買ってきた。毎日フィレンツェのマーケットに出かけていって、新鮮な果物、肉にチーズを買ってきた。食事の用意は、何時間もかかる儀式のようなものだった。夜になると家族全員がそろって話をし、食事をした。

私はイタリアに恋をし、食事の用意をするという芸術を味わい、食事を家族や友人と共に楽しんだ。私がイタリアを訪問してから四年後、カルロ・ペトリーニが国際スローフード運動を起こ

＊1　ミュンヘン地方特産のビール。
＊2　イタリア製のスクーター。

した。その地方で育った食べ物とワイン、伝統的なレシピ、そして社交行事《ソーシャルイベント》としての食事である。スローフードは野菜、動物、文化的な多様性、有機農業、そして家族経営の農園を守る世界的な運動として発展していった。とはいうものの、それは食べ物、ワイン、仲間づきあいへの喜びとして、私たちの間に深く根づいているものでもある。

マストロディカーサ家は、スローフードそのままに生活をしている。私もスローフードで育った。私の祖母のカリは、フィロ生地をどのように手でこねるか教えてくれた。その教えをもとに、私たちは生地を椅子やテーブルの上に置いて、何時間もかけて落着かせることをした。いまでは私と娘のリディアは、フィロから様々な食べ物を作るため何時間も過ごしている。

食の伝統とスローフードを高く評価をする誰かが、エネルギーバーを便利で携帯性のあるようにデザインできないものだろうか？　スローフード運動は土着の種の保存と培養、熟練の職人による手作りの食べ物、その地方で育った食の材料、そして愛情深く慎重な食事の用意を促進していく。私たちの生産物がスロー【手間暇をかけたもの】でないと認める一方で、出来るだけスローフードの理想に近づこうと試みる。私たちは、最良でもっとも栄養になる全ての穀物、燕麦、大豆、チョコレート、苺、堅果類【ナッツ】、果物を選んで、最大限の栄養と味を伝えようとする。

手軽な食べ物を製造しているが、私たちのバーを食べる人々には、少しスローダウンして、健康によい、美味《おい》しいものを身体に入れるのだと自覚しながら食べる食習慣を望みたい。

クリフ・バーはファーストフードより、スローフードに似ている。いまでも、ミキサー、オーブンにクーリングラックを使う小さなベーカリーで作られていて、その規模は私が最初のバーを作った母のキッチンより少しだけオートマティックになっている程度だ。クリフ・バーは、私たちがよく知っている、信頼できる人たちから有機農産物を買い入れることで、維持可能な農業や小さな農場を支援しているし、私も個人的にサプライヤー【供給者】を訪れることにしている。

クリフ・バー社では、独自の食文化を生みだそうともしている。ほとんどの水曜日、社員たちは有機農業で作られた春や秋の小麦、新鮮なモッツァレッラ【イタリアチーズ】、地場のソーセージ、新鮮なトマトやニンニクをつかってピザを作り、一緒に食べる（世界一美味しいピザである）。

三年前、私の弟ランディーは、調査開発部門のチームに「一年かけて、世界中のティーの味を調査しよう」と提案した。チームは世界中から最高のティーを買い集め、毎日ティーをたてて、味について議論した。舌にどのように反応をしたのか？ どのように感じ、香り、どんな刺激を口腔に与えるのか？ 苦いのか、甘いのか、それとも華やかな味なのか？ チームは全員、いまでも大量のティーを飲んでいる。クリフ・ワイン・テイスティング【ワインの利き酒】のチームは、月に一回集まって味の開発を行っている（もちろん、楽しんでやっている）。

地域的に特別なワイン、特にセパージュワイン[*1]が選ばれた場合は、八人から一二人のグループが銘柄や産地を告げられないままに味見をする。二人のメンバーが食べ物をだし、なぜその食べ

＊1　ラベルにブドウの品種が明記されているワイン。

物がそのワインに合うのかを説明する。社には専門のテイスターがいるが、彼らはメキシコとペルシャのライムの味はどう違うのか、というような教育課題を自分に与えたりしている。彼らは、私たちの製品に対して、感覚で評価できる能力があるから会社にいるのだ、ということを自覚しているのである。全社を通じて——それが財務部、調査開発部、オペレーションであろうと、製

スローフード運動は、私を魅了した。それは単に美食と地方の食べ物との関係においてだけではない。生物の多様性に対する環境運動の懸念、農民の権利や食べ物の正しさ、食べ物それ自体、食の楽しみと家族との絆とをないまぜにしたものである。クリフ・バーは食の楽しみで始めた。あるいは誰か他の者が作ったバーを食べる不愉快さからスタートした、と言ってもよい。

シェパニーズ[*1]で食事をすることと、クリフ・バーを食べることで共通するものは？　哲学が一致することだと、私は思う。それぞれが意味を成すとき、機会が生まれる。シェパニーズで三時間のディナーを楽しむのは、いつでも素晴らしい経験である。クリフ・バーを食べるのも、すばらしい経験である。なぜならすべては有機栽培の穀物で栄養価が高く、素敵な歯ざわりだからだ。なによりも、よいものを食べることを愛する人たちによって作られている。

ランディー・エリクソン、イノベーション担当の副社長

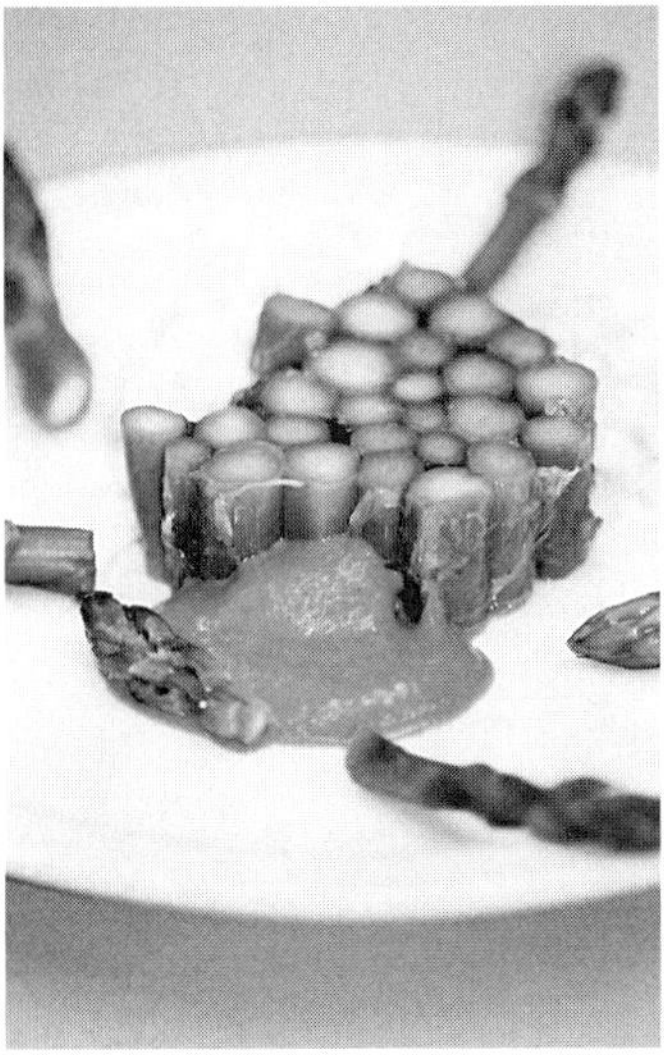
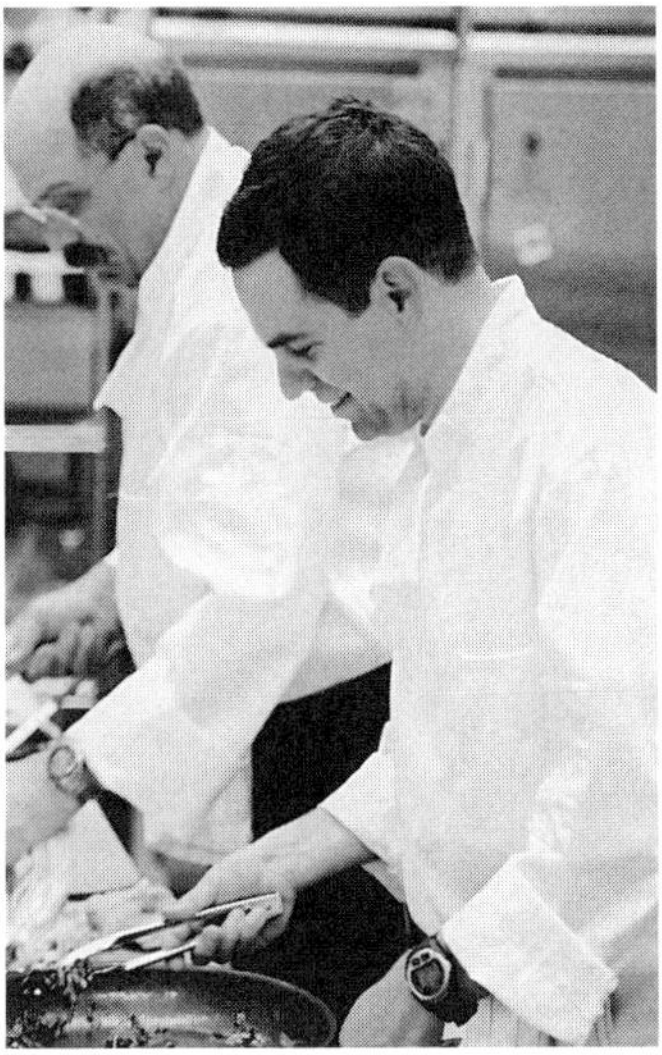

シェフのキッチンにおけるランディー・エリクソンとリッチ・ボラクーノ。——キャシー・ブリクソン撮影

造やブランドに関わっていようと——全ては総合的な味覚の知識に貢献をしている。人々の味覚は、私たちが味、歯ざわり、食べ物を楽しむ喜びを開発し、伝えることによって、微妙な違いではあっても、感じやすくなるのである。この感じやすさは、言い換えればもっと質の良い製品と味が求められるということに置き換えられる。

最初のイタリアの旅の後での数年間、クリフ・バー社についての私のホームワークのテーマは「どのような三つの原則、あるいは価値を、あなたは〝白い道〟の旅で望むのか?」だった。イタリア人のリッチ・ボラーノは〝プロシュートとワイン〟と書いている。私は彼に、「このような反応は、なにを意味してい

＊1　カリフォルニア州バークレーにある有名レストラン。

るのか」とたずねたことがある。彼はプロシュートとワインは人生を楽しみ、瞬間を味うことだ、と答えた。カルロ・ペトリーニは、プロシュートを食べたとき、それが自分の一部、身体と魂になったのを知った、と言った。よい方がよいし、楽しんだ方がよい。会社としても、私たちは瞬間を味わう方法を探す。偉大な味、食の楽しみ、そして材料への注意は、簡単な食べ物から楽しいイタリアのディナーまで、一緒になってやってくるものだと信じている。一休みして、プロシュートとワインを楽しみなさい！

レッスン6 何も知らないということ

ジョンが合衆国に帰った後、私は一人になった。さしたる計画もなかった。九月にインドへ行く航空券と、ネパールからアメリカに一年以内に帰る期限付きの航空券をもっていて、それが唯一の日時が決まっていることだった。何人かの友人が私の冒険旅行の一部に参加をすると約束をしていたが、ほとんどの場合、私は一人だった。最初に私は小さなバッグを背負って、ヨーロッパ中を旅した。スイスでは公園や汽車の中で寝たし、イタリアでは雪の中でキャンプもした。ドイツ、フランス、イタリアと、私は楽しんだ。祖母カリが生まれたギリシャにも旅した。そして一五ポンド【約六・八キログラム】も体重が増えた。

イスラエルの旅は、極めて強烈だった。なんの予定もなく、中東の政治問題になんの理解もな

エルサレム。――ゲーリー・エリクソン撮影

く、先入観もないままに、私はテルアビブに飛んだ。飛行機から降りたったとき、舗装した路面に機関銃を手にした兵士が立っているのに驚いた。私が税関をとおりぬけていくときも、機関銃を手にした軍関係者はあらゆる方角に並んでいた。私は自国の中で戦いがない国からやってきた。少なくとも、私が送ってきた人生ではそうだった。それゆえからか、これほど多くの男たちが機関銃を携えているのは、見たことがない。

エルサレムには私の父のユダヤ人の友達と一週間留まったが、イスラエルの政策について激しい会話を交わすことになった。毎日のようにニュースは殺人を伝え、投石や争いはエルサレム旧市街では日常茶飯事のことだった。空気は張りつめていた。それを肌で感じた。

ナザレ近くの果樹園で私がキャンプを設営していると、二人の少年が近づいてきた。彼らは、私がどこから来たのか、なにをしているのかとたずねた。私が旅について話すと、彼らは打ち解けた。彼らは、彼らの家族やこの辺りの歴史について話しだした。彼らによれば、私がいまキャンプをしている土地は、イスラエルによって取り上げられた彼らの父親の土地だ、ということだ。私たちの会話は、ふたたび政治へと広がっていった。私は一か月にわたってイスラエルを旅したが、多くの時間をパレスチナ人、イスラエル人と話し合うことに費やした。私は多くの質問を発したが、得た答えはわずかなまま、イスラエルを去った。

次に、インドとネパールを旅した。私はアメリカの中産階級の出身で、父はあまり金をもっていなかったが、私の欲しがるものに応じることはできた。あるいは、もう少々できたかもしれない……。私は日々食べられるかどうかで心配したことはない。しかし、インドとネパールで見た人々は、最低限度の必要を満たすために苦闘していた。ポーターは二ドルのアメリカドルを稼ぐために、連日一五〇ポンド【約六八キログラム】の荷を運んで、脚も身体もボロボロになっていた。数しれない手足のない人たちが、街の側道で物乞いをしている。街角には、どこでも栄養失調の子供たちがたむろしているのを見かけた。

世界一周の旅は、私を謙虚にした。物事をなす方法には正しいことと間違っていることがある、人生のほとんどは白か黒に分けられると教えられて、私は育ってきた。イスラエルでの一か月とインド・ネパールでの三か月は、世界と人生の私の理解を根底から変えた。絶対的なものにしがみつくことは、難しくなった。私が出会った人々、文化、宗教そして信条の多様な広がりに触れて、いかに自分が少ししかものごとを知らなかったかを、はっきり理解した。旅は私を、「絶対に答えが必要なのだという感覚」から自由にした。旅は私に、質問を発することの大切さを教えてくれた。

会社の木曜日朝のミーティングで、ネパールの旅について話をした後、私はウエンデル・ベリーのセリフ「答えのない質問をせよ」を目にした。私はこれに応じて、ピコ・アイヤー【作家】の書いたものに基づき、こう答えていた。「私にとっての旅のポイントは、複雑さへの旅、いや、むしろ矛盾への旅である。わが家にいては決して考える必要のないもの、これから先も簡単に答えられるかどうかわからないもの、それらに出会うのが、私の旅の目的である」

文化は、同時共存する文化も含めて、劇的に異なっているものだ。ある社員にとってクリフ・バー社は居心地の悪い場所で、外国体験をしているように感じるかもしれない。彼らはクリフ社に入社して小さな起業家の会社であることを知り、会社を〝赤い道〟に導こうとする。私たちの会社で見る多くのことは、なにも意味をもっていないかのように彼らには見える。彼らがビジネスの世界ですでに慣れ親しんだことは、シックリこないかも知れない。私は彼らのもちこんだ経験は評価をするが、彼らの最初の仕事は、まず私たちのやり方を学ぶことである。これらは最初に、彼らにとって奇妙に映るかもしれない。最近、大会社で働いた経験者を雇ったが、彼は仕事を引き受けたとき助言を求めた。私は次のように答えた。

「答えを求める以上に質問をしなさい。答えをすでに知っていても、それを質問に変えて誰かにたずねなさい。そうすれば、あなたには意味のないように見えていて、私たちが変えたいと思っているやり方が、なぜおこなわれているのかが、見えてくるでしょう。それを、まず考えること」

クリフ・バー社で、私はまず「なにも知らないことの価値」をリーダーシップとビジネス・スタイルのモデルにしている。質問を発すること、絶対という考え方を避けること、謙虚であること、他者の知恵を探し求めること。

レッスン7 原因と結果

友人のセイラは私の世界一周の旅で、途中からインドとネパールの旅に同行した。私たちはシエラネバダ山脈のマウンテンガイドとして一緒に働いていたときから、ヒマラヤをトレッキングし、一緒に登ろうと希望を語り合っていたのである。彼女の友人のドウも、旅の延長の部分で参加した。私たち三人は西部ヒマラヤのジュムラに向かった。そのとき、私が腸の病気にかかってしまった。私はこの手の病気をよく知っていた。

ヒマラヤのトレッキング。ネパール。——(上)撮影はゲーリー・エリクソン、(下)スメイラ・イルスチン

ジアルジア【鞭虫。寄生虫】で、この寄生虫にはアルプスでもカリフォルニアのシエラ山脈でも感染したことがあった。セイラとドウは、私が回復するまで待つと親切に申し出てくれたが、私の健康状態では旅が続けられないことは明らかだった。「私抜きで先に進んでくれ」と、私は彼らに言った。

結局、私が旅を終えるには、三週間の日数がかかった。最初の数日間、私はゆっくりと動きながら北のアンナプルナ山脈の方角に向った。そしてヒマラヤの高い地点にある、チベットとの国境近くの小さな村で足を止めた。私はまだ完治しておらず、食事が十分にとれなかった。ある日のこと、私は小川のほとりに座って山々を眺めていた。やがて私は視線をネパール人の家族に移して、ぼんやり眺め始めた。食事付きの部屋を、二ドルで借りている家族である。子供たちは遊び、母親は流れで皿を洗っていた。私が視線をあげていくと、二〇フィートほど上流で、彼女の娘が流れに排便を始めた。私は視線を下流にもどした。そこでは母親が同じ川の水で皿を洗い続けていた。私はまさに彼女の家で、夕食を食べようとしているのだ。「なるほど、私が病気になるはずだ」と思った。小さな女の子の行動と母親の皿洗いと病気（私の病気だけではない）の間には、明らかな原因と結果の鎖があったわけだ。

数年後、私は会社のエコロジスト【生態学者】であるエリザと持続性のあるイニシアチブについて話し合っているときに、このことを考えた。「私たちのビジネスが、環境にどんな効果をもたらすというの？」と彼女はたずねてきた。私は母親と小さな娘を思い描いてみた。「私たちは自分たちで気づかないまま、自分たちのやり方で環境に影響を与えているのじゃないのかな？」と、私は自問自答した。「私たちは、自覚をしないまま流れを汚しているんじゃないのか？」と考え、クリフ社では現在、環境にあたえる影響を少なくするように努めている。

ネパールの小川の物語は、私にキーとなる教訓となった。私たちは、つねに原因と結果を考えねばならないのだ。この物語の精神は、使用する原料をさらに厳しい眼で見つめ直させることとなった。つまり、どのように栽培されているのか、それらが環境にどのような影響を与えているのか。そこまで調べること。私はクリフ・バー社が、ビジネスで取りあつかう全てのもの――畑から収穫されるものから最終製品に至るまで――が環境に与える影響に注意を払うようにしたい。

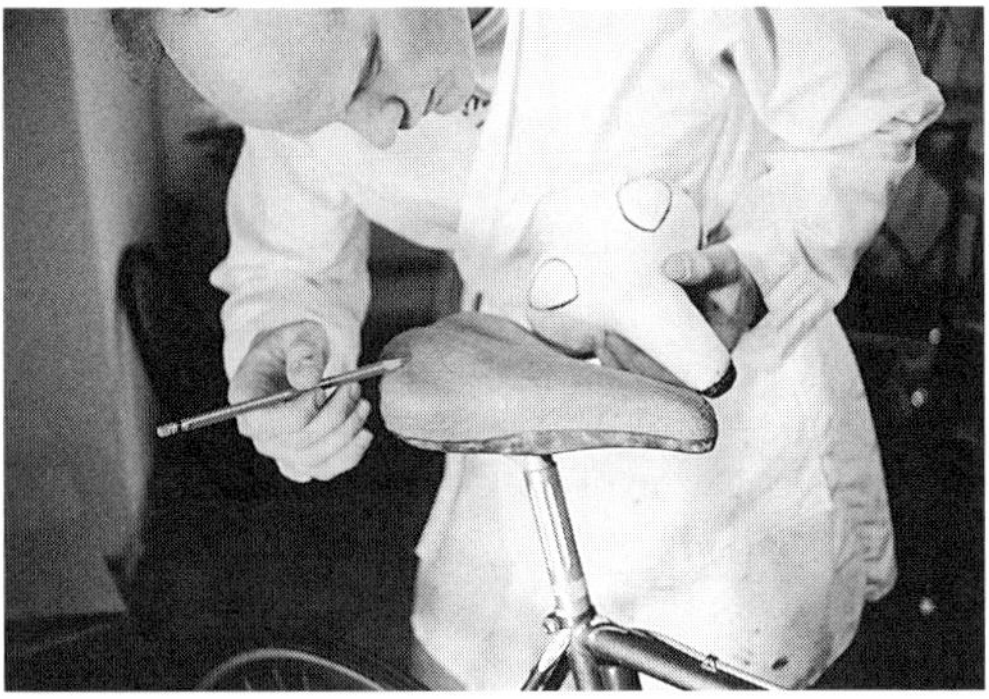
自転車のサドルを製造する。――ランディー・エリクソン撮影

レッスン8 ミュータントデザインを作ること

一九八二年の世界旅行から帰国してからの数か月間、私は鬱屈していた。ふたたび駐車場の係になり、その間に人生で何をするべきか考えようとした。ある日弟のランディーが、工場で働く気があるか？　とたずねてきた。アボセットという自転車製造工場が、ランディーのもっていた工場の支配株主になったというのだ。アボセットとランディーは自転車にとって最高仕様のレース用部品、および実際に快適な自転車のサドルを製造する計画だった。ランディーは、私にアボセットの新しい工場の床拭きの仕事をくれ、私は長いこと床を掃くことになろうとは知らずにオファーを受けた。ところが、工場を仕切るはずで雇った男が解雇されたので、弟ランディ

ーと私は、古生代ものの自転車のサドルを作る製作機械とともに取り残されて、カラッポになった倉庫の責任者になってしまった。

この会社はサドルメーカとしては話にならないほど時代遅れだったので、私たちは一日一四時間から一六時間働かねばならなかった。私は技術的な面については、事実上何も知らなかったが、すぐに製造と工業デザインの学位をランディーから授与されてもおかしくない、と感じるまでになった。八か月後にランディーは自分の工場にもどり、私はアボセットからサドル製造工場のプラントマネージャとして残ってくれと頼まれた。私は大学からマウンテンガイドの道に進み、世界中を旅して、駐車場の係になってから、次にサドルを製造する五〇人の工員を管理する立場になった。あまりお勧めできるキャリアじゃない。

私たちは完全に垂直統合だった。つまりサドル全体を、一か所だけのぞいてこの工場で作った。プラスチックシェルを作ったが、それは設備外で作られた。その他のものはすべて現場で作った。私たちには工具とダイメーカー[*1]があった。工作室もあった。私は自転車のシートについて学び、面白い発見をした。自転車のサドルに置く体の部分は、解剖学的な見地から男女では違いがあるということである! もし女性が男性用にデザインされたサドルに乗ったとしたら、痛みを与えてしまう。私たちは女性のために特別にデザインされたサドルを率先して開発した。アイデアはロケット科学ではなかったが、それまでだれも行ったことがなかった。

快適なサドルを作ろうとし、様々な材料が選べるので私は興味をもった。私はスペンコ・ジェルがつくったジェル【膠化体。コロイド系がゼリー状に固化したもの】について、次のような事実を発見した。この液状でべたべたする材料は、自転車のサドルに入れるのが難しい。そこで私は、工場で何時間もかけて実験をしてみた。私は技術者じゃなかったから、分からなければ質問をして、難しいテクニックでも使ってみた。やがて私は、ジェルをサドルの中に集積させる技術を開発した。一九八〇年の半ばにアボセットは、私のデザインにもとづいたジェル入りのサドルを製造し、その時点からジェルサドルは快適さと同意語になったのである。いっぽう私がアボセットで働いている時期に、コンピュータによる自動化設計（CAD）と自動化製造（CAM）が産業デザインと製造の工程に導入され、コンピュータ化が始まった。

私は次なるデザインへと介入をして、O2サドルの形と一般的な芸術的な外観を設計した。マーティー・ハロエイはCAD／CAMエンジニアリングと製品コーディング[*2]をやった。ドウ・ギルモアはグラフィックアートの作品を作りだして、そのサドルをO2と名付けた。一九九五年にニューヨークのモダンアートミュージアムは、O2サドルを展示して「現代のデザインにおけるミュータント・マテリアル」という特別展を催した。

無理なことのように見えるかもしれないが、クリフ・バー社では私の製造の経験とランディー

＊1　金属材料の押しぬき、曲げ、絞り加工に用いる金型。

＊2　プログラム作成。

が私を助けてくれた。大抵のエネルギーバーは、たとえばルナバーであっても、角は四角く決められた形になっている。私はＣＡＤ／ＣＡＭシステムを使ってクリフ・バーの新しい鋳型を作りだした。四隅がタイトで小さな角になっていないバーを作ろうと思ったからである。クリフ・バー社の全てのバーは、実に多種多様な形とサイズで、バラバラに生産された。まさにミュータントデザインである。

私はいまでも、クリフ・バー社のバーが消費者にとって気取らない特別なものになっている理由の一つは、手製であると感じさせることにあると信じている。味覚と歯触りの研究は、クリフ・バー社の活動の中心でありつづけている。ときには一日でレシピを見つけることもあるが、ある時は満足いく味を見つけるまでに何週間もかかることがある。テスト用の調理場では、調査開発のチームが、求める味を手に入れようとして何か月も製品と格闘しているのである。

そこで諸君、あなた方がサイクリングを楽しみ、クリフ・バーを楽しみ、Ｏ２かジェルサドルに乗っているときには、帽子をとってミュータントデザインに敬意を表していただきたい。

レッスン9 前面からのブレーキ

自転車で競走をする決断は、私のベストの決断の一つだと常に考えている。私は自転車のスピードと、道路の上にいることが好きだ。自転車レースの友人は、私に新しい世界を紹介してくれ

ツール・ド・マリーン・バイク・レース。――グレン・ドナヒュー撮影

た。自転車レース、それはチームワークと個人的なパーフォーマンスが融合したスポーツである。それは動きのある自転車レースの戦略は複雑である。自転車レースの戦略は複雑である。それは動きのあるアスレティックなチェスゲームを、私に思い起こさせる。本質的な面で、レースの諸々のプロセスは美しいリズムだ。時速三〇マイルでサイクリストのプロックが走り、ペロトン[*1]には一〇〇から二〇〇の乗り手たちが入っているのだ。前方をいく乗り手との間は数インチ【一インチ＝二・五四センチメートル】しか離れておらず、後続する乗り手との間隔も同様である。様々な力学が、レースの間の駆け引きとして競われる。

レースの最終局面でペロトンから飛び出して、勝利することもできる。あるいはレーサーたちのグループに加わって、ペロトンの全面から邪魔をするこ

＊1　自転車レースにおける集団。

ともできる。ブレイクアウェイ【散開】するグループは、他のチームのサイクリストをとり囲んでいるかもしれない。その場合には、ブレイクではレース内のレースが始まる。自分が最大の競争相手と一緒になってブレイクを成功させようとしているのかもしれないし、それでもブレイクアウェイのグループはチームとしてリードを保ち、個々のメンバーは同時に、お互い競い合う。ブレイクのトップに立ったサイクリストは、チームメンバーを後ろに引き連れて、力の限りペダルを踏まなければならない。前をいくフロントライダーが消耗して後退しようとするなら、誰かがそのポジションに上がる。

そのフロントライダーが回復をして、ふたたびグループを引っ張っていく。これらの駆け引き（押したり引いたり）は、おそらく数秒間か数分間続くだろう。ときには、乗り手たちの循環は、高度にシンクロナイズした時計仕掛けのようだ。見ていて実に美しい。

時計のように正確な動き。循環。美しさ。レースはマインドゲームもリスクも巻き込んでいく。ブレイクに入りこもうとしているのか？　ブレイクに入れるのか？　誰と一緒にブレイクをしようとしているのか？

これらの質問は、「走るチェスゲーム」を脳裡に形作っていく。もしブレイクアウェイするグループにいてペロトンからつかまってしまえば、あなたにとってゲームは終わったことになる。ブレイクアウェイで消耗をしなかったフランス人のレーサーは、確実にあなたを打ち負かす。もしブレイキングアウェイのリスクを取るのであれば、あなたは勝負をかけたのだ。このメンタルなチェスゲームでは、他のレーサーと比較して体力が劣っていても、レーサーは勝負には勝てるのだ。理想的には、体力でも知力でもベストで戦術にたけていることだ。

一九八六年から一九九〇年にかけて、私はいくつかレースで優勝した。いまでも、一年に何回かレースに参加している。私はフルタイム、あるいは自分のオフタイムを一〇〇%トレーニングには使っていないが、レースに参加するときには、このスポーツのエッセンスを経験したい――ペロトンからブレイクアウェイするため真剣にレースをしたい。レースに勝つためリスクをとって、これらのブレイクに参加したい――と思っている。ペロトンの前方にいたり、ブレイクの中にいたりするより、一団の中にいた方が自分の限界を超えて走らねばならないので、もっと苦闘することは分っている。

つまり、ポイントはこうだ。クリフ・バーはブレイクからスタートした。もしエネルギバーというペロトンが存在していたとしたら、パワーバーは唯一のブレイクアウェイだったのだ。クリフ・バーはペロトンからパワーバーに向かって、リスクをとって追いつく決心をした。バーはお互いよい関係にあり、新しい選手がバーのカテゴリーを開拓したことを喜んだ。しかしいまや、バーの全ての新しい波が、新しいペトロンに似た形で、パワーバー、バランスバー、クリフ・バーを追いかけてきている。私たちは肩越しに振り向き、チャレンジャーに「どこから来たんだ?」とたずねるが、同時にブレイクアウェイを試みる。一団を置き去りにすることはビジネスでもエッセンスなのである。会社を所有して安心している人もいれば、集団の中にいて製品を作ること、あるいは金を稼ぐことで満足をする人もいる。これらはビジネスへに関わるためのよい方法ではあるが、私たちのやり方は違っている。

ビジネスやスポーツの場合、その真髄《エッセンス》の中にいようとすれば、調子は万全でなければならない。クリフ・バー社は前方のブレイクにいたいのである。集団を遠く引き離して。

明らかなビジネスポイントでないラブストーリー

友人タッドとお互いの人間関係について話したとき、タッドは伴侶のハイジと数年間の幸せな結婚生活を送っていた。

彼は私に質問してきた。「それで、君はなにを探しているのだい?」。「ぼくが何を探しているのかだって、どういう意味だ?」と、私は反問した。「わかるだろう、つまり誰かと結婚したいと考えているのかな?」と、彼は反応をした。「そうだな。ぼくにはそういうことは起こりそうもないな」

このとき私は二〇歳代から三〇歳代にかけての時期にあった。自分でも結婚するのだろうか、とちょうど疑問に思っていたころだ。私は幸せだったし、人生に対してケ・セラ・セラ*1という態度をとっていた。

彼はさらにたずねた。「それなら、何が君にピッタリなんだ? パートナーに、何を求めるん

キットとゲーリー。——クレイトン・ワード撮影

だ？」。私の答えは、すぐにでてきた。「そうだな、キットとなら上手《うま》くいくだろうな」

私が初めてキットに会ったのは一九七八年のことで、友人のエリザの紹介だった（エリザは、いまクリフ社のエコロジー部門の担当者である）。会った瞬間、私は〝なにか〟を感じたが、すぐにそれを忘れるようにした。彼女にはすでにボーイフレンドがいたからである。その代り、私たちは友情をはぐくんだ。二年後、オレゴンでリベラルアートの大学院コースを受講している期間、私とタッドは六か月ルームシェアリングをして一緒に住んだ。タッドは私がキットにベタ惚れであるのを知っていたし、彼女が婚約をしていたので追おうとしないことも知っていた。

＊1　なるようになる。

その年の秋、キットとエリザと私はヨセミテ峡谷での週末を、クライミングで過ごした。私はキットに、さらに魅了された。彼女は愛らしく、生き生きとしていたが、いまや彼女のクライミングは岩の上でバレーを舞っているダンサーのようだ、と私は思った。私は我を忘れたが、ふたたびキットが婚約していることに敬意を払った。私たちの友情はその後も続いた。

一九八二年、私は世界一周の旅にでた。旅路の半ばころ、エリザがサンフランシスコのノエ渓谷から手紙を書きよこした。文中で彼女は、シエラ・トレック[*1]での共通の友人たちについて最新情報を伝えていた。そして、さらにこう付け加えていた。「キットが立ち寄って、婚約者と別れたと告げたの。私はそれを聞いて喜んだわ。彼らはどう見ても、うまくいくカップルじゃなかったもの」

私は世界の反対側にいて、スイスをヒッチハイキングしていた。キットはいま、私がキットを知ってからの四年間で初めてフリーになったのだ。私はキット宛てに手紙を書いたが、数日間《ま》を置き、そしてついに発送しなかった。私が伝えたかったのは、「六か月以内にサンフランシスコに帰る。待っていてくれるか？　ディナーを共にしたいのだけど」であった。しかし、私は臆病だった。そして私が帰国したとき、キットには新しいボーイフレンドができていて、彼らはすぐに結婚をした。それで私たちは、再び友人の関係を続けることになったのである。私は今度は彼女の結婚に敬意を払い、心情をうちあけなかった。彼女は全く気づかなかった。

キットが電話をかけてきたのは一九九二年、クリフ社の一年目が終わるころだった。「私、夫と別れたの」と彼女は言った。以前私はキットと、彼女の夫と子供たちを、タホ湖の南にあるホープ渓谷のキャビンに招待したことがあった。彼女は続けた。「あのときのオファーをいま受けて、あのキャビンに行ってもいいかしら。私の子供たちと私には、いま住んでいる場所をしばらく離れる必要があるの」

「もちろんだとも」と私は答えた。彼女が日取りを告げ、その日はちょうど、私自身がキャビンに行く予定の日だったことがわかった。「なあ、そのころ、ぼくもキャビンに行っているが、君と子供たちの部屋は十分にある。おいでよ」

私はすぐに友人のタッドとジョージに電話をかけ、アドバイスを求めた。あきらかに意見が一致したのは、何もいわず、何もしない、ということだった。彼女の気持ちは乱れている。そっとしておくほうがいい。将来起こることは将来にまかせればいい。

最初の夜、彼女が子供たちを寝かしつけた後、私たちはゆっくり話をした。驚いたことに、彼女はロマンスに憧れていただけで、【本当の意味での】結婚はしていなかったのだと胸の内を漏らした。

私といえば！　私たちは会ってから一四年目にして、お互いを発見しあったのだ。残りの人生、お互いを逃がしたりはしないことだけは確信できる。そのように感じた。いまも感じている。待

＊1　ガイドの組織。

った甲斐があった。

本当は、このラブストーリーにもビジネスポイントはあったのだ。お互いに信じ合うことができ、価値を分け合うことができるパートナーがいなければ、人は〝白い道〟の旅で孤独を感じるだけである。この本を読み進めてくれた人はもうお分かりのように、私にとってキットの存在と価値は、会社においても会社の理想においても、いまや深い関わりをもっている。大切なパートナーと共に走れること。私はそれに幸せを感じている。ビジネスにおいても、愛においても。

第6章

単独登攀

長距離でコントロールを維持するということ

私は世界的な登山家ではないかもしれないが、世界中の山で数かぎりない冒険を楽しんできた。ヨセミテ峡谷のハーフドームにも登ったし、レーニア山【北部ワシントン州。カスケード山脈の最高峰】の噴火口で二晩眠ったこともある。モンテ・ローザ【スイスの最高峰】にもオレゴン州のフード山【成層火山】にも登った。単独でも登ったし、友人たちとはアルペン方式で登った。移動は迅速にして、軽装で、グループは少数にする、という方式である。私はネパールのヒマラヤにも登った。しかしそこでの経験から、伝統的な、時間のかかる冒険的な登山には興味をもてなくなった。

アルプス対冒険的な登山

ネパールをトレッキングしているとき、私は世界でも屈指の高峰ダハリギリに登るという冒険の機会にめぐまれた。数日間、私はある登山グループの一団と抜きつ抜かれつ歩くという機会にめぐまれ、彼らの登山スタイルを注意深く観察することができた。二〇〇人以上のポーターが、衛星テレビの受信アンテナ、ソーラーパネル、スキー、酸素ボンベおよび大量の食糧を運んでいた。もしそれぞれのポーターが一〇〇ポンドの荷を運んでいたら、この遠征旅行は少なくとも二万ポンドの荷揚げを行っていることになる。私は計算をしてみた。そのすべての労力は、（もし彼らが運に恵まれたならだが）六人かそこいらの人を登頂させるためなのだ。ダリアギリ登山遠征隊や、これと似たような隊列を見ながら、私はエベレストや同じような山頂に、このような方法

シャモニー登山。フランス。──ジュリー・クリスティンソン撮影

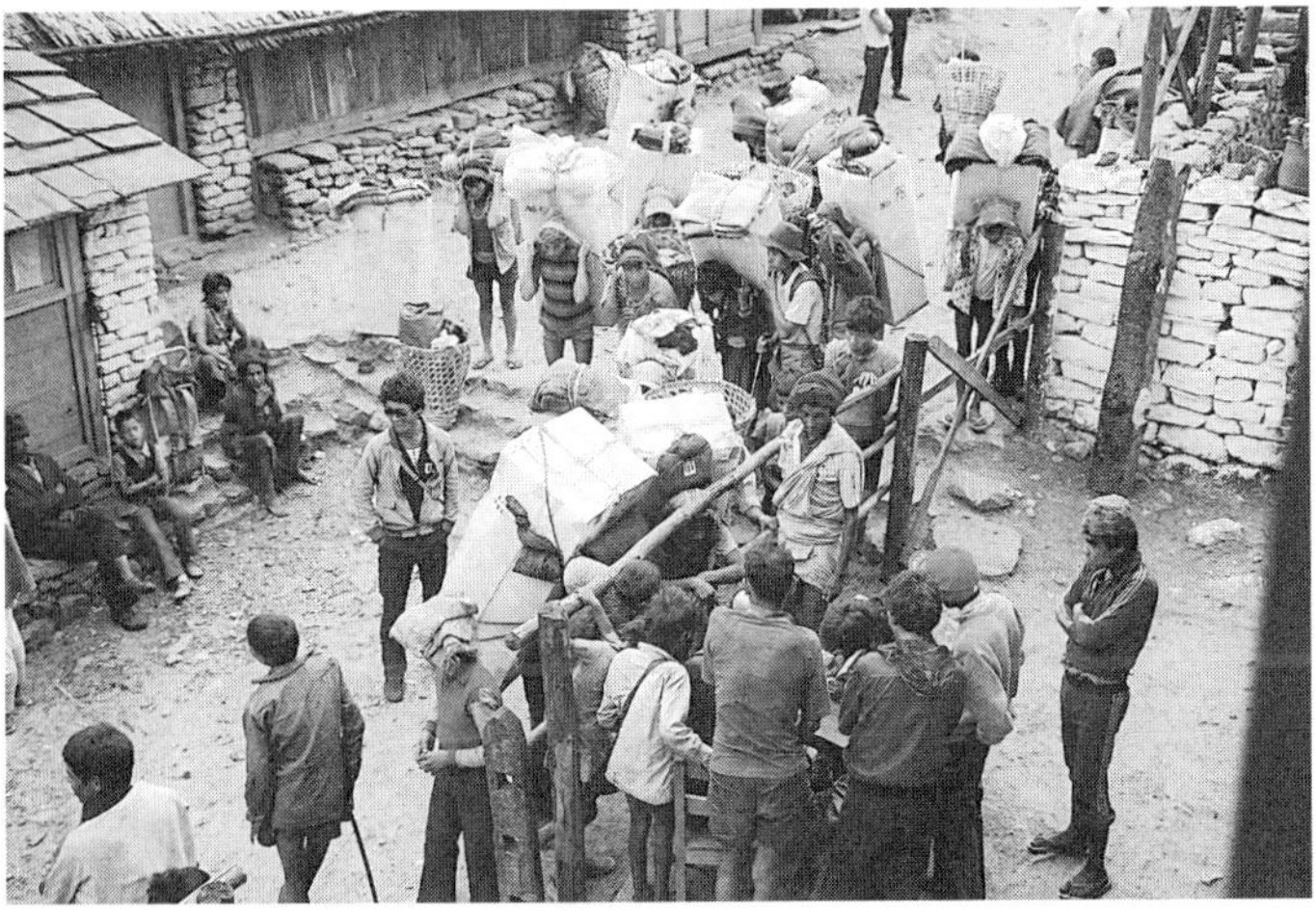

ダリアギリに向うポーター。ネパール。
──ゲーリー・エリックソン撮影

シャンボチェ、ネパール。エベレスト登山隊によるゴミの山。――リーズル・クラーク撮影

"I'm talking about real garbage . . ."

everest **TRASHed**

"I've seen base and high-altitude camps littered with hundreds of oxygen bottles . . .

Fifty tons of nonbiodegradable trash

has been left **on Mt. Everest since** the **1950s** and it's left up to concerned volunteers to remove it."

「私は本当の意味でのゴミについて語っている…」

「エベレストはゴミで覆われている」

「"私はベースキャンプや高い場所のサポーティングキャンプで、何百本という酸素ボンベが散らかっているのを見た"」

「50トンの、生物分解性のないゴミが1950年からエベレスト山の上にのこされている。そしてそれらのゴミを取り除くことは、環境の悪化に心を痛めるボランティアにゆだねられている」

では絶対登りたくないと思った。数一〇〇人のポーター、数一〇〇人のシェルパ、数一〇〇トンの装備を使っての登攀は、私には魅力的ではなかったのである。

遠征隊での登攀で私を苛立たせたことの一つは、後にのこされたゴミの山である。世界で最も美しい場所、エベレスト山、K2、ダリアギリに来ているエンバイロメンタリスト【環境問題研究者】と称している人間が、文字通り数トンのゴミをのこしていくのである。ベースキャンプや高所に設営されたサポーティングキャンプに残された酸素ボンベ、打ち捨てられたテント、登山道具、食物、ゴミの山を私は見てきた。五〇トンにも及ぶ「生物分解性のないゴミ」はエベレスト山に一九五〇年以来残されていて、ゴミを取り除く作業は環境悪化に心を痛めるボランティアにゆだねられているという状態である。エベレストの山頂を極めたいという少数の人々の執念が、美しい山々をゴミで汚すことを正当化できるだろうか?

アルペンスタイルの登山は、周辺に大きな影響を与えながら遠征隊を組んでおこなう、こうした登山方法とは根底から異なっている。アルペンクライミングでは限られた装備で登山するから、迅速に行動しなければならない。余分な荷物はもてない。私と友人がこの方法で登山をするときには、あらゆる装備をバッグに入れて背負い、自足するようにした。ブルースと私がハーフドームに登ったときには、三日間の登山に備えて水を用意し、ヨセミテ峡谷の河床からハーフドームの基地までその水で補水した。登山で垂直の崖に直面したときは、その水、食べ物、登山の装備、衣服、スリーピングギアーなどをロープで引き上げた。アルペンスタイルの登山では、世界で一番高い山の頂上には登れないかもしれない。しかし、膨大な量の装備によってトラブルをおこすことなく登山をすることができる。

大遠征登山隊を見ていて不愉快に思うのは、わずかな人を山頂に登らせるために、どれだけのエネルギー、お金、人々が必要とされるのかということである。山頂に立ちたいという執念は、私に〝赤い道〟の考え方を思い起こさせる。どんな方法なのかなどは問わない。ただ目的地に到達すればよいのだ。アルペンスタイルの登山は、多かれ少なかれ〝白い道〟を行く考え方に似ている。環境にも優しいし、品性を保っている。登山をしたとき、私は後になにものこさない。それが食べ物であれ登山の道具あるいはクリフ・バーの包みであっても、である。美しい山々のキャンプサイトは目的地なのであって、終わりを意味するものではない。費用をかけてまで到達をしなければならない山頂などないと、私は信じている。

クリフ・バー社のビジネスの旅は、エベレストの山頂をめざす大きな影響力をもった遠征隊による登山より、アルペンクライミングのほうによく似ている。クリフ・バー社のオーナーとして、キットと私は、株主価値を「会社と、この大地を清潔に保つ」という点においている。私たちは、会社から一ペニーだって引き出さない。私たちは、最小限度のゴミで済ませるように身軽な旅をしているのだ。深い価値をあらわすことのできる会社をつくり続ける特権をもっている。もし私たちが収益に追い立てられ、会社を高値で売却することを最終目的にして経営しているとしたら、ビジネスはエベレスト山への遠征隊と同じになってしまう。そして、私たちがやってきたことも、無意味なものになってしまう。

様々なオーナーシップオプション

クリフ・バー社は五〇・五〇《フィフティ・フィフティ》のパートナーシップで、一四年間やってきた。このパートナーシップが終わったとき、会社の構造を変える機会を得た。ベンチャーキャピタルと組むこと、他の株式会社との合併、大会社への企業売却、大企業にクリフ・バー社の少数株主として参加してもらうこと、家族や友人に投資をしてもらうこと、株式公開などなど。

結局私は、一〇〇%の個人のオーナーシップを選んだ。ローインパクトのアルペンクライミングと同じ方式の会社である。それは私がこの本で書き述べる理想を実現するのに、一番よい方法だったからなのだ。

五〇・五〇のオーナーシップ

一九八五年に母とヨハスを食べながら、「これでビジネスが始められたらな」と思った。いつも家族全体を鼓舞してくれていた祖母のカリオペは、どのようにすればおいしいギリシャのペーストリー【菓子パン】が作れるかを教えていた。母はレシピを受けつぎ、ホウレン草、フェタ【ギリシャの白チーズ】、肉、ペストウ【バジリコ、大蒜、チーズ、オリーブ油で作るソース】とズッキーニ【カボチャの一種】などを混ぜ合わせて作ったコンコクテイング【材料を混ぜ合わせて作る詰め物】を、ブリオーシュ・ドウ【パンの生地】で包んでヨハスを作っていた。一年後、私はカリ（カリオペ）の店〝スイート・アンド・セイバリーズ〟（祖母にちなんでつけた）を始めた。すでにサンフランシスコのベイエリアには、デリバリーフードの店がたくさんあって、伝統的なサンドイッチにサラダというメニューに加えて、クニッシュ【ユダヤ料理。ジャガイモ、肉などの包み焼き団子】やエンパナーダス【貝入りのパン、ペイストリー】を売っていた。私のカリでも、私はヨハスとグルメクッキーを焼いて作り、配達店やアウトレットに売っていた。

私は友人のリサにカリの店を手伝ってくれないか、ともちかけた。私の蓄えから一〇〇〇〇ドルをだし（ミキサーを買うのに使った）、ベーカリーをスタートさせ、カリの店の初期成長のために毎月数百ドルをつぎ込んだ。資本の過大評価などと言わないでほしい！　私はただ一人のオーナだったが、リサには将来利益を分け合うことを約束していた。そのうちついに、別のフルタイム・ジョブをやりながらカリの店を経営するストレスに耐えられなくなるときがきた。私は店を閉めようとした。ところがリサが五〇％のシェアを条件に、店を仕切ると提案してきた。この方法なら、カリの店での日々の仕事量を減らすことができる。この時点で店はまだ赤字だったが、年間売上げ高はとてつもない額である二万ドルを誇っていた。年間利益ゼロの五〇％はゼロだから、年間リサの提案はまったく理屈の通らないものではなかった。リサはカリの店の初期には、骨身を惜しまず働くことで、店に貢献をしていた。私はパートナーを得たことに喜び、「一緒に店をやろう」と決心した。五〇・五〇のパートナーシップは正しい考えに思えたし、これから先も長い間続くと思っていた。

五〇・五〇のオーナーシップは理解できる。共に歩く誰かを欲して、等分のパートナーシップを追い求める多くの起業家や夢想家たちと、私はこれまで何度も話をしてきた。彼らは、パートナーと等分のシェアーをもっているから、二人ともすべてをビジネスにつぎ込むと信じている。二人はゲームで同じ数だけのカードをもっているのだから、等分に共有するというのは、あらゆる意味でいかにも魅力的に見える。

私の弁護士ブルース・リンバーンは、「ほとんどの場合、五〇・五〇のパートナーシップはいずれ最後の審判に直面することになる」と主張している。それは二人が、共通の理念を分かち合わなくなったときに起こる。中心にある問題は、どちらにも決定権がないということだ。重大な問題で同意し合うことができなければ手詰まりになり、決定や方向づけは成り行き上、妥協ということになる。パートナーが退出しようとしたら、どうなる？　一緒に働きたくない、と言ったら？　会社に全く新しい方向づけをしようとしたら？　もしパートナーが理念を違えたら、会社は分裂してしまう。いままでは私は、「二人のリーダーは、一人よりよい」とは思っていない。

イボン・シュイナードは、登山用具を扱うシュイナード・エクイップメントという会社をパートナーと一緒にスタートさせた。イボンはつぎに衣服に興味をもち、パタゴニアという会社を独立した会社としてスタートさせようとした。それまでイボンとパートナーの理念は一致していたが、パートナーは衣服のビジネスには興味がなかった。イボンは権利を買い取らざるを得なかった。シエラネバダ・ビール醸造所の、ケン・グロースマンも同じような状態に直面した。ケンのパートナーは、会社の成長に興味がもてなくなり、彼の持ち分株式の値段を最大化するために、彼の弁護士を通じて株式公開か会社の売却を要求してきた。ケンは会社を個人所有のままにしておきたかったから、結局パートナーの持ち分株を買い取るということになった。現在イボンもケンも一〇〇%の株を所有して、単独のオーナーになっている。多くの人たちが五〇・五〇のパートナーシップで始めて、結局はパートナーの持ち株を買い取ることになるという結果を迎えている。ビジネスのパートナーシップが永遠に続くと思うのは非現実的であると、私はいまでは信じている。通常、大きなコストがかかってくる。

リサと私がオーナーのクリフ・バー社にも、清算の日がやってきた。私たちがパートナーシップを結んだとき、私には法律顧問などいなかった。他の人たちから、「計画のもともとの未来像、資本の支出、レシピはゲーリーのものだから、少なくとも五一%の株式の支配権をゲーリーがもつべきだ」と警告をうけたが、私は「会社の株式の五〇%をパートナーに渡すことが、将来どのようなトラブルを生む危険性があるのか」などについて、まったく理解をしていなかった。起業家たちが、労働の寄与は会社の力の一〇%か二〇%にしか当たらないと告げたけれど、私はまったく無知で、リサの貢献は五〇%に値すると思ったのである。五〇%の株を保有する株主は会社を解散させられる力をもつ、ということさえ知らなかった。それこそが、最終的にリサから突き付けられた脅しだった。一四年後、私のパートナーは「会社から退出する」と申し出た。私はただちに、別のプランを用意する必要にせまられた。

会社売却

会社売却は他のオプション【選択肢】に比べると、いろんな意味で、頭痛の種は少ない。起業家の中には、会社売却を出口戦略としてあらかじめ考え、会社をスタートさせる者もいる。私たちがあわややりかけた「会社を現金で売る」という方法は、最もすっきりした退出方法である。

もし売るという選択をしたのなら、真の意味で会社を完全に手離さなければならない。多くの人たちが売った後で会社を運営していこうとするが、彼らはもはや決定的な指導力を失っていることに気づくだけで終わる、というケースを私は多く見てきた。又別のケースでは、現金決済でクリーンな退出はしたけれども、その後深刻なディプレッション【鬱状態】におちいった人も見てきている。ジェンツは、すばらしく安全な自転車用のヘルメットを製造する会社ジャイロを立ち上げた。ジャイロは卓越した評判を得たが、それにもかかわらず、ジムはヘルメット産業界での責任問題【製造責任】で数限りない法的闘争に直面することになった。彼は最終的に、会社を売り払った。会社を最高のタイミングで売ったにもかかわらず、売却後のジムの落ち込みはひどく、「立ち直るのには三年かかった」と後になって語った。別の友人トム・リッチーは、リッチー社（自転車とコンポーネントの製造会社）の株式の八〇％をスペシャライズド社に売却したが、他社を資本参加させたことを大いに悔んで、結局会社を買い戻した。リッチー社はいま、一〇〇％リッチーの個人所有となっている。

人はなぜ会社を売るのだろうか？　理由の一つは、燃えつき現象である。会社を創立して経営していく仕事は大変だし、多大なストレスがかかってくる。会社の全責任をオーナーが最終的にAからZまで背負うというのは、事実上「一週間に七日、一日二四時間働く」ということである。この重荷について、わずかな人しか自覚をしていない。会社を売却する、休養して若返りたいという誘惑は強い。だが売却をしたら、後日あなたは自分自身に向かい、「会社を再取得できて、なにか別の方法でストレスに対処できるのじゃないか？」と問いかけることになる。

安全性は、オーナーが会社を売却する別の理由である。毎年なにがおこるか分からない。自分の会社がいまから三〇年後に存在しているかどうか、とあなたは疑ったりする。また、「財政的な問題を吸収する方策は十分あるのかどうか」と煩《わずら》い続けるのを止めることをめぐって、心を迷わせたりする。会社を売却すれば、金について思い悩むことはなくなる。だから、魅力的なのである。

別の問題として、競争に対する恐怖がある。クリフ・バー社を始めたとき、競争相手は一握りだった。いまでは文字どおり何一〇〇というバーが市場に溢れている。競争がこのレベルになると、あなたを圧倒して、会社売却はよく理解できる反応となる。

小さな会社には資本がたりないし、それゆえオーナーシップに代わるオプションを追い求める。あなたが会社の経営を第三者と分け合いたくないと考える私のような人間なら、そのような局面に至ったときには会社を売るだろう。会社はあなたの経営能力を超えるまでに成長した、と考えるかもしれない。私の場合、クリフ・バー社は一〇〇万ドルは売上げる会社にはなるだろうと思っていた。しかし売上げ一〇〇万ドルの会社を経営するのと、一億ドルの会社を管理するのでは、話が違う。会社はオーナーをこえて、あまりに大きくなったのかもしれない。別のオーナーは、船【会社のこと】が沈没しだしたから、会社が潰れる前の売却を余儀なくされるのかもしれない。あるいは子供たちともっと一緒の時間を過ごして、旅行をし、小切手を好きなときに切って、世界を別な方法で救うことを求めるかもしれない。このような積極的な理由で会社を売ったとしても、何の問題もおこらない。

しかしながら、多くの人は「売らざるを得ないからという理由で会社を売る」と、私は思っている。もしあなたが自分のブランドの信用力と従業員の福祉の向上を真剣に考えていた経営者だったなら、会社売却であなたは打ちのめされるだろう。あなたが作った会社を他人がどのように扱うかを、ただ茫然と見ているだけで我慢しなければならないからだ。大切にしていた社員たちがレイオフされていくのも、ただ見ていなければならない。消費者の多くはあなたが会社を売ったことを知らないから、なぜいま会社の価値を裏切るような決定がなされているのだろうか、と不審に思う。あなたは、「こうしたら、どうだっただろう。ああしたら、どうなっていただろう」という多くの仮定の設問と共に生きていかねばならない。私に分っているのは、もしクリフ・バー社を売却していたら、私は残りの人生を「会社をもってたら、どうなっていただろう？　うまくやれただろうか？」と思い悩んで過ごすことになっていた、ということである。

ベンチャーキャピタル[*1]

ベンチャーキャピタルとは、偉大な名称である。それは冒険を意味する。ベンチャーキャピタルは、アイデアはあるが資金のない会社や個人がビジネスをスタートさせようというときに、資金を供給してリスクをとる。彼らは投資に対してハイリターンを要求する。それは通常年間の複利計算で三〇％から四〇％である。ベンチャーの投資家たちはこのハイリターンについて、新らしい会社の成功する確率は大変低いから、という理由で正当化し、一〇のうち成功するのは三か四だと予測する。創業者は資本を受け取るが、会社の経営に関しては交渉の最初から主導権を失っている。ベンチャーキャピタル会社は会社の利益をコントロールしたがるだけではなく、出口戦略もコントロールしたがるのである。もしあなたがベンチャーキャピタルに支払えなくなれば、

＊1　投資会社。高い成長率が見込める未上場の会社に対して資本投資をおこない、ハイリターンを求める。

会社は売却されるか、株式が公開される。

私はこのベンチャーキャピタルのルートを楽しんだ。私が第三章で述べたように、私のパートナー（リサのこと）は「二五〇〇万ドル即時払い。残金は五年で」という条件を提案してきた。私は当時このようなローンが組めなかったので、差額の借り入れに応じてくれるベンチャーキャピタリストのグループを探した。わずか一二〇〇万ドルしか集められなかったが、ベンチャーキャピタルグループはクリフ・バーの三〇％の支配権を要求して、経営に介入しようとした。もし私がベンチャーキャピタルの要求する五〇〇〇万ドルを期日までに払い戻せなければ、会社を売るというリスクを犯すことになるし、基本的に会社の経営権も失ってしまう。

クリフ・バー社はリスキーなスタートをしていなかったから、彼らの要求に私は動揺した。会社の利益率は実績として証明をされていて、年間売り上げは一九九二年の七〇万ドルから交渉の時点（二〇〇〇年）には年商六〇〇〇万ドルになっていたのである。ベンチャーキャピタルの投資家たちの主張する「年間三五％の投資に対するリターンと、クリフ・バー社の三〇％の支配権」というのはひどい条件だったが、弱い立場にあって金の必要な状況では、私でさえも提案を呑もうかと考えたくらいなのである。しかしこのオプションが最終的にどれだけのコストを生むか気づいたとき、私は交渉を打ち切る決断をした。

パワーバーは、ベンチャーキャピタルグループのヘルマン＆フリーマンズと組んだとき、このオーナーシップオプションには高いコストがつくということに気づかされた。ヘルマン＆フリーマンはパワーバーの一五%の支配権を握り、そのうえ投資の見返りとしてベンチャーキャピタルレートで（多分）一年に三五%から四〇%のリターンを複利計算で求めた。パワーバーとヘルマン&フリーマンズの狙いは、パワーバーを成長させて株式を公開し、それによってオーナーのブライアン・マックスウェルが最大株主として会社経営を続けるというところにあった。

これを実現するためには、会社は好決算を四半期ごとに出しつづけねばならず、パワーバーはその後二〇〇〇万ドルの資金を注いだにもかかわらず、必要なリターンを実行することができなかった。時間は過ぎていき、やがてヘルマン&フリーマンズは金の返済を要求してきた。パワーバーは資金の調達をマーケットに求め（決して意図したことではないが）、ネッスルに買収されたのである。オーナーは自分で創立した会社のコントロールも、株式会社を運営するという夢も失った。

（私が第一章で話した）マザーテレサがモー・シーゲルに忠告をしたことは、結局正しかった。モーはセレスティアル・シーズニングをクラフト・フード社に売却して会社を去った後、NPO法人で働いた。だが彼は、「NPOの仕事は自分にとっては使命でなくて、趣味だったと気づいた」と私に語った。モーはクラフト社からセレスティアル・シーズニングを買い戻した（これは彼ら双方にとって、十分利益が上がることではなかった）。問題だったのは、会社を買い戻すのにも、モーはベンチャーキャピタルを利用しなければならなかったということである。ベンチャーキャピタルは会社に大変な梃《てこ》入れをしたので、モーは二度と会社の支配権が握れなかったのだ。会社はベンチャーキャピタル・インベスティメントに資金を返済するため株式を公開した。これはセレスティアル・シーズニングをヘイン【株式を大量購入した会社名】に売ることと同じだった。モーはふたたび会社を失い、そして今回は彼が創立した会社の一部でもなくなった。

私が会社を保持し続ける方法を探していたとき、株式公開は少なくとも魅力的なオプションに見えた。そこで私が尊敬する会社で、株式公開に踏み切った会社をできるだけ多く観察してみた。ベン&ジェリーズやオッドワラも株式を公開した。私はそれを最初は、とてもよいことだと思った。株式が公開され、だれでも株主になれることで、私たちは彼らと成功を分けあう機会がもてるし、尊敬する会社の価値を支えることもできる。だがこれらの会社の創設者たち二人と話をして、私はいまでは違う見方をしている。グレッグ・ステルテンポールは、なぜオッドワラの創設者が株式の公開を決意したのかを、スピリット・イン・ビジネスの会議の場で話してくれた。グレッグによれば、オッドワラはジュースの製造機械を購入して会社を成長させるのに資本が必要になった。それでオーナーはさらなる資金提供を受けるために株式公開に踏み切ったが、結果的にはコカコーラに買収されてしまったというのだ。私はグレッグに、もし彼が望んだら事態は異なったかたちになっただろうかとたずねた。「もちろん。だがあのころは、資本を導入する以外の方法を私たちは知らなかったんだ」と、彼は答えた。

ベン&ジェリーズ社の例は、株式を公開することは裏目に出ることがあり、いかにオーナーの意図と価値を裏切るかという最も有力な例の一つだろう。ベン・コーヘンとジェリー・グリーンフィールドの信条は、彼らの本『ダブル・ディップ（二度の降下）』で書き述べているように、ベン&ジェリーズを社会を変える力にする最良の方法は、「大きく成長することであり、それによってもっと利益を上げる。そうすれば、より多くの金を社会に還元することができる」ということだった。株式公開することは、より多くの金を広く一般から集めることであり、同時に広範囲の人々に株主になってもらうことで、会社の利益を配当などで還元してこの世でよりよいことができる、というのである。

株式を公開した後、ある時点でベン&ジェリーズの業績は横ばいになった。ユニレバーという巨大な多国籍企業が、法人株主が抵抗しがたいほどの株価をベン&ジェリーズに提示してきた。会社は、かくして売却された。ベンもジェリーも、もはや経営には関わっていない。私はベン・コーヘンにサンフランシスコのホテルで会った。私の抱えているジレンマについて、彼に相談をするためだった。そのころ、私にはアドバイスが必要だったのだ。私はベンを、食品産業で初めて企業の社会的責任という分野を切り開いた人物として尊敬していた。だから彼が私と会う時間を作ってくれたのは、大変名誉なことだと感謝していた。彼は私に「自分の道にとどまれ」と言って勇気づけ、「クリフ・バー社を個人企業に保つためには何でもやって、会社の経営を続けるように」と励ましてくれた。

バランスバーの友人たちは、株式を公開してからはウォール・ストリートの奴隷になってしまったと言った。常に株価を心配するようになった。経営をしていたオーナーは、そうこうしているうちにバランスバーをクラフト社に売却する決心をしてしまった。これらの話は、クリフ社のようなサイズの会社の場合、株式を公開して株主利益を増す経営をおこなうことは新しい推進力をもたらす一方、しばしば会社売却という結末に至る、ということを告げている。そしてまた会社がウォール・ストリートの基準を満たすことができなければ、株価はどん底まで落ちて、ガーデンバーガー【会社名】のケースで起こったようにリストから排除される。

少数株主

「少数株主になってもらう」という選択権は、小規模で資金を必要としている会社にとって、最初は魅力的である。この選択肢においては、大会社はその会社のわずかな株式を購入する。株式を購入された会社にとって有利な点は、大会社から提供をされるマーケティングの力であり、原材料購入の力、メディアにアクセスする力の増大である。マーケティング、インフラストラクチャー【基礎的な施設】、法人およびマネージメント力、それに成長するための資本は言うまでもなく含まれている。

私が、あるベンチャーキャピタル社のオファーを断わった後、カドバリー・シュウェップス社が電話をかけてきた。彼らがクリフ・バー社に興味をもったのは、ヨーロッパでお菓子のマーケットが崩れたからだった。クリフ・バーと、合衆国における栄養価のカテゴリーの成長が、彼らの興味を引いたのである。「戦略的な協定またはジョイントベンチャー【合弁事業】の可能性について、非公式に話し合いたい。そのために、訪問してもよいか」との問い合わせだった。私は当時、二〇〇〇年の夏、私たちは協力し合えるかどうかについて詳しく調べるために会った。私は当時、リサからの株式買い取りで極めて絶望的な状況にあったが、問題は出口戦略にあることをすでに知っていた。

私はずばりと言った。「このような状況に置いては、何が起きるのかを私はよく知っています。あなた方は出口戦略が欲しいし、私はそれを与えようとは思っていない。あなた方は一定のコントロールをクリフ・バー社に持ちたいのだろうが、それも私は与えない」

私はかってマース社とベンチャーキャピタルが辿ったのと同じ道を歩いたことがあり、同じ道は二度とごめんだった。私はカドバリー・シュウェップスに、生産計画、予算編成への参加、役員の選出権は与えるつもりだったが、出口戦略だけは与えられない。彼らはアプローチではオープンのように見えたが、結局出口戦略なしでは合意は成立しなかった。

少数株主が、五年以内に会社を買い取るか売却するかを望むのなら、「では、いますぐに売ったらどうだ?」という考え方もある。答えは簡単で、金が問題である。たとえば会社の現在の歳入が一〇〇〇万ドルとすると、マーケットで売りに出せば歳入の二倍、つまり二〇〇〇万ドルで売却できる。ここでTという会社が二〇〇万ドル出資して、二〇%の株主になったとしよう。もしT社がマーケット力をもっていて、会社の歳入を五〇〇〇万ドルに引き上げたとする。会社はいまや一億ドルで売れて、あなたは八〇〇〇万ドルを受け取って退出できる（T社は二〇〇〇万ドルを受け取る。これは投資の一〇倍の金額である）。しかしあなたには頭痛、コントロールの喪失、そしてなによりも、自分の会社を通じて自分の価値を表現するという手段を奪われた無力感がのこる。そのような問題と共に、あなたはポケットを現金で一杯にふくらませて会社を去っていくのである。

私は何人かの勇気ある起業家が、少数株主のルールに例外を示してくれることを望んでいる。マザー・ジョーンズ【アメリカの雑誌】のインタビューで、ストーニーフィールド農場のゲーリー・ヒルシュベルグは、グループ・ダノーン（フランスに本社を置く大会社で、ストーニーフィールド農場の四〇％の権利をもっていた）との取引について、「疑いもなく、私は悪魔のどちらかと踊るしかなかった」と語っている。ヒルシュベルグは、グループ・ダノーンの提案してくるマーケットシェアや購買力の拡大が、彼の追い求める夢である「ニューイングランド地方の酪農を助け、有機ミルクの生産を推し進める」を実現させると期待していたのである。しかしながら「グループ・ダノーン社は、ストーニーフィールド農場が二桁の成長を続ける限り、ヒルシュベルグを農場のCEOとしてのこすだろうが……」とあり、この余韻を含んだ言葉は私を不安にした。ヒルシュベルグがうまく切り抜けてくれればよいのだが。

家族および友人たち

私は友人や家族の中に、わが社に投資をしてくれる者はいないか探してみた。ある会社はこのような形態を好む。それは個人的に保有された会社であって、家族が成長させた株式非公開の会社であり、その精神はより本物に感じられるからである。しかし私はこの選択肢も多くの時間を必要とせずに分析できた。私の父は州のために働いた。母は退職した学校の先生だ。弟の一人はアーティストだし、もう一人はクリフ社で働いている。

友人たちもすべて調べてみたが、彼らは先生だったりソーシャルワーカー【社会福祉担当指導員】だったり、アーティスト、ダンサー、登山家、サイクリストや医学生だった。誰も私をディナーに誘ってくれる余裕はないし、ましてや私の負債を払ってくれることなどできっこない。投資に必要な金などない人々であった。こうした友人をほんとうは最もリッチな人たちなのだと思っているのだが、それはもちろん物質的な豊かさや金銭的な富があるからではない。私が、必要とする金について友人の一人に語ったとき、彼は私を、あたかも別の惑星からやってきた異星人のような目で見た。

私の弟の一人はホームレスの施設で働いているのだが、そこでは、「人々は一ドルを得ようと努力をしているのだ」と私に語った。そんな弟に向かって、私は数百万ドルの話をしている。まるでシュールリアル【夢に似ているさま】だ。

もう一人の友人（実際に収入があり、ビジネス上の人間関係ももっていた）は、何人かの友人に投資するように頼んでみる、と言ってくれた。この言葉も私を神経質にした。たとえ友人であっても――友人の友であっても――、出口戦略の問題が大きく立ちはだかっている。もし誰かが株式を売ろうとしたら、どうなるだろうか？　ゲーリー・ヒルシュベルグの場合、友人や家族（二七九人もいた！）がストーニーフィールド農場に投資をした。しかし投資家の何人かが金が必要になったとき、農場には払う金がなかった。そこでグループ・ダノーンに会社の株の四〇％を売却したのだ。グループ・ダノーンは二〇〇四年にさらに四〇％を買い増して、フランスに本社のあるこのコングロマリット【複合企業】は、いまやほとんどこの農場を所有した形になっている。こうした結果をみると、出口戦略のことは常に注意深く、頭にとどめていなければならないことが分かる。

最初の上り坂――起業家のルート

最初の登攀は本当の意味で最もアドベンンチャラスな登り《クライミング》になる。あなたが経験したことのない最初の登攀は、あなたにとっては、それまでだれも試みたことのない登攀なのである。あなたは文字通り岩壁を登る最初の人ということになり、それは気分を高揚させる。ガイドブックはない。ルートは事前にチェックすることもできなければ、どんな登攀になるのかも予測ができない。地形の書きこまれた地図で研究し、ルートを双眼鏡で観察し、写真を撮って、事前の用意をすることはできる。しかし一度岩にとりついたら、あなたの前方にある数百フィートのルートがどのようなものか、予測もつかない。

ワシントンコラムを登攀中。――ブルース・ヘンドリックス撮影

最初の登攀は偉大な冒険なのだ。どのように優れた技術をもっていても、ルートそのものがあるのかどうかさえもわからない。この最初の登攀はいつも私に、起業家精神を思い起こさせる。クリフ・バーは私のビジネスであり、生命であり、それはたとえるならば、最初の登山における岩壁登攀、偉大な冒険なのである。

私は常に、起業家的な傾向をもっていたように思う。多くの子供たちと同様に、私にも新聞配達の仕事、芝生を移植する仕事があった。しかし、私はすべてを細分化することによって、自分の損益計算書を拡大させた。たとえば、芝刈り機のためにガソリンを買うのはいくらいる、刃を砥《と》いで芝刈り機を完全な状態にするには、これだけの時間と金が必要だとかいった具合である。

私はまだ子供だった頃から自分の運命をコントロールしようとし、そうした中でいくつかのものを買った（たとえば、小さな白黒テレビ）。

それからまた、弟たちと私が若者だったころ、父はよくスキーにつれて行ってくれたが、道具は自分で買わねばならなかった。だから一四歳で、私はアラマダ・スポーティング・グッズ（いまはトゥリシティー・スポーツ・グッズになっている）に行って、オーナーに職を求めた（スキーで大喜びをしている合い間に！）。オーナーは一時間一ドル四五セントで私を雇ってくれ、それにスキー用品の値引きを加えてくれた。青春期の天国だ！

やがて私はオーロン・ジュニア・カレッジに入校し、次いでサンフランシスコのカリフォルニア・ポリテクニックに進んで、ビジネスを専攻した。夢はスキーショップのオーナーだった。私の起業家的な性向は、野生ルートのガイドとして働いているときにも顔をのぞかせた。私は〝僻《へき》地《ち》のシェフ〟として知られ、小さな、バーナーが一つしかない登山用のストーブでレシピを試み、料理の腕前を磨《みが》いた。私はいつかカフェかレストランをもちたいとも思っていた。

私は常に、決まりきった教育のプログラムには反抗していた。友人のテッドとオレゴンの大学院のリベラル・アート・プログラムを専攻する一九八〇年まで、本を隅から隅まで読んだことはなかった。その年の秋、私はフョードル・ドフトエフスキーの『カラマーゾフの兄弟』と取っ組み合った。読み終わるのに一か月もかかった。私は、自分が読書をうまくできない人間だと思っていたが、それが熟読をしないことからくるのか、焦点をあてて読まないからくることなのか、私には分からなかった。そのうち「読書不能症【ディスレクシア】」であることが判明した。私の努力が不足していて、読めないのではないのだ。最近私は多くの起業家やCEOが、私がそうであったように、学習障害や読書不能症で苦闘していることを本で知った（現在の私は読書を楽しんでいる）。その中にはリチャード・ブランソンやチャールズ・シュワブにジェイ・レノまでがいる。私が起業家であること、あるいはその道で成功していることに（私が規定する語彙《ごい》での成功という意味だが）、読書不能症はなんの関係もないことに気づいた。

起業家精神は、天賦の才能とか能力によるものというよりかは、精神、情熱、欲望、そして確固たる存在であるという方法であって、それは――新しいルートを登るという――最初の登攀に挑む意欲なのだ。

どのようにしてあなたの会社を救うか。

どのようにして個人企業にとどまり、一〇〇％のオーナーシップを保つか

私は最初に崖を登る起業家だし、会社の方向と理念をガイドすべき者になるような道を選んだ。すべてのオーナーシップのオプションについては真剣に調査をし、その結果はこの章でも述べたが、結局そのどれもが私の役には立たなかった。そのことに気づいたいま、私は、自分自身の経験と、私が大変尊敬をしていた会社のオーナーたちが悪気なく犯してしまった失敗から、一〇〇％のオーナーシップこそが、この本で述べた株主価値の再定義を得るためにベスト（であり多分唯一）の方法だと信じている。**私はクリフを個人所有にし続けるために、残りの人生をかけて戦わねばならないかもしれない。**

多くの人達が、社会的責任のある会社に投資したがる。なぜ彼らが、彼らの価値を投資という行為を通じて表現したいのか、私にはよく理解できるし、その動機も尊敬する。しかし、だれしもが投資に対する金銭的な見返りを欲しがる。株主価値と投資に対する見返りは、私とキットにとっては単に金銭的な見返りだけではない。法人は何千という顔のない株主によって所有されるようになると、個々の株主とは会社の方針や価値について共有することはできにくい。顔のない人々の保有株が四九％や三〇％や二〇％あったとしても、共に〝白い道〟の旅をする株主を見つ

ッププ二〇のエネルギーバー製造業者で、唯一の個人所有の企業、完全に独立をしている会社であ

野菜ホットドッグのこと】）を買収した。リストはどんどん続いていく。しかしクリフ・バーは、ト買いとった。コンアグラはライトライフ（トーフドッグの製造業者。【トーフドッグはベジタリアン相手の

ーガー社を買った。クエーカー・オーツ（ペプシコの子会社）はマザーズ・ナチュラル・フーズを模の個人企業だったが、ハイン社に買収された。クラフト（フィリップ・モリスの子会社）はボガバのホライゾン。これらはディーン・フード社に買収された。イマジンフードはクリフ社と同じ規ルク【ソイミルクは豆乳。シルクはブランド名】を作るホワイト・ウエイブ。有機酪農製品の製造業者企業買収の問題が絡んできて、個人企業としては実現しにくくなる場合は多い。ソイミルク・シ「少数株主」などの項で述べたように、資金需要の増加、マーケットシェアの問題、少数株主やくは、クリフ社と同じくらいの規模になったら、この章の「会社売却」「ベンチャーキャピタル」これからクリフ・バー社でやってみたいと思うビジネスモデルが、いくつかある。それらの多

らである。

ネスはただ金儲けのためにあるだけではないということを確認する、最も明快な方法だと思うか願う）。一〇〇%のオーナーシップは、理想を生き生きと活動させ、〝白い道〟にとどまり、ビジある意味では、私はコントロールフリークでもある（とはいえ強欲ではなく、自己中心でもないようにこう言うと強欲、自己中心的、または管理オタク《コントロールフリーク》の人間だと思われるかもしれない。もっとも、けるのは難しい。私は、一〇〇%以下のオーナーシップでは自分が満足しないのを知っている。

り続けている。

キットと私は、「長期にわたる個人のオーナーシップ」についてのモデルを持っていなかった。そのため、私たちはガイドブックなしで登山をしているような気分だった。一〇〇％のオーナーシップは、よけいな荷物をもたないアルペンクライミングや、最初の岩壁登攀【起業家の道】に似て、冒険的なものである。私たちはビジネスで、最初のクライミングをしているような状態だった。一〇〇％個人企業だったから、四半期ごとの収入、外部資本の導入、会社売却の用意などに煩《わずら》わされることはなく、クライミングを続けられた。キットと私は、自分たちの理念と方向性と株主価値を磨き直して、更なる価値をつけて底上げをし、管理をする。一〇〇％のオーナーシップだからこそ、私たちは金銭的なリターンを低くして、会社の内部留保を分厚くし、私が次の章で語るような形の会社を作っていくという贅沢を享受できるのである。クリフは会社の価値を損なわないまま、長く存在し続けたいと思っている。キットと私はオーナーとして、完全な世界という意味で豊かだと信じられる、長期のモデルを作りつづけている。

いかに会社を保つか　成功、あるいは財産総合管理者を排除しないこと

会社の五〇％以上の株を保有しているものは、だれでもオーナーシップと経営権の継承について論じることになる。継承の計画は、起業家が直面する最も難しい問題である。計画しようがし

まいが、会社は誰かによって、どのようにかして継承されていく。キットと私がいなくなったら、だれがクリフ・バーを経営していくのだろうか？

継承のプランは、出来るだけ早く始めるべきである。信用と財産には注意を払って、万が一の場合に備えておかねば、継承者に税の重荷をのこすことになる。オーナーの死去の段階で、負債がなくて二億ドルの価値がある会社は直ちに信託され、一億ドルの税がかかってくる。継承のプランがしっかり確立されていなければ、会社は売却される。それが金銭のことだけならば問題はない。会社を売却し、税金を払うだけである。

しかし、もし会社そのもの、従業員、そして【会社の】価値を長期にわたって存続させようとするならば、しっかりとした継承プランが大切になる。なぜなら、会社が成長をするにつれて継承の計画も変更をされねばならず、継承と資産相続計画は決して終わりがない。驚いたことに、こうした準備をしている人は少ない。七億ドルの会社をもちながら、何の資産相続の計画ももっていない人もいるのである。

私のアドバイスは簡単である。会社がどんなに大きくとも顧問を雇い、出来るだけ早く資産相続計画を立てることである。次世代に残したいと願う大いなる遺産に、責任をもたなければならない。それは起業家としての仕事の一部である。

経営の継承はどうだろうか？　私の願いは、生涯を通してクリフ・バー社を所有することだった。しかしながら、あなたがこの本を読むころに、私はすでにクリフ・バー株式会社のＣＥＯではなくなっているかも知れない。ＣＥＯはすべからく、だれが自分たちの後を引き継ぎ、ビジネスを日々動かしていくのかについて考える必要がある。後継者となりうる人物、その人物を見つけるのは、継続可能なモデルの中心となるものなのだ。

パタゴニア社の場合が、この章を語り終えるにあたってのモデルとして適している。数年前に私は、その日のロッククライミングを終えた後、ヨセミテにある登山家のロン・クラークの家で、イボンとマリンダ・シュイナードと一緒にくつろいでいた。イボンがすでにパタゴニア社で日々の経営に関わっていないのを知っていたので、私は事業の継承について質問をした。彼の話を聞いて感心したのは、イボンの精神がいまなお社内で生き生きと息づいていることだった。イボンは、パタゴニアの経営を委ねるにふさわしい人物を探し出すまでに、数年の時間といくつかのトライが必要だったと語った。

クリフ・バー社の初期、私にはリサというビジネスパートナーがいた。二人は日々の経営をおこない、会社に理念をあたえ続けた。いま私は、もともとの創立者または起業家の存在と個性に、全てを任せるべきではないと信じている。次の第七章では、私がクリフ社の理想を、どのようにして組織的に、日々の活動のなかで実行しているかについて述べていく。会社は起業家中心から、理念を中心にするように動いていかねばならない——そのことを述べていきたい。

第7章

会社を維持するということ

私が熱望する5つのビジネスモデル

〝白い道〟を行くこと、あるいは最初の登頂をすることによって、私がどのようなリターンを投資から得るのだろうか？　私にとっては、サイクリングとクライミングは常に旅の全てである。私は夢見ること、計画すること、組織することが好きだ。私は装備や山に至るまでの道の旅、キャンピングそしてハイキングが好きだ。私は崖の先端で料理をすることとさえ好きだ。私のこうした「投資」に対する見返りは、山に沈んでいく太陽がまだ半分姿を見せている日没を眺めるとき、クライミング中に岩壁にいかしたクラック【クライミングのときハーケンを打ち込むのにちょうどよい裂け目を見つけたとき】【裂け目】を見つけたとき、肉体的にも精神的にも前進のために自分自身を追い込んでいくとき、あるいは仲間たちと笑いあうとき、などによって得られる。同様に、私はビジネスの全ての局面で、世界に対してなにかよいことができるアイデア、計画、チャンスなどを愛している。私は製品を創造し、製品化し、予算を検討し、他のブランドと競争し、尊敬できる人たちと共に働くのが好きだ。

キットと私が、自分たちの生活、金、時間のいっさいを会社に投資してから、投資に対するリターンはそれにふさわしいもの以上になっていった。ビジネスの世界は「投資にふさわしい価値あるリターンを、いかにして得るか」というただ一つの問いかけをする。「株主価値を最大化する」のが答えのボトムライン【最低の基準】である。

キットと私は、「投資をしてきた時間、金、感情の見返りとして、なにが欲しいのか？」ということについて、多くの時間語り合ってきた。「一年の終わりに振り返ってみて、何が自分たちを誇り高くさせるのか？」と自分自身に対して問いかけもした。それが金だけでないことは分かっている。クリフ・バーが末永く会社として健全であり、これからも〝白い道〟の旅を続けていくことも、私とキットにはよく分かっている。話のなかで私たちは、サステナビリティー【継続性】という言葉を再三再四口にした。環境プログラムを支えるために、ブランド力を維持したくないのか？　社員たちを、クリフ・バー社が何年にも渡って受けてきたのと同様に、尊敬と配慮をもって扱ってもらえるように、利益を維持したくないのか？

私たちが会社という形でおこなってきたことをかえり見たとき、投資に対するリターンは、次の五つの願望に煮詰められると思う。つまりブランドの継続性、ビジネスの継続性、社員の継続性、自分たちが暮らすコミュニティー【共同体】の継続性、そして私たちの惑星【地球】の継続性である。

アリー・デ・グースは『生きている会社（The Living Company）』の中で、西欧の法人の平均寿命は約三〇年から四〇年であると書いている。私はクリフ・バー社が、平均以上に長く健康的な企業生命を保って欲しいと願っている。私は第六章を以下のように書いて締めくくった。もし企業が長い時間を越えて繁栄をしたいのであれば、「起業家中心の動き方から理念を中心にするように、動き方を変えていかねばならない」と。二〇〇二年、私たちはクリフ・バーの理念を、五つの願いに基づいたビジネスモデルとして正式なものとした。私たちのビジネスモデルには持続性がある、と私は信じている。他の人々あるいは会社も、この理念中心のモデルを採用できる（あ

SUSTAINING OUR BRANDS

SUSTAINING OUR BUSINESS

SUSTAINING OUR PEOPLE

SUSTAINING OUR COMMUNITY

SUSTAINING THE PLANET

私たちのブランドを維持すること
私たちのビジネスを維持すること
私たちの社員を維持すること
私たちのコミュニティーを維持すること
この惑星（地球）を維持すること

私たちのビジネスへの願い
繁栄するビジネスに対するバランスのとれたエコシステム

るいは適応させることができる）と、私は思っている。それは、生き生きとした壮大な試みなのだ。

毎年の終わりに、私たちはブランド、ビジネス、社員、コミュニティーそれに惑星【地球】をいかに上手に守り、満足のいく状態に保ったかを注意深く検証することにしている。それぞれの願いは、投資に対する私たちへのリターンの一面である。

第一の願い——ブランドを継続すること　私たちのモホ（魔力）をもち続ける

バーがすべての始まりだった。従来のエネルギーバーに満足をしていない人々のごく自然な要望にこたえて、私たちは製品を考案した。この自然な要求と、経験豊かな、本物の、自然な成長を利用したのだ。ブランドは自然なペースで成長をしたが、その成長は予想したより早かった。ブランドが世に知られてすでに一〇年以上たつ。どのようにすれば、適切で、信頼できて、繁栄するブランドであり続けられるのか？　会社はすべて自社のブランド力を維持したい。私たちは自分たちのブランドを、ユニークなクリフ社の精神を発展させるもの、シンボルとして保ちたいのである。

第一の願い

ブランドを維持すること

私たちのモホ(魔力)をもち続ける

私たちのブランドが将来の世代の人々のために残り、私たちがどこから始め、何になっていったかを伝えますように。私たちはブランドという子供たちが、いまどのように形づくられているのか、私たちが生命を与え、成長の過程ではぐくみ、成人してからは世話をしてきた、そのわが子のいまを気に病んでいるブランドの両親が、私たちなのです。私たちは消費者の方々の声を熱心に聞き、自然な要求に沿っていきます。

私たちは栄養があって長もちし、その味が賞味した人の舌にのこり、もっと欲しくなるような製品を作ります。その品質で、妥協をすることはありません。そしてその成分は、地球にやさしく踏み固められていきます。

常に――注意深く、適応性をもって、活動的に

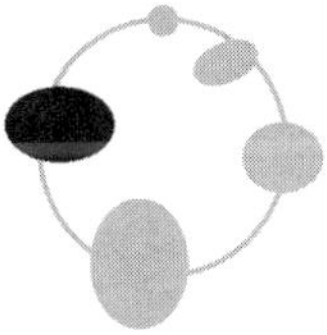

クリフ株式会社。私たちのブランドを維持する

*すべての事実と情報は、よりよくなるために

会社への栄養補給*

毎年の活動の記録

活動	一年目の違い
ACVの増加	10%
POPの配置	23500
品質保証	99%
R&D検査	10の3乗
クリフ社がスポンサーとなったイベント	>1000
スポンサーとなったアスリート	1000
ウェブへのヒット	>150000

内容を構成する要因
ルナフェスト、ルナ・チックス、アンバサダーズ、CIA、消費者サービス、貢献、乳癌基金、アスレティックス・スポンサーシップ、USPSサイクリングチーム、ビヨンド・ザ・ポーディウム、クリフ・クロス・チーム、季節の味、ニュー・フレイバー、モホバー、主なイベント(アルカトラズからの脱走、ラッコ、海兵隊、マラソン、シカゴ・マラソン…等々)、ダイレクトメール、小売実業家、戦略的プロモーション、コラテラル、フリーサンプル、品質保証プログラム、インハウスR&D、フィールドレップス、直接ならびに仲買い販売、

自然な要求

私はもともとクリフ・バーを、サイクリストや登山家のためだと思っていた――これは当り前の見解で、趣味から思いついたからである。ところが製品が出来上がったら、（幸福なことに）スポーツ愛好者以外の人たちからも好まれるようになった。私たちはいまもアスリートたちと密接な関係を維持し続けている。クリフ・バー社は、筋金入りのアスリートたちも雇うし、アマチュアからワールドクラスで一〇〇〇人以上のアスリートを支援している。そして私たち自身も参加する一〇〇〇以上のイベントで、もっと多くの競技者と出会っている。

この密接なコンタクトによって、これらのカスタマー【顧客】たちが何を欲しているのかを詳しく知ることができる。質問は次のようなものである。「あなたがここで競技に参加してるとき、何が欲しいと思いますか？」「あなたが商店で【欲しいけど】見つけられないもののうち、何を我々が作ってあげられるでしょうか？」

アスリートたちは自分自身の商品アイデア、パッキング、味、そしてそれが必要な理由を示してくれる。たとえばあるアスリートたちは、ゲル【ゼリー状に固化した状態のもの】にかわる、自然で、美味《おい》しいものはないかとたずねた。私たちは彼らにクリフ・ショットを与えた。別のアイデアの芽は、アウトドアショーで私が質問をうけたことから生まれた。「塩辛いポテト・クリフ・バーは作れないかね？」。彼らは甘い味にうんざりしていて塩辛い食べ物を欲しがっていたのである。

こうしてモホ・バーが誕生した。ルナ・バーは、ある婦人が低カロリーで栄養価の高いバーを欲しがっているのを聞いて、作りだされた。スポーツ愛好者たちは、実際に味がよく高タンパク質のバーが欲しいと言ったので、そこから二〇グラムのたんぱく質をふくんだクリフ・ビルダーができた。

消費者と個人的に時間を使うことは大切なポイントだ。それによって、マーケット側が供給する十分なサービスを受けていないと彼らがどのあたりで感じているのかを知り、私たちがまだ気づいていない潜在需要を見いだす。私たちは、消費者が欲しがっていながら、どこにも見つからない製品を作ろうと試みている。自分の欲しかった製品が見つかった消費者は、他の消費者に試してみるようにと薦めることもあるはずだ。

製品の売り出しに多くの資金をかければ、より多くの人々の興味を引くかもしれない。しかし、そうして獲得した顧客の多くは固定客にはならず、ビジネスを維持する限界を越えて販売促進に金をつぎ込み続けざるをえない状態をひきおこすだけだ。そのかわりに私たちは、消費者が要望する範囲で製品を提供することによって、ロイヤリティー【ここでは相互信頼関係の意】を築き上げたのである。

私たちは時間をかけて新しい領域を開拓し、消費者の底辺をひろげていった。個人経営の企業だから、会社の成長を我慢づよく待つことができたのだ。これら独自の活動は、私たちに一息つく時間を与えてくれることになり、従って自然な成長の流れに身をまかせることができたのである。もちろん私たちは、どこかが機能しなくなったら、プラグ【差し込み】を引き抜くだろう。しかしながら、もし私たちが人々の自然の要求から革新的で利益を生む製品があらわれる証拠を見つけたら、それをつかんで成長につなげていくつもりだ。

私たちはよく注意をして消費者の声を聴き、自然な要求を開拓していく。私たちは大規模な広告キャンペーンをうって人工的な要求を作り出していくのではなく、自然に、恒久的に消費者の要求と寄り添うように努力していく。

革新そして再革新

革新は、あなたが何者であるかという問いかけの中心に位置しつづける――私たちは次なる〝アァ、そうか！〟を発見して、顧客を素晴らしい、しかし予想以上の栄養価の高いもてなしで驚かせようと、絶えず実験を続けている。多くの例がある。クリフ・バー自体がエネルギー・バーのカテゴリーで、にがい錠剤から、健康的で、美味しく、携帯用の食べ物に枠組みを変えた。私たちはエネルギー・バーのカテゴリーにおいて、キャロットケーキ、チョコレートエスプレッソ、ブラックチェリーアーモンド、さらにすべての製品のレギュラーベースで新しい味を導入しつづけ、たとえばルナズ・ドゥルセ・ラ・レチェ（非乳製品のキャラメル）やレモン・ツェストのような独特の味を作ることから始めた。ルナは新しいカテゴリーを開いた――女性のために作られた新しい栄養価の高いバーである。私たちはモホ・バーで、別のカテゴリーを開いた。モホ・バーは脂肪たっぷりの塩気の強いスナックで、とくにトランス脂肪をつかったスナックに代わる選択肢として設計されたものである。二〇〇四年、私たちは平均でクリフ・バーの二倍のタンパク質を含む、おいしく、肌理《きめ》も多層になっているクリフ・ビルダーを導入した。

「クリフをビートルズのようにしたい」と私は会社で話したことがある。彼らはデビューした時代のメガヒットナンバー「アイ・ウォント・ホールド・ヨア・ハンド」を、もはや歌わない。なぜなら、彼らは絶えず進化しているからだ。私たちも常に消費者のニーズに応えられるように、自分自身を再構築しつづけている。自分たちのブランドが何のためにあるのかという中心の課題には忠実にとどまるが、常に新しい方法で新しい姿を現わすのである。クリフ・バーそれ自体は、数々の改造をくぐり抜けてきた。常に栄養の特性と原料を最新のものにして、製品として進化させてきた。一九九九年には、クリフ・バーにタンパク質、ファイバー、二三のビタミンとミネラルをつけ加えた。二〇〇三年には全てのクリフ・バー社のバーを、有機物原料に変更した。ルナは女性の健康増進のためにあるが、女性たちからの要求に応えて低炭水化物のバー、ルナ・グローを新たなラインナップに加えたときにも改良がくわえられた。

革新的で、高品質で、栄養の豊かな製品を作りだすには、かなりの材料とエネルギーを要する。ほんの一年か二年しか続かない気まぐれのために、すべての努力を注ぎ込むことなどは、ブランド力を長期間保ちたいと思っている私たちの目的とは合致しない。それに消費者の健康を増進させることにはならない気まぐれな計画には、とくに用心深くありたいと考えている。私たちは一時的な気まぐれではなく、トレンドを正確に把握したい。そしてあたらしい環境【コンテキスト】に合う製品のカテゴリーを、作りたいと思っている。

トレンドは世界を見るうえでの新しい方法である。少なくとも消費者は、しばらくその傾向にはとどまる。たとえば、私たちは低含水炭素が一時的な流行というより、明らかな食の傾向であると確認するまで待った。そして食の傾向であることを確認して、低含水炭素バーの生産に踏み切った。そのときがきたので、素早く動いたのである。

栄養価と品質管理

クリフの食品は、自然で、栄養価のある原料で本物の食品を作り、「人々を動かし続ける」という自分たちの哲学に従っている。原材料はできるだけ近い場所から購入して、構成している素材が過度に処理をくわえられていないかどうかで選別する。これはしばしば、材料の質をきびしく精査し、買入れ価格の交渉をかさね、クリフ社の製品の誠実さを維持するのであれば、原料価格が高くても買い求めることを意味している。

食品に関する私たちの哲学　人々を動かし続ける

クリフ・バー社で私たちは健康によい美味しい食品を作り、それらを味見する喜びを享受している。職業としてはベーカリーであり、その傍《かたわ》らではグルメコックとして、注意深く作られた優れた食物を人々が味わっているのを知る喜びを享受し、そして、そのことが私たちを元気づける。アスリートとしては、あらゆる努力をもって人々を支え、健康をサポートする食物を作ろうと決心している。そして個人としては、自分たちのビジネスが健全で、惑星【地球】の持続可能性に多く貢献するように願っている。これらの理想がクリフ・バー社で働く人たちを勇気づけ、意欲を高めてくれる。

包装されている食品は、健康によいものである。食品のラベルに書かれている材料を、いちいち理解しようとして、科学者の仲間入りをする必要はない。私たちが約束したのは、人工の味、色、防腐剤などを添加しない完全に自然な食品を作ることだからだ。私たちは燕麦、果物、ナッツの種を使っている。理由づけは簡単だ。食品は偏《かたよ》りなく、バランスのとれた栄養摂取ができるように提供されるべきだと考えているからである。

自然な食品というのは、高度に処理をされ、製法された食品よりも、はるかに多く（しかも自然なかたちで）、酸化や腐敗を防ぐ植物性化学物質、ビタミン、ミネラルを保有している。そしてリサーチの結果がごく自然に示していることだが、クリフの製品は、高度に処理されたバーとして、アスリートたちに持続性のあるエネルギーを供給する効力をもっているのだ。

私たちは製品すべてに有機物質の材料を使おうと努めている。有機物だけで育った食物、つまり有毒な殺虫剤や合成化学物質の使用をうけていない食物は、人間にとっても環境にとってもよりよいことは言うまでもない。だから、有機農業を支持するのは意義のあることだし、この形の農業は、毒性の物質から水、空気、土壌および野生動物を守る手助けをし、家族経営の農場に助力の手をさしのべ、私たちをより維持可能な食料システムの方向に向けて動かしていく。

会社あるいは個人として、私たちはこの惑星【地球】に長いこと影響を与えつづけている。だからこそ、私たちは、環境に対する影響を少しでも少なくしようとして、長い道のりを歩きだしたのである。オフィスの製品から、買い入れる原材料、製造される食品にいたるまで、全てのプロセスを点検している。私たちは、環境を再建し維持する社会の努力の一端をにない、同様な活動をしている方々を支えたいと思っている。

完全な持続性を実行することは目下夢の間にあるが、私たちはその長い旅に関わり続ける。地球の反対側から安い米を買い入れることはできる。しかしそれよりも、きちんとリサーチできて、その結果、産地や、農業従事者が土地と人々の世話をどのようにしているのかが明らかにでき、最良の処理がなされているところから米を買う。人工の添加物を使う場合でも、コストが安上がりになるという理由で化学物質は使わない。

以前、私たちの製品にコーヒーを入れていたときには、コスタリカのただ一つのプランテーションの協同組合からコーヒー豆を買い入れていた。もちろん他の組合や会社から、原材料を安く買うことはできる。しかし、誠実さと持続可能性に関わるコストは、品質が落ちることによってかえって高くなるのである。私たちは高水準のクオリティーコントロール【品質管理】で、製品の誠実さを保証している。クリフ社のような会社の多くが、自社工場をもたず、製造業者のところに出かけていって「チョコレートバーを作ってくれ」と発注する。チョコレートバーが出来上がるまで、契約した会社の担当者が現場に姿を見せることはない。きわめてまれにしか、発注した会社は、自社の社員を製品チェックのために使わない【品質管理も外部発注か相手まかせにする】。クリフ社では三人の品質管理者がフルタイムで勤務をしていて、ベーカリーを日常的に訪れている。私たちは社員を使い、品質保証グループが製品それぞれを査定するのを手助けさせている。

そして私たちは、味にこだわっている。クリフ社では、あらゆる部門の人達が製品の味見をする。こうして、製品の品質に厳密な注意がはらわれ、社員の大多数が専門知識をもつようになった。クリフ社の味覚の専門委員会はフェイブ・フレイブと呼ばれて、パネリストは特定の味のエキスパートである。全ての製品は、クリフが決めた水準をクリアしていなければ出荷されない。

顧客との接触について

私たちはきわめて密接なレベルで、顧客と繋がりをもとうと試みている。伝統的な宣伝はいちおうはやってきたが、競合他社は一〇対一くらいの比率で広告をうっている。私たちはエネルギー、

「あなたはバカなのか？」と、私はゲーリーについて思ったことがある。そう思ってしまったのは、ゲーリーの哲学である「最小限度の広告」、つまり新聞の日曜版にクーポン券もスロッティング・フィーズ【陳列をされている製品に対して払う金券】も載せないという哲学を聞いたときだ。大企業やビジネス・スクールでの私の経験から、これらの手段は大量の顧客を購買に向わせる基本的な手段だという考えが、私に染みついていた。これらの手段を使って大量販売をしなければ、年ごとに増えていく経費を賄《まかな》えず、従ってビジネスが成り立たない、と。

しかし幸いなことに、私はスポンジのように、学ぶことから常に知識を吸収してきた。このカルチャーショックの最初の経験からも、私は学んだ。私は観察し、質問をし、耳を傾けて他人の意見を聞き、本を読み、研究をし、経験を重ね、世界は黒か白かで分けられるようなものではないことに気づいた。会社の急速な成長に重点を置くという考え方や方向性が変化し、リスクに対する許容度が高くなったとき、ブランドの構築方法は無限にあることに気がついた。私の想像力は一気に爆発し、ブランドを長期間、そして新しい方法で継続させ、維持することが考えられるようになった。

いまや、クリフ社はより大きくなった。ブランド・オルガニゼーションという組織の一部となりえて、利発で、まっしぐらで、どのようにしてビジネスを組み立てていくのかについて経験豊かな基礎をもつ有能な人々を、私は捜している。もっと大切なことは、私自身が人物を査定する基準を深く理解したことである。彼らが新しい方法を調べ、開発し、発見するということを、心の中に課題としてもっているかどうか。その人物が、いかに経験を積んでいようと、胆力がなかったら、そして根性がなかったら、私たちのブランドを維持するに値する人物ではないのだ。
シェリル・オーロリン、ブランド部門の責任者

時間、金を、草の根レベル【グラスルートレベル】の活動に費やしている。マーケティング部門の予算の七五パーセントは、グラスルートの努力に注ぎ込まれている。多くの会社では、グラスルートには少しだけ取り組んでいるか、あるいは誰かにその役割を押しつけている。自社内でとりあつかうには、コストがかかり過ぎると考えているのである。私たちはそれが正解だと、決して思わない。グラスルートの活動に投資をするのは、顧客と直接の関わりをもつのが重要だと信じているからである。顧客が何を望んでいるのかを知ること、私たちがどこかで犯したかも知れないミスを見つけ出すこと、製品について語ること、私たちのストーリーを顧客に語り聞かせること。これらのことは、請負会社ではやれない。

クリフ・マーケティング・アンド・フィールディング・レプレゼンタティブスは、全国で五〇から一〇〇の所定の週末イベントでホスト役を勤めている。私たちがスポンサーになっている年一回のサウザント・プラス・アスリーツは、いまやクリフの大使になってくれた。大切なことは、私たちがたえず消費者と顔をあわせて話すところにある。文字どおり毎週何千人という人々に絶えず会っていると、新しく人々に接触する方法を見つけ出すか、作りだせるのである。

自らストーリーを語りかけるという方法に、私たちは依然として頼っている。女性のための映画祭ルナ・フェストのスポンサーになるのは、従来のマーケティングの感覚からすると、ズレているやり方なのかもしれない。何と言ってもルナ・フェストは数千人規模の祭だし、運営するにはきわめてコストがかかる。だが私たちの希望は、映画祭に参加をした人たちが乳癌基金（ルナ・フェストが支援している）と、もちろん私たちのバーに関するフィルムについて、もっと語ってくれるようになることである。

ザ・マウンテン・タウン・アンバセダー・プログラムは、小さな山の町のアスリートたちをサポートしている。このイベントは他の会社からは無視された。私たちは小さな山の町にでかけてぶらぶら歩きながら人々に会い、誰かがリフトに乗って、寒がっている人に帽子をあげたり、クリフ・バーのホットチョコレートをあげたりする。小さな地方のイベントのスポンサーになることとは（投下した）費用だけの効果は上がらない。しかし私たちは、クリフ・バーを支えるアウトドア愛好者にお返しをしたいのである。

私がブランドについて述べたことは、もし私たちが〝赤い道〟を行く会社だったら異なっていただろうか？　答えは「異なっていたと思う」である。もし〝赤い道〟を旅していたら、なにがマーケットでホット【人気がある】なのかを見て、「材料のXが人気スジだ。材料Xでなにか作って、売り込もう」と、いつも考えることになっただろう。私たちはきっと、低コストで製品をつくる製造業者のところにでかけて、「Xバーを作ってくれ」と言う。彼らはどのような味なら作れるかを言い、出来るだけ安いコストでバーを作る。包装業者には、「包装を作ってくれ」という。それから、大規模な宣伝をくりひろげて、一〇〇〇万ドルから二〇〇〇万ドル使い、ラジオ、印刷物、そして多分いくつかのテレビを使ってアド【広告】をうつ。〝赤い道〟では安い材料を使い、伝統的なマーケット戦略をとり、大々的な宣伝に金をかけ、系列の小売り店でプロモーションをくりひろげる——試験済みで、間違いのないやり方である

クリフは自然で、本物の生産物でスタートをした。長期間持続する私たちのモホ（魔力）をキープしたい。注意深く自然な要求にしたがい、私たちが大地を軽々と歩くのを手助けしてくれるような材料を使い、そして顧客と密接につながっていれば、それは可能なことだと信じている。

第二の願い——ビジネスを維持すること　私たちの方法で生きる

個人会社は、自分なりの方法で生きる必要がある。会社を成長させるために、私たちは大金を借り入れようとは思っていない。私たちは個人的なオーナーシップをもち続けることから生じる信用に重きを置いており、売却をするため会社を成長させようなどとは考えていない。むしろ社員や消費者たちに対して、クリフ・バーを成長させ維持し続けることを確実にする義務をもつ、と感じているのである。だから私たちは、クリフ・バーに不自然な成長をさせるよりも、時代とともにそれ自体の自然な成長をするよう、支えていくようにする。

抽出、再投資、利益

クリフ・バーの株主として、私とキットは投資に対して控えめなリターンしか求めない――つまり会社の継続の方が大切だということである。クリフ・バーから過大な利益をリターンとして抽出すれば、会社の健康を損なってしまう。過大な抽出をやれば、ビジネスのクッションとなるべき現金を失なってしまう。どの日でもよいから新聞のビジネス欄を読んでみたらよい。CEOたちが語る莫大な利益と報酬のストーリーがみつかる。私たちは法外な報酬をビジネスから得ようとするような、野心的なCEOではありたくない。長期にわたって続く会社の活動を支えたいのである。

クリフ・バー社は利益をだすためにあるのではないが、利益なしでは存続できない。ジム・コリンズは『よきものから偉大なものへ（Good to Great）』という著書の中で、「利益は企業にとって血であり、水である」と語っている。「血液のために生きている」とあなたは言われなくても、血液はあなたを生かし続ける。これと同様に、利益をだすことは企業にとって大切なことであり、いかなるビジネスにおいても初期のライフサイクルでは重要なことなのである。幸いなことに、クリフ・バー株式会社は初年度から利益をだしたし、現在も利益をだし続けている。

私たちの利幅は、売上げから生産コスト、販売費と一般管理費（SG&A）を差し引いたもの

第二の願い

ビジネスを維持すること

私たちの方法で生きる

私たちの会社が健康な会社として生き続け、力強く長続きして、将来の世代(ジェネレーション)のために生き残って繁栄しますように。この長期にわたる理想をなしとげるために、おのれの運命を自分自身でコントロールするため、個人所有の会社であり続けます。株式非公開のままになっている間は、成長の度合いを計りながら、私たちのやり方で生きられるように管理していきます。

この試みは、長期継続的なビジネスモデルを作ります。それは「忍耐対強欲」のモデルでもあります。短期間に利益を上げることではありません。長期間にわたる企業の健康の問題なのです。ビジネスとして健康であることは、私たちのブランド、私たちの社員、私たちのコミュニティー、そしてこの惑星【地球】を支ることに務める力を与えてくれます。

常に——注意深く、適応性をもって、活動的に。

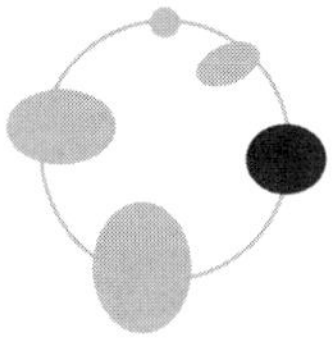

クリフ株式会社。
私たちのビジネスを
維持する

*すべての事実と情報は、よりよくなるために

会社への栄養補給*

毎年の活動の記録

活動	一年目の違い
純販売増	24%以上
マージンの増減	4%以上
経常利益	66%以上
在庫状態	3日分以内
負債支払	10日以内
DSO コレクション	5日以内

内容を構成する要因
債務の借り換え、フリーキャシュフロー(運転資金を加算して)、税務計画、低コストの商品、定期的な事業仕分け(再編成した上での売上げコストも含めて)、棚卸のレベルが低いこと、トレーニングと教育に対する投資。

――つまり費用を除いて残った部分である。私たちはまたＥＢＩＴＤＡ（経常利益）、つまり利益、税金、減価償却費、アモタイゼーション（割賦償還方式）を計上する前の利益を利用して、会社の健康状態をえぐりだすようにしている。製品の利幅に、経費を払う部分、および物事が計算通りにいかなかったときに支払いを可能にするクッション【としての現金】が提供できるよう調整している。私たちのゴールは、季節的な売り上げダウンのサイクルに備えたクッションを用意することと、毎年一定の利益を会社に還元することにある。

継続可能な会社は、利幅の中から十分な再投資を会社にたいして確実におこなわねばならない。端的にいえば、利益は会社に再投資すべきである。

成長率

赤い道を行く会社は、株主や投資家が「その年のリターンは、いくらあるべきか」と決めたことを基礎にして、年間の成長率を決める。会社はその結果、消費者の要求を十分作りださねばならず、成長予測に合うように、収益をあげるべく全力をあげる。これは資本を集中させるマーケット・プランの必要性を生む。巨額の金が実際の要求をこえて、設定された要求のために費やされる。

クリフ社は、意識的に作りだされたマーケットという人工的な要求ではなく、自然な要求のほうをサポートする。私たちのマネージメントはそのために、草の根のマーケティングなど、地道な活動ですでに作られているパイプラインをとおってくる製品の注文、注文予想、消費者動向の予測を集合して計画をたて、それらの数字を基礎にあきらかな需要にもとづく販売目標を設定する。新製品を販売する場合には、計画は控えめにたて、販売コストはクッションに組みこむ。たとえばモホ・バーをマーケットに送りこんだときには、初年度の売り上げに四〇〇万ドルを見こみ、二年度には九〇〇万ドルを見こんだ。しかしモホの初年度の売り上げは一二〇〇万ドルだった。急いで計画を見直したところ、二年度はよくて一二〇〇万ドルの売り上げしか上げられないだろうという結論に達した。

モホではそれほど収益は上げられないことは明らかだった。だがありがたいことに、費用を注意深くコントロールしていたので、船は沈没してしまうには至らなかった。モホに関しては過剰投資をしていたから、次の年には様々なコストカットをおこない、時間をかけてふたたび販売にかけるか、それともマーケットから撤退するかを検討した。数々のミスを分析した結果、新しい包装と味で再度売り出すことにして、保守的だと思われている地域で最初の販売をテスト的におこなってみた。需要がまだあるはずだ、と信じていたからである。私たちは製品が生き残れるかどうか、消費者に決定してもらおうと思ったのだ。

成長というものをどうとらえるのか？　選択肢は三つある。第一は、現在の販売のサイズとレートで、横ばいのままのレベルを目標とする。第二は、スピード感をもって、激しく成長をすることを目標とする。第三は、これら二つの間でバランスをとる。

結局、私はさまざまな理由から「三」を選び、バランスをとることにした。クリフの社員たちは、すでに紹介したように、競争意欲が極めて旺盛だ。分岐点を乗りこえたい、新しい考案や新基軸を成したいと張りきる。会社の成長は、社員たちにとって新たなキャリアを積む機会が提供されることになる。成長なしの政策は、レースホースをゲートから引き下がらせるようなものだ。

私たちは実行するときにはベストの仕事をするが、それでも競争的な行動と持続可能な成長とのバランスをとらなければならない。速すぎる成長は、クリフ社のエコシステムを支えている五つの願いをリスクにさらしてしまう。私たちは急激な成長を追い求めないことで、自分自身を守っていくことが必要なのである。

財務管理者としてのビジネス

CFO【財務管理責任者】の役目は、良心的な農夫に似ていると私は思っている。農夫は心をこめて土地の世話をして、そこに育つ作物が健康であるようにと日々努める。ビジネスに関わることは、常識という原則に従うことである。損益やキャッシュフロー【現金流出入】に絶えず注意を払い、在庫と受取勘定を管理し、売上総利益を保護する。私たちのCFOであるスタン・タンカは、会社の業績のよし悪しにかかわらず、金融市場や、銀行の動向に注意を傾けている。この注意深さが、主幹事銀行のバンク・オブ・アメリカとユニオン・バンクから借りていた資金の金利を【年利】約四％に変更して、借り換えさせることになったのである。これで支払利子八〇〇万ドルを節約した。

スタン・タンカ、財務の責任者

私はクリフ・バーの、財政および実行計画の遂行を手助けするビジネスの管理にあたっている。全てがきちんと動いているから、私もチームの一員ということになる（つまり販売をしなければ利益が得られない。だから、正式なリストにもとずいて注文をだし、集金をするということなどが、私の役目になる）。クリフ・バー社では、ワンマンショーをしても信頼されない。私は多くの時間をかけて、非ファイナンシャル部門の社員たちにファイナンシャルについて説明し、チームに完全な理解が浸透してから決定をするように手助けをしてきた。同様に、私自身もR&D【研究開発】や市場調査について理解を深めようとして、多くの時間を割いた。よいチームワークは、他の人々の仕事に関する不可解《ミステリアス》な部分を取り除くものである。

柔軟であることは、私の考え方に大いなる助けとなった。決定はいつでも変えられるようにして、その代わりバックアップ計画を常に用意した。それは帆船を操舵して、ドックに入れるようなものだった。予期せぬ一陣の風、水中に浮いている木材と競い合って船をドックに入れなければならないからだ。

一九九〇年代には、ビジネスに関わる人々も株主も、優秀な財務管理者の存在がいかに大切であるかということを忘れていたきらいがある。企業や投資家たちは、短期間の株価上昇に期待をした。彼らは、最も荒々しい夢さえ超えるような富の獲得ができるという予測を、しかも早急にした。もし会社が消滅したら……？　それはそれでよいのだが、会社が現金をもっている限り会社の消滅はおこらない。いまになって明らかになっているのは、過剰な期待を基礎としたマーケットは、それ自体維持することができない、ということである。長期間持続可能なビジネスプランで経営されている会社に投資する社内の投資家【自社株買いをする社員のこと】は、ふつう億万長者にはならないものである。だが彼らは十分な収入をもって引退することができるだろう。

私の両親は決して株式に投資をしなかった。彼らが投資したのは、控えめな州の年金プランだった。彼らは年金で月々の生活費を払っても、なお様々なことができるだけの余裕があった。彼らは、年金で充実した自分の人生の時間をもてたのである。ほとんどの人は貪欲ではない。彼らが望んでいるのは、きちんと生活ができて、安全に引退することなのである。

今日では、一九九〇年代の貧弱な財務管理の結果、多くの高齢者が、少なくなった収入で引退のあとの生活を余儀なくされている。彼らは自分たちで管理できない会社に現金をつぎ込んだ【これは無謀な株式投資や投機に走ったことを意味する】。会社のいくつかは破たんをきたした。これは長期間にわたる持続可能な成長が重要なのに、経営者が短期の利益獲得に走ったからである。成功する会社というのは、長期に持続可能な会社のモデルに従うものである。要求に応じて生産をし、確実に利益を上げ、（突発的な事態に備えて）クッション【現金】を用意し、継承【連続性】についてのプランをもっている。偉大な会社は、常によき財務管理を実行しているものである。

「アメリカ株式会社」は、あまりにしばしば短期に過剰な利益を求めすぎる。そうした基準は、長期に継続を維持しようとする健全な会社の最低基準《ボトムライン》とは相いれない。

第三の願い――社員を支えること　人生を精一杯生きるために

私たちの会社はお互いに面倒を見合う。こうした社風の会社は、他では見たことがない。私たちはゲイであったり、ストレートだったり、アスリートだったりコーチだったり、ポテトだったり、ミュージシャンだったり音痴だったり、ブラックやホワイトだったり、ラテン系だったり。つまり我々はすべてなのだ。故郷に帰ってきたんだ！

クリフの社員

社員たちの面倒を見ること。単にその年の生計をたてさせるだけではなく、彼らが会社と共にずっと暮らしていけるようにビジネスを立ち上げて、維持すること。クリフ・バー社の売却話がおこる前、人々は「ここをジョブホッピング【転職】の終点にしたいものだ」と言いながら会社にやってきた。会社売却が進行したとき、私は彼らの目を見ることができなかった。

いま私には、クリフ・バー社の社員に対して責任があると感じている。彼らの幸せが大切である。ビジネスリーダーたちは、よく社員の処遇の改善を口にするが、現実的には、働く意欲をおこさせる最後の手段とみなしているだけである。言葉ではなく、実際に待遇をよくすればするほど、社員たちはよく働いてくれるものなのだ。

これは会社というものを考えるとき、見方のボトムラインになる。私はそうした意見をもっている。年間二〇八〇時間を、人々は勤務場所で過ごす。もし私たちが彼らに意義のある仕事をあたえ、かつそれ以上のものがそこにあれば、人々は仕事をきちんとこなすし、健康で、よりバランスのとれた生活を営むだろう。

適任者を見つけ、保持すること

社員を支える最初のステップは、採用のときに正しい人選をすることである。クリフ・バー社に応募してくる者は、もちろん仕事の技倆を証明しなければならないが、そのほかに、一緒に働くときに、その人物が職場によい雰囲気をもたらしてくれて、さらに何かを私たちの文化につけ加えてくれる、そういう面も求められる。人的資源の発掘は直感に頼るし、同様に、社員の採用を担当しているグループの本能的な勘にもよる。もし新入社員が〝赤い道〟を行きたがる人物だったら、長くは当社には留まれない。私たちが求めるのは、クリフ・バー社の評判、製品、価値

第三の願い

社員を支えること
人生を精一杯生きるために

クリフ株式会社。
社員たちを支える。

私たちのビジネスが将来の世代と共にあり、人々が生きたいように自らの人生を生きられるようにする。貢献し、学び、そして成長する場を人々に提供する。常に会社に活気があり、知性に満ちていること、そして創造的な人間が関わり、社員たちが最高の仕事ができるように激励することが私たちの務めであると、忘れないでおく。

ひとりひとりの身体、考え方、心、魂のことを考えながら社員を育てる。会社はそうした環境の中でこそ繁栄する。社員たちは、仕事をひとつ終わらせるための手段ではない。社員こそ会社なのだ。

常に――注意深く、適応性をもって、活動的に

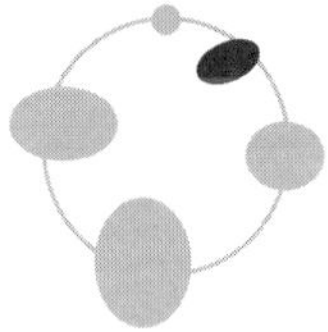

*すべての事実と情報は、よりよくなるために

会社への栄養補給*
毎年の活動の記録

活動	一年目の違い
マッサージ	480
ジム・クラス	71000
公現祭のライド(マイルの合計)	6782
木曜の朝のミーティング	52
ジャイアント・ホーム・ゲーム	81

内容を構成する要因
アニューアル・インセンティブ・クラス、公現祭のライド、マティニー&ウィニー・パーティー、会社のピクニック、キャンピング旅行、スキー旅行、SFジャイアント・シーズン・チケット、40アイアンシェフ・クックオフ、ジム、ウェルネスプログラム、コンシェルジェサービス、素晴らしいホリデーパーティー、研究のための休暇、90／80ワークウィーク、ボーゲル、ドーナツ、ミュージック、コンサート。

観にひかれて応募してくる人物なのである。つまり、〝白い道〟を旅したい人たちなのである。

代償

二〇〇二年、ある会社のホームワークは、アルとローラ・ライズの本『商標をつける二二の不変の規則』を読んで議論をすることだった。それと関連しているホームワークとして、クリフ社では、心理学アブラハム・マズローの欲求段階説の観点からみて、顧客がなぜクリフ・バーを選ぶのかということを研究していた。マズローによれば、食物と水といった基本的に必要なものは、人々が音楽を楽しんだり社会の信条に参加したりするより先に供給されなければならない、とある。私はこの本と欲求段階説について討論をするため、五、六人からなるグループとランチをはさんで対話をしてみた。

討論のあとで、私は社員たちに、なぜクリフ・バーで働くのかその本音をたずねてみた。驚くことではなかったのだが、社員たちがジムを利用して楽しんだり、マッサージをうけたり、社内の美容院で眉毛をぬかれたりするサービスをうけることが、クリフ・バー社に勤務するかれらの主な理由ではないことが分かった。マズローのいう食料と水のように、「代償」が基本的な理由なのだ。

私たちが正当なマーケットレートを支払うことは決定的に重要であり、そうするためには経営努力を継続することが必要になる。クリフ社の役員であるタオ・ファムは、サラリーが正当であることを保証するために、サンフランシスコのベイエリアのマーケットレートを、六か月ごとに分析している。クリフ社は可能な限りの報酬のセットを、私たちの規模のような会社が利用できる利点（税金の免除など）をふくめて社員に提供している。

私は自分の手腕や直感や勘を信じているから、それがおそらくＨＳ【Human Resource, 人材開発部】の人々から私を際立たせているのだろう。私は、メトリックス【測定基準、ソフトウエアの用語としてよく使われる】、能力評価基準で社員を減らす研究、仕事の場や仕事上でのライフサークル【生活循環】で起きる人間の諸活動で、新人の採用から、雇用、解雇に至るまでを、「法人のグル【導師。コンサルタントなどのことを指している】」から下りてくる慣習的方法やモデルのセットで判断すべきなのかどうか、かなり疑いをもっている。社員たちは皆よい仕事をしたいし、成功をしたいと、一日の終りには思っていると信じている。そう思っている人たちを、私たちの一定の環境の中で選び出すことが、私の仕事なのだ。いったん彼らがクリフ・バー社で働きはじめたら、私の務めは正当な対価を支払い、諸々のサービスを提供し、個人として成長する機会を与え、「クリフ・バーは君自身および君のビジネスがもたらした会社への貢献度を高く評価しているのだよ」と言っていくつかの驚きを与えることにある。

ディビット・ジェリコフ

クリフ・バー社はストックオプションの代わりに、会社の業績ならびに社員の業績を基礎にして、年一回ボーナスを支給している。医療、歯科、視力の治療、生命保険料および身体障害者保険料の補填もおこなっている。クリフ四〇一（k）救済計画では、社員への貢献に適合するようにしようとしている。もう一つの〝基本的に必要なもの〟は住宅供給で、これはサンフランシスコ・ベイエリアでは厄介な問題である。そこで私たちは、最初の住宅を買う人には、彼らが業者に支払った手付金相当分を低金利のローンとして貸し付ける方式をとっている。

学習と成長

私たちは社員たちが学び、成長し続ける方式をとっている。その一つは、職業開発センターを設け、外部から専門家を招いて教鞭をとってもらうというものである。社員は学び合う楽しみももてる。私の人生経験からいえば、この種のクラスはいかなる正統的なクラスより長続きする。

私は多くのことをカリフォルニア・ポリテクニック大学で学んだが、本当の学習は仕事をとおして身につけた。クリフ・バー社では「リスクをとれ」「新しいことを試みろ」そして「長年の経験をもつ尊敬すべき人たちから学べ」と社員に奨めている。例はいくらでもある。トム・リチャードソンはワールドクラスのロッククライマーだったので、大学に行く暇などなかった。彼は展示会での包装の仕事からスタートしたが、あらゆる機会をとらえて「仕事中の学習（on-the-job learning)」で学び、いまは調査開発部で働いている。ブランドン・フロイドはやはり倉庫の仕事からスタートしたが、販売にうつり、今ではセールス・フォーキャスティング・コーデネーター【販売予測進行担当】である。クリフ・バー社では、人はそれぞれの方角にむかって成長していくのである。

ウェルネスについて　一生懸命働き、一生懸命遊び、そして回復すること

私の最悪のサイクリング・イヤーは、トレーニングをし過ぎたときだった。春のレースではよい成績だったのに、夏になるとダウンしてしまった。その反動で、私はもっと激しく練習し、より多くのマイルを走り、その結果、回復不可能なほどの状態に落ち入ってしまった。そのシーズンをあきらめたときには、あまりの能力の低下にディプレッション【鬱状態】さえおこしていた。しかも、トレーニングさえ嫌いになっていたのだ！　アスリートやトレーナーは、練習の仕方が、量の問題ではなく質の問題だと言った。あまりに激しい練習を長時間やると、回復には二倍の時間がかかる。だからトップアスリートたちは、練習と本番、休息と回復の間で努力をするのである。ビジネスでも、人々は同様のパターンを踏むと思う。四時間ぶっ続けでデスクにしがみついて休憩なしで仕事をし、トイレにもいかなかった人たちを、私は知っている。

クリフ・バー社では社員たちに一生懸命働いてもらいたいが、彼らには休憩も取ってもらい、

回復する方法を考えてもらいたいと思っている。それは建物の周りを散歩することでもあるし、ベティのオーシャンビュー・ダイナー【簡易食堂】に行ってコーヒーを一杯飲む、ジムか、マッサージか、ヨガか、編み物のクラスに行くか、あるいは静かな部屋に行って椅子に身体をあずけて音楽を聴くことかもしれない。私たちは社員が最適な仕事と回復のサイクルを見つける手助けをしたいのである。

会社も休憩と回復が必要である。私は数年間、自転車の座席を作るイタリアの会社セレ・イタリアで働いた。セレ・イタリアは、ヨーロッパの他の会社と同じように休暇の間は会社をクローズする。このことから私は、個人が回復するには休暇が必要なように、会社も休暇が必要なのだということを学んだ。そのため私たちは一二月二五日から新年までオフィスを閉めている。休暇中にオフィスに電話をかけたがる人がいるが、電話に応答する人がいなければ、そうした誘惑があってもどうしようもない。このホリデーブレイク【休暇】は会社の都合によるもので、個人の都合ではないから、個人の休暇とはみなされない【つまり給与は支給されるということ】。これはクリフ式のリニューアル【再生方式】なのである。

クリフ社は「研究休暇のプログラム【サバティカル。有給休暇であるが、研究のための有給休暇という意味で、通常大学教授などに与えられる】も用意している。七年ごとに、有資格者には三か月の研究のための有給休暇があたえられ、無給で研究を続けられる、さらに三か月の休暇延長の可能性が付随している。この方式により、社員たちは生活のほかの部分をさぐる機会がもてる。

クリフ・ジムとダンス・スタジオ。――ポール・マッケンジー撮影

チェルシアはタップダンスを選び、パナマとコスタリカに旅行をした（彼女にとって、最初の合衆国の外への旅だった）。カサンドラは学校に戻り、大学の卒業資格を目指して勉学を再開した。ダニエルは彼が最初に愛を感じたもの、音楽とふたたび結ばれて、彼自身の〝白い道〟に従うことにした。彼は音楽をフルタイムでやることになった。彼を失うのはさびしいが、私たちは彼の旅路がよかれと願う。

クリフのウェルネス【健康増進】プログラムは、社員の身体的、感情的、そして精神的な必要次第となる。ジャネット・ミニックスは私たちにとって〝健康増進のデーヴァ【神。サンスクリット語】〟だが、広範囲にわたるサービスプログラムを組み立ててくれた。クリフ社の倉庫のよう

私がクリフ・バー社にやってきたのは一九九九年の四月で、フォーチュン五〇〇社での二十数年間の勤務から引退した後のことだった。引退してから二年目に、私はまだ管理職の靴を脱ぐには早すぎると気づいた。そのときクリフ・バー社を知ったのである。なんという会社だったことか！私が面接を受けた日、二匹の犬がオフィスをうろついていた。いまでも思い出すのだが、犬たちが私に向って吠えたり、かみついたりしないように願ったものだ！　社員たちはサンダルの音をパタパタ鳴らして歩き回り、膝から下を切ったジーンズをはいていた。トレーニング服を着て、首にはタオルを巻いている者もいた。それは混乱状態のように見えたが、会社は活気に満ちて、ビジネス

が躍動しているのが見て取れた。〝この場所の一部になりたい。つまり、参加したい！〟と、私は思った。

私がクリフ・バーに参加したときには、まだウェルネスプログラムはなかった。小さいがよく設備の整ったジムがあり、トレーナーが二人とヘッドコーチがいた。私はトレーナーたちと一緒の時間をもって、もっと違ったクラスがもてないのか、あるいはキックボクシングやヨガのインストラクターは招けないのかをたずねた。プログラムに、身体のフィットネスに関する構成要素は増えていった。次のプログラムは、ウェルネスプログラムの健康のサイドだった。ベーカリーがベースとなっている部門の社員の約八九％が、我々の提供した集団健康診断を一度か二度うけた。最後に、コンシェルジェの一団がごく当たり前のように参加してきた。我々は彼らの健康をスクリーン【検査すること】して、チェックした。会社がオファーしているのは、彼らのストレスを減らすことなのである。

次になにがやれるだろう？　現場での歯の治療？　携帯式犬の手入れ器具？　いまの私にはまだ分らないが、私は社員たちを査定して、ウェルネス・ウェブサイトをチェックして、クリフ・バーの人々を底辺で支える方法を探している。いまの私は、クリフ・バーのウェルネス・マネージャーである機会を得たことが、いかに幸運であるのかを知るのみである。これは私にとって決して忘れ得ない経験になるだろう。

ジャネット・ミニックス。ウェルネス・デーヴァ

なビルの広々とした空間には、プレーステーションとワークステーション【仕事場】が同居している。最新設備のジム、ダンス・スタジオ、二階建て分の高さがあるクライミングウォール【ロッククライミング練習用の人工の壁】もある。クリフ・バーでは、勤務時間中であっても参加できるフィットネスクラスを、週二〇回以上提供している。二〇〇三年には、次のようなクラスが用意された。スピニング【屋内サイクリング】、キックボクシング、ファット・バーン【脂肪燃焼】、サーキット・トレーニング、ウォーキング、ランニング、ウエイト・リフティング、気功、武術、ピラテス・メソード【体操の一種】、ステップ・エアロビクス、ダンス・エアロビクス、強化トレーニングにヨガ。一週間を通じて一対一の授業で指導をしてくれるトレーナーがいるし、週末にはトレーニングのためのサイクリングがある。クリフ・バーの社員たちは、コンディションを整えるために、給与の支払いを受けて週二時間半のトレーニングに参加できる。最近のジャネットの言によれば、九七％の社員がフィットネスのプログラムに参加しているという。

多くの社員たちは、仕事が終わると時間を浪費する用事などせずに、まっすぐ家族のもとに帰る。クリフ社では社員の一日のストレスを軽くするために、労働時間が短く感じられるように、コンシェルジェ・サービス・プログラムをスタートさせた。このプログラムでは、安いコストで週二回、ランドリーとクリーニングのピックアップサービスを提供する。クリフ社はそのほかに社員が個人的に使えるように、現場に洗濯機とドライヤーを備えつけている。ヘアースタイリストが社にやってきて、散髪をしてくれる。グリィフィン・モーター・ベルケ【自動車会社】は車をピックアップして、サービスをほどこして、クリフの駐車場にもどす。自動車のディテイラー【メーカーが派遣する販売支援担当者、または業者】が木曜日にやってきて、社員の車を洗い、ワックスをかけ、細かな手入れをする。ケータラー【仕出し屋】と契約をしていて、社員は夕食を作ってもらって仕事場に運んでもらう。週に二回、トップクラスのマッサージ師に出張マッサージにきてもらう。私たちの希望は、これらのサービスで社員の勤務の一日が短くなり、ストレスが解消されることにある。

クリフ・バー社では、遊びもまた真剣におこなう。プレイルームには、ビリヤード、シャッフルボード、ゴルフの打撃練習場が備わっている。週ごとに自社のバスケットコートで、バスケットボールのゲームとトーナメントが組まれている。スキー旅行、キャンピング、ロッククライミングの旅、毎年恒例のマティニー&ウイニー・パーティー、休日パーティー、ファミリーピクニック、毎年恒例の公現祭のサイクリング、毎週おこなわれるバーゲル・アンド・ドーナツなど、これらは社員たちが共に楽しめるもののいくつかである。

バランスのとれた生活を送るべきだ、と私は信じている。クリフ社でも、ときたま深夜まで仕事をすることはあるが、通常オフィスは五時か六時には終わっている。それに加えて、クリフ社には九〇／八〇のプログラムというのがある。これは二週間に一〇日ではなくて九日勤務をすることである。つまり一週間おきに三日連続で休日になり、登山をしたり、スキーをしたり、自転車に乗ったり、旅行をしたり、休んだり、家族や友人たちと共に時間を過ごしたりすることができるというのである。

仕事における意義と目的

クリフ社にくるまで、私はかつて会社のために、良心と共に仕事をしたことがなかった。

クリフの社員

かつてマズローに関して討論していた時、社員が私に言ったのは、〝仕事をしていて気分がよい〟ということであった。「なぜなら、クリフ社がしていることを信じられるから」。社員たちは、私たち経営陣が一定の価値観に基礎を置いた決定をおこなっていることに、敬意を払っていたのである。彼らの多くが、私たちのコミュニティー・サービス・プログラムと持続性のある主導を、クリフ社にとどまる理由のリストのトップに挙げている。中には会社の価値を、給与と同等の位置にあげたものもいた。彼らはクリフ・バー社での仕事に、意義を見いだしたのだ。

グラスルート【草の根】マーケティングに参加することは、彼らの仕事をより意義あるものにしているのだと、私は思う。会社のだれでもよいから、クリス社がスポンサーになっているイベントに行ってみるといい。ルナ祭、野外サイクリングレース、マラソン――どれでもよい。マラソンに参加して走りたいと思っている社員は、一日早く会場に行ってクリフのブースで働き、顧客と顔を突き合わせて話をしようと思うかもしれない。これをやる社員は、顧客の眼に喜びの色があるのを見て、自分たちの懸命な仕事の結果を直接経験するだろう。私たちは会社の全ての部門に、だれでもよいから、顧客と直接、接するように奨めている。なぜなら、それが彼らの仕事への理解を深め、仕事に対する関わりを深めるからである。

モラル

クリフ・バー社では　モラルへの注目が最優先事項になっている。仕事に恵まれない不運な社員は全力をあげないし、創造的でもない。彼らは職場関係にネガティブな影響を与える。正当な代償、意味のある仕事、価値観、人間としてまた職業人としての成長、そして厳しく学び、熱心に働き、夢中で遊び、よい関係をもつことは、モラルにポジティブに影響する。

ビジネスで成功したら、仕事と共に成長することと人間的に成長することは人生での事実となる。一九九四年クリフ・バー株式会社は、六人の社員でこの年を終えた。二〇〇三年の終わりには、一四〇人がクリフ社で働いていた。私にはよく分かることなのだが、社員たちは会社が成長をして変化をしていくにつれて、今度は心配をし始めた。経営陣の価値観は変わってしまうのだろうかと考える者があらわれたし、大企業から転職してきた新人が職場に入ることを好まない者もあらわれた。私が日々の計画をキー・マネージメントに手渡すのを見て、クリフ・バー社が本来のコースにとどまるのかどうかをいぶかる人々もでてきた。クリフ社はもはや、トーナメントを勝ちぬこうとする小さな会社ではなかった。

会社が成長するにつれて、協力し合うという文化に変化が起きた。もし成長と変化が注意深く管理されなくなれば、会社の一番大切な財産である社員に影響を与えてしまう。私たち経営陣は、このことに最大限の注意を払った。一つ間違えれば、モラルの崩壊をもたらすことを知っていたからである。

私たちのビジネスの中心にあるのは、社員を維持することだ。雰囲気がよく、健康的な職場というのは、再投資に値する場なのである。素敵で楽しい職場は、それ自体が自己目的なのだ。私たちは、社員たちが、満ち足りたバランスのとれた生活を送ることを望んでいる。

第四の願い――コミュニティーを維持すること　ギブバックをする

クリフ・バー社はいわば贈り物である。私は会社を成功させたいと望んではいたが、最高の夢をみたときでさえも、このように大きくなるとは思わなかった。クリフ社は、より広いサークルつまり家族、友人、販売店、小売店、消費者、それに好意を寄せてくれる人たちとの間にギブ・アンド・テイクの関係を築いてきた。この幅広い結びつきがなければ、こうしたことは決して起こらなかっただろう。そのことを、キットと私はよく知っている。私たちを育ててくれ、たえず

第四の願い

コミュニティーを維持すること

ギブバックをする

私たちのコミュニティーが、将来世代への願いである“ビジネスには心があること”に刺激をうけ、私たちがサポートをしている人たちのすぐれた活動を記憶していてくれますように。私たちが関わっていく、その土台を定義づけている寛容、想像性そして勇気が、将来への理想と会社の遺産を形作りつづけていけますように。

コミュニティーの一員として、私たちは会社の利益と時間の一部をコミュニティーに還元して、私たちの地域社会からグローバル【世界的】な環境、社会、文化の必要性を支え、世の中がよりよくなるように奉仕をします。コミュニティーとその成立に奉仕するのは、副産物ではなくて、私たちのビジネスの願いなのです。

常に——注意深く、適応性をもって、活動的に

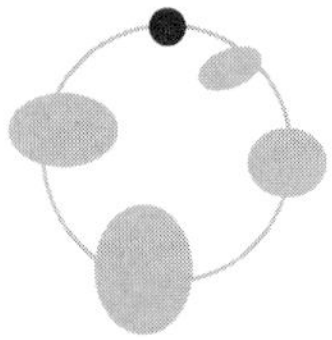

クリフ株式会社。私たちのコミュニティーを維持する

*すべての事実と情報は、よりよくなるために

会社への栄養補給*

毎年の活動の記録

活動	一年目の違い
デリバリー・ミール	792
救助された動物	2
包装された食べ物箱	504
BORPのライド・マイル数	144
保存されたコース	5
実行したインシュリン注射	4275
寄付した自転車	32
2x4ネイルド（ツーバイフォーのハウス建築のための釘打ち）	2000

内容を構成する要因
サンタ・クララ社、ダイベティス（糖尿病）協会、乳癌公園ハイキング、人類のための生息地（HFHI,NPO 団体）、子供たちのためのスポーツ、お父さんとお母さんのグリーン、ベイエリア福祉ワーカー・リザベーション・プログラム、ファイブクリークの友人、ミールズ・オン・ウイールズ（車輪の上で食事）、コースの選択、ADSウォーク、PAWS、シンデレラ・ライド、サークル・オブ・ライフ、身体障害者スポーツ学校、イーストベイの消防士たち、イーストベイ・プライド、ローズ・ディ、ジョージタウン・ハイスクール、ブローワー・ユース、リード・アラウド・ディ（声を出して読む日）、ベーカリーのブースター、マァーキー基金、白血病とリンパ腫協会。

成長を助けてくれたコミュニティーにお返し《ギブバック》をするのは、当然のことだ。

数多くの会話の中で、キットが言ったことがある。「クリフ・バーには、よいことをしようというパワーがある」。彼女はクリフ・バー社に、もっと影響を与え、もっとものごとを変化させ、もっとコミュニティーにお返しができる、より一層強いパワーがあるとみている。会社を売却しなければだが。

コミュニティーへの供与はクリフの五つの願いの一つである。会社は毎年いくらかの追加利益を上げるので、私たちのすることとは特別なことではない。自分たちの資金の一部、働く時間は、常にコミュニティーの意義のためにある。私たちはローカルでもグローバルでもコミュニティの一部なのだし、信頼される市民であることを願っている。

アメリカのツーリストは、余りに他国の文化に対して不作法で、しばしば無神経だといわれている。友人ジェイと私は、自転車旅行をしているときでも世界の中のよき市民であろうとしてきた。私とジェイは心からその地の人々と文化を尊敬し、礼儀正しくふるまってきた。同様に、クリフ・バーもカリフォルニア州バークレイで、隣人に対して細かく神経を払い、よき市民であろうと努めている。デビット・バットストーンは、その著『協力する魂を救うこと』で、会社にたいして「彼ら自身がマーケットであるのと同様に、コミュニティーの一部でもあるということを考えよ」とうながしている。ビジネスはその地域の一部であるべきで、支配などすべきではない。人々は通りをはさんで、私たちのオフィスと向かい合って住んでいるのだ。

NPO団体、Habitat for Humanity（人類のための生息地）と共に家を建築中のクリフ社の社員

隣人の声に耳を傾けるのは、大切なことである。私たちは近隣に毒素をまき散らさない。もし周辺地域に影響を与えるような計画に着手するときは、まずコミュニティーにそのことを知らせる。クリフ社は近隣社会にとって透明性の高い存在でなければならないと信じている。

会社がスタートする段階から、リサ（私の以前のビジネスパートナー）と私にとって、博愛主義への努力は大切なことだった。何年にもわたって、私たちは多くの運動——たとえばエイズの問題、環境問題にたいする活動、健康に関係する組織——を製品の無償提供、社員の無償労働奉仕または現金による貢献で支えてきた。クリフ社の社員がエイズ患者に食事を届けたときには、手間賃を支払った。ハビタット・フォ・ヒューマニティー【人類のための生息地。略してHFHI。貧困者救済活動のNPO団体】と共に貧窮者のための家を作り、サーフライダー財団と共に海岸の清掃にいそしみ、給食施設で食事を出し、人々に読み方を教えた。一九九九年、社員の三分の二が、様々なエイズに関する基金集めのサイクリングにサイクリストとして参加をするか、スタッフをサポートした。クリフ・バーは参加の費用を支払い、社員の休暇日数から参加の日数を引くようなことはしなかった。

初期の段階では、参加することへの決定、つまり「どのように?」「どこで?」は形式ばったものではなく、ごく自然なものだった。しかし二〇〇一年になって、「創造性があって貢献度の高い社員のグループ」が集まって、クリフ社はそろそろボランティア活動を正式化するべきだと決定した。こうしてプログラム二〇八〇が誕生した。私たちは初めに、社員の年間労働時間二〇八〇時間という数字を、プログラムに関わらせた(フルタイムで勤務をする社員一人当たりの年間労働時間である)。これは社員たちが選んだ名称だった。二〇〇四年、私たちは名称を二〇・八に変更した。これは、年間に社員一人あたりに支払われている時間給の金額である。サービスプログラムも、国際的なオプションが加えられた。つまり発展途上国でボランティア活動をする機会が含まれたのである。この国際的な活動へのオプションは、社員たちにとって、初めて世界の貧しい国々で、そこに住む女性や男性、子供たちに面と向いあって関わりあう難しい挑戦となった。クリフ社はその機会を提供し、それは同時に、現地の住民がコミュニティーで必要としている貢献を確実におこなう機会を提供することになった。

私たちのブランドとビジネスを維持するために、コミュニティーへのサービスは必要なのか?

正直に言えば、多分必要ないだろう。伝統的な考え方でビジネスをやっていけば、地域サービスなしでも私たちは会社として生き残れる。しかしそうすることは、クリフ社の魂の一部を取り去ることになる。コミュニティーへのサービスは、私たちの会社が何者なのかを知る上で大切である。それは社員たちを支えるためにも貢献している、と私は信じている。地域活動に参加することと、それはハンマーと釘とペンキ塗りのパーティーみたいなもので、NPO法人HFHIのため

コミュニティーにお返しをするのは我々の特権だと思い、私は常に他者を手助けする経験に価値を置いてきた。プログラム二〇八〇で我々が手をさしのべた人々——それが糖尿病に苦しむ小さな子供であれ、温かい食事を味わっている大人であれ——その人たちの温かい笑顔、心からの笑い、そして喜びと悲しみの涙には心を動かされてきた。彼らは、我々によって「もっと勇気をもって！」と励まされた。そして我々は、彼らから「謙虚であれ」と教わった。コミュニティーにお返しをすることはとても大切だと、私は思っている。

コミュニティーサービスをしていないクリフ・バー社を、私は想像することはできない。そのように想像してみたが、どうしても姿が浮かばないのだ。クリフ・バー、それは人々に心を配って世話をするグループなのだ

タオ・パム。人材開発部門の役員。プログラム二〇八〇の責任者

に家を建てることを通して、社員たちは会社のあらゆる部門の人々と付き合いを深めるであろう。異なった部署から集まったクリフ社の社員たちは、数々の異なった組織を援助しながら共に時間を過ごす。ボランティアの間で仲間意識が強くなり、彼らは彼ら自身と会社のために役に立っているという、よい気分で活動を終えることができるのである。

パートナーシップとスポンサーシップ

スポンサーシップを考えるとき、私たちは質問をする。スポンサーになる理由を心から信じているのか？　スポンサーになることで、本当にそのグループを援助できるのか？　スポンサーになることは私たちが普通やっている仕事のひとつだが、これによって直接的なマーケティングの機会が提供されるのか？　あるいは、私たちのブランドと、私たちが後援するグループのブランド力が強化されるのか？

その答えはルナがＴＢＣＦ【乳癌基金】とやっている仕事で、「クリフ社のスポンサーシップがどのようなものか」を完璧な例として示すことになる。第一に、乳癌という病気は私の近辺でおこったことだった。私の母が乳癌を患ったたし、この病は社員の多くにも、個人的な影響を与えてきた。第二に、ＴＢＣＦがアプローチしようとしている問題点が、私たちが情熱をもって取り組む信条に一致する——基金は、乳癌の発生原因を阻止する環境の問題、およびその他の問題を認識して、乳癌撲滅を主張をしている。クリフ社のスポンサーシップは、具体的な方法で多様にTBCFを援助をしている――たとえば、ルナは乳癌基金のロゴマークをアメリカ全土で販売する全てのバーの包装に印刷している。また多くの全国的なルナのイベントでは、乳癌基金に関する資料を配ることで社員の時間を提供し、多くの基金提供者にはルナ・バーを進呈している。これに加えて、ルナの売り上げの一部は、直接乳癌基金に払い込まれている。クリフ社は単体としては、最大の基金提供者である。

私たちは基金を募る特別なイベントでも、支援をしている。その中には「可能性への登山」がある。これは乳癌から立ち直った人やそのサポーターたちを勇気づけるため、北カリフォルニアにあるシャスタ山に登るイベントである。クリフ社のスポンサーシップは乳癌基金の視野をひろげ、その活動に直接的で具体的な貢献をしている。最後に、この素晴らしいグループと提携をすることで、クリフ社はブランド力を増している。

私たちはまた、「白血病&リンパ腫病協会」のパートナーにもなっている。これらも私の身近で起きた病気である。グレッグ・ベットはルイスや私にとって親しい友人だったが、非ホジキンリンパ腫で、二〇〇二年の秋に死んだ。別の身近だった友人スパイダー・カントレイは、生涯をこの活動に捧げた。私たちは年間をとおしてサンフランシスコのラジオ局KGOの番組に参加している（これはスパイダーによって創設された）。同様にトレーニングチームとしては、社会を支えるナショナル・アスレチック・プログラムに参加をしている。「白血病&リンパ腫病協会」の基金募集のイベントに参加をするアスリートたちは、クリフ社から社の製品と贈り物を受け取る。

クリフ社は年間をつうじて、一〇〇〇以上のスポーツとチャリティーイベントの後援をしてきた。スポンサーシップは、会社とブランドを明らかにする。そしてより大切なこととして、スポンサーシップはコミュニティーにお返しをする具体的な方法なのだ。

生産物と現金

クリフ社は毎年多くのバーを送り出している。価値のある主義主張に対して貢献できることに誇りを感じながら。クリフ社から様々な組織や主張者に送られるバーの本数は、年間で一億本を超える。エルサルバドルに壊滅的な破壊をもたらした地震のときには、直ちにバーを送った。私たちはローカルやナショナルのフード・バンクに一定の水準でバーを送り続けている。私の義理の兄弟アンドリュー・ヘイズは、ソーシャルワーカーで、定期的にオフィスにやってきてサンフランシスコのホームレスの避難所にバーをもっていく。

クリフ社は、ベイエリアや国内の高齢者や恵まれない子供たちの世話をし、食事を与えている多くのグループを支援している。さらに、社員に支えられたチャリティーやイベントに製品を送って貢献している。

クリフ社はまた、下半身麻痺のサイクリストが使う、ハンドクランクで動かす特別なデザインの自転車を寄付している。バディシステム【二人組制。相互援助または相互安全のためペアを組む方法】を採用して、クリフ・バー社のサイクリストがこの特殊な自転車に乗るサイクリストに付き添うようにしている。

クリフ社は、「コミュニティー」「カルチャー」そして「大地」のグループを支援する、rripL^{3}基金を創設した。これは壮大なプログラムである。rripL^{3}基金は、小さなグラスルートの組織を資金援助しようというものである。この小さな、かけらのようなグループは、ときおり出費に対して大変な見返りを与えてくれることがあり、基金提供者はうかつにも彼らの力を頻繁に見逃している。

rripL^{3}基金がスポンサーとなっているプロジェクト、ワイルド・ホープは、ディブ・ウイリスがわずかな予算で運営をしている。ワイルド・ホープは、この数年間南オレゴンにある荒野の重要な環境状態の保護に取り組んできた。ここはシスキューの山々がカスケード山脈とつながる一帯である。ティブやソーダ・マウンテン野生評議会の努力によって、クリントン大統領が五二九五一エーカー【一エーカー＝四〇四七平方メートル】の公有地を、カスケード・シスキュー天然記念物【アメリカの文化天然遺産保護制度の一つ】に指定した。rripL^{3}基金もまた喜んで、パトリシア・リーディーのルナ・キッド・ダンス（この名前はバーを作る前につけられていた！）のスポンサーになった。パトリシアは、低所得の母親と子供たちのために、運動体験とダンスのクラスを提供した。【クリフ社の】社員たちも自分の好きなチャリティーを選び、rripL^{3}は彼らの寄付で釣り合いがとれている。rripL^{3}は、誇りをもって多くのＮＰＯに貢献している。

他者に影響を与えること

ティンバーランド、ベン&ジェリーズ、パタゴニア、ワーキング・アセットのような会社は、コミュニティーにおける会社の役割について私の考えに多大な影響を与えた。

ティンバーランド社は、社員に年に四〇日の有給休暇を与え、さらに三か月から六か月にわたるサバティカルも用意している。パタゴニアズ・インターシップ・プログラムでは、社員が選択する環境グループのためにフルタイムで働くなら、二か月までの有給休暇がとれる。プログラムの発足以来、三五〇〇人以上の社員が、世界中で研修生として働いてきた。私たちも二〇八〇プログラムや rripL^3 基金、コミュニティー・パートナーシップが、なんらかの形で他の会社に影響を与えるように願っている。

そして私たちの希望は、もっと多くのビジネスが、「強力なコミュニティーサービスとその延長線上で、多くの利益を得られるのだ」と理解してもらいたいことにある。どの会社もよき会社としての市民であって、コミュニティー、隣人、消費者たちにはより開かれた存在であるべきである。もしクリフ・バー社が他のビジネスに少しでも影響を与えることができるのであれば、私たちは投資から価値あるリターンを得たことになる。

クリフ社はコミュニティーを支えるために存在しているのである。私たちにできる最小限度のことは、コミュニティーにお返しをすることだ。

第五の願い――この惑星（地球）を維持すること　環境破壊の足跡を減らしていく

私は環境保全運動家としての訓練は受けていない。しかし事実から目をそむけようとは思わない。現実は、人間がいかにこの大地をめちゃめちゃにしてきたのか、そして企業活動が環境破壊で非難されるべき責任の大部分を背負っている、ということである。第三章で述べたように、私たちは全社的に、持続可能性のプログラムという計画に二〇〇一年から取り組み、エリザ・ハモンドをエコロジストのスタッフとして雇い、指導してもらった。クリフ・バー社の環境プログラムに対する長期計画のゴールは、製造段階から最終生産に至るまで、環境への悪影響を減らしてしまうことであった。

私たちは浩瀚《こうかん》な専門知識は求めない。私たちは、学習をしたいと思い、パートナーと共にありたいと思い、他のビジネスやグループを支えたいと思っている一会社に過ぎない。クリフ社は持続可能な農業、有機栽培、健康な食物のシステムを支える他の会社を勇気づけたいと願っている。私たちは孫の、さらに孫の子供たちの世代がこの惑星【地球】で繁栄するように、責任ある行動をとる一つの小さな会社なのである。

維持可能な原材料

食物がどこからきて、どのように【原産地で】栽培されているのかを知ることは、とても大切なことだと思う。農業生産は環境、農業経営者の生きざまや、そこで働く農業従事者に対して、そしてまた私たちが食べる食物の質に、大きな影響力をもっている。クリフ社では、大地と水資源の健全性を保つように努力し、生物の多様性を守り、毒性のある化学物質の使用を避けて、地球温暖化防止にも役立つ農業の方法を支援している。

私たちのアプローチは、クリフ社の活動が農業に与える影響をできるだけさかのぼって分析をすることであり、それは農業生産のあり方から分析を始めるということになる。クリフ社の環境プログラムの中心は、有機農業への関与である。有機的に栽培された原料は、合成農薬や肥料、下水のヘドロ、放射線の照射、遺伝子組み換えの生物などを使用せずに生産される。有機農業の農業経営者は、穀物栽培のローテーション、【農業に役立つ】昆虫の育成、土壌の保全、水質汚染の防止、土中に健全な微生物のコミュニティーを保つことによって、生物の多様性を守っている。クリフ社は、国家の有機農業の基準を守る農場を支援する。もちろん、私たちは遺伝子組み換えがおこなわれたりしている材料を、製品に使っていない。

クリフ・バー社のバーの原料をより自然に近い素材に変えるのは、難しい作業ではあったが、

第五の願い

この惑星（地球）を維持すること

環境破壊の足跡を減らしていく

私たちの会社が、この惑星（地球）を現在と将来の世代で保護し、傷を癒えさせますように。私たちは、自然にあるあらゆる資源のよき世話役だと自認しています。私たちは、環境への悪影響を、畑から最終生産に至るまで、減らしていくために働きます。

私たちは、環境問題が解決できるように、自然のエコシステムが完全無欠に保たれるように、空気、水、土の質がよくなるように、私たちのビジネスをおこなっていきたいと思っています。

常に——注意深く、適応性をもって、活動的に

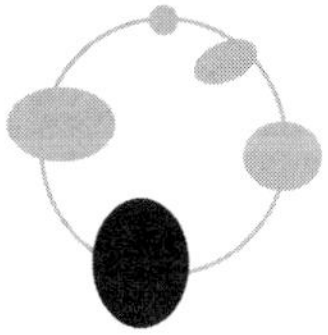

クリフ株式会社。この惑星（地球）を維持する

*すべての事実と情報は、よりよくなるために

会社への栄養補給*

毎年の活動の記録

カテゴリー　　一年間の違い

クリフ・バーUSDA は70%有機物であることを証明する。

購入された有機物の原材料・・・・・・・・・7000000ポンド（1ポンドは約0.45キログラム）

野菜購入量:
リサイクルされたダンボール・・・・・・・・・・1000000ポンド（年間1000000ケース）

環境的な利益:
水節約量（ガロン）・・・・・・・・3300000
救済された樹木・・・・・・・・・・・・・7500
避けられた温室ガス・・・660000ポンド
リサイクルペーパー・・・・・87000ポンド

環境的な利益:
水節約量（ガロン）・・・・・・・・・・150000
救済された樹木・・・・・・・・・・・・・・570
避けられた温室ガス・・・・・・・・・47800

エコパワー・プログラム:
購入した風力エネルギー・・・・・・・・・・・・3228974キロワット時（エコタッグのキロワット時）
相殺されたCO²の量（ポンド）・・・・・・・・・・5500000

内容を構成する要因

クリフ・ニュースレター（持続性への動き）、有機物構想、100%リサイクルされたもの、シュリン・クラップフリーの容器【収縮しない容器】、ニューリーフのリサイクルペーパー、自然エネルギー・ウインドビルダー、クリーンエア—クール・プラーネット、EPAグリーンパワー・プログラム、オルガニックコトン、Tシャツ、クリフ・エコパス、SF予防処置的原則条例、ゴミ禁止環境監査、アメリカ株式会社、環境パイオニア、グリーン・フェスティバル（エコフェスティバル）、アメリカの森。

心躍るものでもあった。私たちは原料それぞれを分析して、利用できる有機質の代替物を探さねばならなかった。玄米シロップを作るため無農薬米に変えたときには、アメリカで作られている無農薬米の五％を購入した。クリフ・バー社は小さなビジネスだが、このことはたとえ一社であっても、たったひとつの原料を変えただけで、環境に与えるインパクトがいかに大きいかを示している！　私たちは二〇〇四年には、数千エーカーの農地の無農薬農産物を七〇〇万ポンド使用すると推定している。私たちはクリフ・バーが有機物を保証したことに誇りを感じるし、さらに詳しくサプライチェーンの調査を続け、私たちの製品すべてのために、無農薬であり、持続可能な方法によって生産された原料を見つけていきたい。そしてこれを使用したい。計画では、製品の構成で平均七〇％は有機物産品を原料にしたいと思っている。

継続可能な農業は、農業従事者の扱いも促進させる。ごく最近、有機農業リサーチ基金の執行役員ボブ・スコークロフトがエリザと私に語ったところによれば、無農薬で農業をやることは、農地所有者と土壌の関係だけではなく、農場労働者との関係にも影響を与えるという。有機栽培をやろうという農場経営者が成功をするには、長年にわたって土地と穀物の詳細について知りぬいた働き手が必要であり、農作物の病気の発生の源を、病気が拡散する前に見つけられる知識と、経験のある働き手が必要だというのである。こうなると、有機農業の経営者は、長い継続的な関係を農業労働者と結ばねばならない。この傾向は、大規模で商業的な有機農場も含めて、すべて同様に起こりつつあることなのはお分かりいただけるだろう。イースト・バウンド・ファーム社私は自分の仕事が好きです。私はエコシステムのエコロジストで、持続可能な食物システムに興味をもっています。クリフ・バー社で働くことによって、私はエコロジカルなセオリーを実際に試してみる機会に恵まれました。実際にそうなのです。私たちのプログラムは実践されているし、発展しています。私たちはよりエコ傾向の高い、より環境的にも健康な会社を、生産過程のあらゆる段階を通じて追及しています。そのうえで、「健康的で持続性のある食物のシステムは、有機農業を支えることで維持されるのだ」と社員たちは理解し始めています。ここが、基本的なポイントです。

過去二〇年間、私はニューヨークの子供たちや学生と様々な場所、たとえばメキシコ、ペルー、インドネシアの農地で調査と教育に従事してきました。仕事の形態は様々でしたが、それは常に、食物と農業と環境を共通の糸でつないでいました。三年前、私はクリフ・バー社の専門エコロジストとして仕事を始めました。それは何年も前に私がゲーリーと農業について話したことから発展したのです。私たちのゴールは、自然との調和において、私たちの惑星【地球】の資源を永遠に保持すること、真にエコロジカルな会社を作り上げることです。そのためには長期にわたって関わり続けなければならないし、高い展望をもたなければなりません。これは私だけではなく、多くの社員にとっても興味深く、面白く、勇気づけられる目的でもあります。そして一人だけではなく、情熱を持ったグループが実現させるという意味でも大切なことなのです。

エリザ・ハモンド。クリフ社のエコロジスト

は、合衆国最大の無農薬農産物のプロバイダーだが、多くの働き手を有機農業方式でトレーニングしている。私にとっては、有機農業は単に毒性のある農薬を避けるというだけではない。自然を見守る方法であり、大地を最も詳細に管理する人たちと共に働く方法なのである。

環境にフレンドリーな包装

食べ物のパッキングは、消費者が意識する以上に【環境問題に】関わりをもっている。クリフ社のオリジナル包装システムでは、いくつかの容器が必要だった。最初にラッパー【包み紙】――ふたつの容器を使って湿気を閉じこめ、酸素を閉めだし、食べ物を清潔に保つもの。二番目に、バーを保つためのペーパーボード・キャディー【板紙の容器】。そして、運送用のマスターケース【ボックス】。パッキングされた食品は伸縮性のあるラップでパレット【荷運び用の板】に固定され、トラックに積み込まれる。それ自体が、大掛かりなシステムで、基本的に消費者の目に触れるのは最初のラッパーだけである。

私たちの長期目標は、これらの包装容器をもっと環境にやさしいものにすることであり、この目標に向かって少しずつ確実に前進している。目下のところリサイクルが可能な包装紙は、私たちが求める製品の安全を守る条件を必要としない。包装紙業界はこの点について鋭意努力しているし、私たちは彼らの研究を注意深くフォローしている。しかしながら、私たちは二〇〇一年にシュリンク・ラップ【収縮包装】を除くように容器をデザインし直し、四五万ドルを節約した。これはテキサス州を包みこめるほどの非生物分解性の製品【微生物の作用で無害なものに分解できない製品。この場合はシュリンク・ラップ】を除くのに十分な改変だった。

さらに、私たちは二〇〇二年に容器のエコ化に着手し、プロダクト・コオーディネーターのケビン・グヌスティが材料を正しくミックスする方法を発見して、クリフ社が年間使う一〇〇〇万個の容器を一〇〇%リサイクル（うち五〇%は使用ずみの容器を回収してリサイクルにかける）の、非塩素漂白されたペーパーボードで作りだした。この改造は年間五万ドルを節約し、三三〇万ガロンの水、七五〇〇本の樹木と三九時間分のエネルギーも同様に節約した。製造過程から塩素を取り除いた紙を使うことによって、【発癌の可能性が指摘されるダイオキシンのような】毒性の化学物質を生みだすものを避けている。

オフィスのエコ化

二〇〇一年、クリフ社は環境査定をスタートさせた。すなわちエネルギー使用が非効率である原因を突きとめること、全体的に無駄となっている出力を査定すること、原材料の使用を減らすこと、そしてそれらの再利用やリサイクルの方法を詳しく調べることなどである。オフィスのエコ化の発案は、再生紙の使用、デスクのゴミ箱のリサイクル利用、労働時間内に社員が移動をするときには一〇〇％自転車を利用することまでを含んでいた。〝ストップ・ウェイスト【無駄をやめること】計画〟は、オフィスのエネルギー効率を向上させたし、リサイクリング・プログラムの枠をひろげた。社員のためにコンポスト【たい肥】を集め、また、家からもってこられないようなものをリサイクリングで作っている（たとえば、ドライクリーニング・バック）。

リサイクリングと同様に、無駄の減少にも重点を置いている。クリフ社の社員はプリントのために必要なときには、GOOS紙【グッド・オン・ワンサイド】を使う。倉庫のマネージャー、クリス・トムシャーはまだ質のよい状態にある布切れを集め、地方NPO団体であるミセス・グリーンズを通じて都市部の子供たちに、必要に応じて配給している。こうした布の総量は、二〇〇三年度には二一〇〇ポンドにもなった。

クリフ社のインターナショナル・デザイン・グループは、外部発注の印刷のためにリサイクルの用紙を使おうとした。メリー・ハドソンがサンフランシスコにニューリーフペーパー社を見つけ、ニューリーフペーパーは保証付きのエコプリンターを見つけるのを手伝ってくれた。木綿はもっとも高農薬集中型の作物であることを知ったとき、一〇〇％無農薬木綿のTシャツをプロモーションでは使うことにした。年間一万六〇〇〇枚の有機栽培コットンTシャツを購入しているから、その結果木綿生産における五〇〇〇ポンドの農薬使用を避けたことになる。

〝エコ捜索隊〟は様々な部署からのボランティアで成り立っている。彼らは環境問題の取り組みへの努力を、先頭に立って助けている。彼らはゴミを減らす努力をしているだけではなく、供給者サイドが使用している、よりエコ的なやり方も援助をしている。

クリフ・バー社はその経済力を、サプライチェーンに対しても使う。それによってクリフ社は、清潔な経済を作りだす努力の小さな一部になろうとしている。

地球温暖化に対する私たちのたたかい　クリフ・バー社は風車に槍で立ち向かう

クリフ社もそうだが、オフィスやその他のビジネス活動（たとえば旅行）は化石燃料に依存し、大気中にカーボン・ダイオキサイド【二酸化炭素】を放出している。それに加えて、温室効果ガスは異常気象を助長している。エリザは地球温暖化に対してクリフ社も行動するべきだ、と私たちを説得した。彼女が提案したのは、風力エネルギーに投資することで、自分たちが使う分のエネルギーだけでも風力で発生させ、カーボン・ダイオキサイドと相殺できないか、というものだった。オフィスで活発な討論が交わされ、エリザはきびしい質問に次々と答えた。そして私たちはエコパワー・プログラムをスタートさせた。

第一に投資をしたのはネイティブ・エネルギーで、ネイティブ・アメリカンのもっている集合型の風力発電所だった。そこから二〇〇二年には、私たちがオフィス、工場、旅行で発生させ、放出しているカーボン・ダイオキサイドの量を相殺するだけの風力エネルギーを購入した。数字で示せば三六〇万ポンドのカーボン・ダイオキサイドにあたり、例をあげれば二五〇台の

ＳＵＶｓ【多目的スポーツ車】を、一年間路上の走行から排除したことになる。二〇〇三年には、さらにこのプログラムを拡大して植樹のプログラムを取り入れ、社員の通勤で発生する地球温暖化の弊害を取りのぞくことにした。

環境への影響を減らそうとする私たちの努力は、地球温暖化への貢献を減らすことにもなった。原材料七〇〇万ポンドを有機栽培物に変えたときには、カーボン・ダイオキサイドの放出もまた減少させたのである。有機農業は従来の農業様式に比べると、平均で化石燃料の消費量が五〇％に減少し、温室効果ガスの発生を三分の一以下に押さえ、有機物質を土中に作りだすのである。リサイクルされた紙やオフィス器具類は、再生する過程でエネルギーを多くは消費しないですむうえ、ゴミ処理場に送るゴミの量を減少させる。このようにしてメタンガスの発生が押さえられ、それは地球温暖化の原因となるガスを抑えることにつながっていく。現代社会の経済が化石燃料に依存している限り、クリフ・バー社も地球温暖化に貢献し続けてしまうという責任は負っている。しかしその間にも、清潔な電力を買い、有機農業を支え、植樹を続けてゴミを減していけば、カーボン・ダイオキサイドの放出を相殺していくことになるのではなかろうか。

持続可能性へのパートナー

持続可能性への関与は、私たちだけが実践するのではなく、それをはるかに超えて実現させせなければならない。これが「より健康で、もっと持続性のある世界」を理想とし、それを分かち合えるグループとパートナーを組む、もう一つの理由である。TBCFについてはすでに語ったが、この基金の使命は乳癌発生の引き金となる環境の原因を認識して、排除することにある。一言つけ加えさせてもらえば、TBCFには私個人も、会社としても、意識を高めさせられた。それは大気、水、食物の中には過度なほどの有毒化学物質が含まれていて、TBCFの用語法によれば――「予防可能な乳癌の原因」に、私たちは日々さらされている――ということになる。

もうひとつのクリフ社のパートナー「子供の環境的な健康のための連合」は、環境が子供の健康にもたらす危険について調査研究をし、それに関する教育をし、擁護をしている。私たちはまたアメリカ株式会社【政府のこと】ともパートナーを組み、会社や個人が経済力を生かして、より健康的で清潔なエコノミーをつくりだすように奨励《しょうれい》している。

私たちのパートナーリストには、次の名前がある。リーブ・ノートレイス【痕跡を残さないこと】、ザ・アクセスファンド、殺虫剤アクション基金、エコ・トレックス、ザ・フードアライアンス【食品連合】、ザ・サークル・オブ・ライフ・ファウンデーション【生命循環基金】、ザ・ウォータートキーパー・アライアンス【水保全同盟】、ザ・オーガニック・ファーミング・リサーチ・ファウンデーション【有機農業調査基金】。

彼らに対しては普通、資金的な援助、製品の提供、またパートナーが催すイベントに対してはプロモーションの材料を提供している。クリフ社のパートナー組織が、ウェブサイトをつうじてイベント、パッキングを見られるようにもしている。現場を受けもつ代表たちは、地方において環境活動を支援している。たとえばロスアンゼルスでは海岸の清掃をしたり、テキサスでは〝テキサスを汚すな・清掃キャンペーン〟に参加をしたりしている。クリフ社の人々は、情熱をもって自分たちの会社がすすめている「持続可能性に向っての旅」を信じ、参加している。クリフ社は、人類と私たちの惑星【地球】の幸せのために貢献をしている数多くの組織と、パートナーが組めることを名誉に思っている。

他者から学び、他者を勇気づけること

私は他の会社のリーダーやビジネスリーダーたちから学び続けている。パタゴニア社は一九九一年、環境に関する再点検をおこなった結果、会社の活動内容を変更し、衣服製造において環境にあたえる影響を目に見えて減少させた。ストーニーフィールド農場は、モニターで環境への影響を注意深く監視しながら、有機酪農を押しすすめている。オーガニックバリーは、アメリカ最大の農民所有の有機農業協同組合（組合員数六〇〇人以上）だが、健康的な有機農産物を生産しながら、持続可能で家族的な農園にしようと決意している。ニューリーフペーパー社はリサイクル紙を作って、生産の過程で樹木、水資源を保護し、エネルギーの節約や温室効果ガスの発生を抑えている。フェッツァー葡萄農園はカリフォルニア州最大のワイン用ブドウの無農薬栽培

をおこなって、カリフォルニアワイン産業に説得力のある例を示している。

クリフ社が原材料を有機農産物に変えたのは、わずか一〇年前のことである。クリフ・バーは、「会社も学習して、変わることができるのだ」ということを、実例として示した。私たちは、持続可能性は経済的にも環境的にも意義があることを発見した。ゴミを減少させるたびに、環境への影響を学び、お金の節約になることを学ぶ。

私たちが尊敬する先輩会社が環境的に健全な実践を踏襲したように、他の会社も私たちが実行している活動を受けついでくれるよう求めたい。ブルースは顧問弁護士だが、クリフ社の持続可能性のプログラムが盛んになっていくのを見てきた。二〇〇二年の秋、私とブルースはアイルランドの絵のように美しい村の道を歩いていた。そのとき、彼は私に向かってこう言った。「私はこの旅の間中、いったい弁護士事務所はどのくらいの紙を一年間で使うのだろうか、と考えていた。何一〇〇、何一〇〇〇枚という紙が片面だけ印刷されている。法律事務所もエコでなきゃならない」。彼はオークランドに帰り、彼の同僚を説得して、環境の持続可能性の追及を事務所の目標とするようにした。彼の事務所ベンデル・ローゼン・ブラック&ディーンは、かくしてこの国最初のエコ法律事務所として認証された。

チューリップ・グラフィック社はクリフ社のブローシャーやポスター、ニュースレターを多く作っている。ここで二〇〇一年、一〇〇%再生紙を使ったニュースレターが、高度な印刷で作られた——これは、一〇〇%再生紙使用による同社の最初のニュースレターであったとともに、クリフ社の最初のニュースレターだった。二つの会社の人々はそれぞれ、再生紙をうまく使うことを覚えただけではなく、持続可能性の理想も取り入れた。これは、ニューリーフペーパーとの共同作業の範囲をひろげていった。チューリップ・グラフィック社は、もうすぐエコ認証印刷所となるだろう。私たちの持続可能性への関与が、他のビジネスに影響を与えていくことに、私たちは驚き興奮を覚えている。

会社は、環境に利益を与える生産、サービス、実践を増進させるとてつもない経済的な力をもっている。バッドストーン[*1]はこう書いている。「我々は環境を、会社が完全に説明責任を果たすべき相手[*2]、すなわち静かな株主《サイレント・ステークホルダー》として扱っているのだろうか？」と。

クリフのエコシステムを管理すること

クリフのエコシステムは、五つの部分から成り立っている。すなわち自分たちのブランド、ビジネス、社員、コミュニティー【地域社会】、そしてこの惑星【地球】を維持することである。この五つはそれぞれの内部においても、それ自体にとっても重要だが、自然界のエコシステムと同じように相互に作用しあっている。ある場所で発生することは、他の場所に影響を与えるのである。二〇〇三年、私たちはそれを見てきた。クリフ社はブランド力を十分に維持できず、それがビジネス全体に影響して、順を追ってモラルの低下をもたらした。エコシステムでは、全てが相互につながりをもっているのである。

人間がどのような生態系の破壊をこの惑星にもたらしたとしても、一定数の人は生き残るだろう。たとえ彼らがマッドマックス【映画】やマトリックス【映画】のような世界で生を終えるとしても。同じように、クリフ・バー株式会社も生き続けるだけであれば、外部の投資家（資金）を招き入れたり、株式を公開したり、より大きな会社に売却したりするだろうし、社員がマティニー＆ウエーニー・パーティー【二二〇ページで紹介されている社内パーティー】に参加もせず、ハビット・フォー・ヒューマニティー【NPO団体・人類のための棲息地】の家に釘一本打つこともせずに会社の仕事に終止符を打ったとしても、生き続けるだろう。クリフ社のブランドにしても、以前そうであったように、非有機物を使った見せかけの製品に行きついたとしても、多分生き残ることはできるだろう。

しかし、生き残ることがポイントとなってはいけないのである。人間のコミュニティーと文化は栄えるべきであり、エコシステムは健康的であって、生物学的多様性に富むべきである。そして、人類の繁栄のために、社会的な公平は欠くことのできないものなのである。クリフ社の素晴らしい社員たち、コミュニティーのサービス、環境整備のイニシアチブ、ウェルネスプログラム、

＊1　Badstone（David）作家、ジャーナリスト、NPO法人NFS（人身売買防止）の代表。サンフランシスコ大学で教鞭をとる。
＊2　企業の社会的責任・説明責任、法令順守、企業統治責任を含む諸責任は、世界規格ではISO26000として二〇一〇年一一月策定、日本ではJIS Z26000として二〇一二年三月に制定された。

草の根のマーケティング――これらは会社が生き残り、繁栄するために欠かせないものなのだ。

私は自転車に乗りたいから、乗っている。フィニッシュラインに到達するためだけに、乗っているのではない。自転車に乗って起こることは、すべて経験になる。私は〝白い道〟を行く旅が好きだ。高い山の頂上ではスリルを感じるし、ペダルとギアーから返ってくる反応、絵のような数々の谷間の風景、友人や仲間と分かち合ったパン、肉体的なチャレンジ、それらは、私がしっかり考え、魂に耳を傾けることのできる空間にいる証《あかし》なのだ。

クリフ社は〝赤い道〟を行っても生き残れる。しかし、繁栄し続けることができるだろうか？それは疑わしい。クリフ・バー株式会社は〝白い道〟を行く。クリフ社は繁栄するために存在しているのであって、単に生き残るためだけの存在ではないのだから。

第8章
魔法の時
ビジネスにおけるジャズ

四歳のとき、私はピアノを学び始めた。それは多分、母が楽器を教えていたからだろう。私はピアノを愛したが、進歩するにつれて楽譜を読むのが困難になって、耳に頼るようになった。ずっと後になって、複数和音についての説明を読み、二本の手で演奏するのになぜあんなに苦労したのかが分った。私は失読症の第五段階の患者だったのである。そこでピアノではなくトランペットこそ、自分にあった楽器だと決めた。トランペットの楽譜は一度に一つのメロディーを読んでいけばよかったからだ。それでも楽譜を初見で演奏することは、決してやさしいことではなかった（いまでも難しい）。しかし楽譜が読めないかわりに、私は、二つの贈り物を授かった。よい聴力と、絶対音感に近い音感である。

私が【ミドルスクールの】七年生だったとき、母は私をラリー・ジョネットのところへトランペットのレッスンに通わせることにして、願書にサインをした。ラリーはよく知られたジャズホーン演奏者で、ベイエリアの楽団コールド・ブラッドで演奏をしていた。この楽団はタワー・オブ・パワー【ファンク・ミュージックのバンド】、ブラッド・スウェット・アンド・ティアーズ【ジャズロックのバンド】に似たファンクな音で演奏をするので、そのライブは全米で評価されていた。

ある日、〝まともな〟音楽をしばらくレッスンした後、ラリーは私に次のように言った。「お前に五つの音をあげるから自由に演奏しろ。その間、私はバックグラウンドで和音を演奏する」。たった五つの音を演奏して、よい響きを奏でる。それが、ジャズの即興演奏が私に紹介をされた瞬間だった。その後ラリーは、私を深く深く、ジャズの世界に導いていった。「ジャズを演奏するには、ジャズを聞かなければダメだ」と彼は言い、私はジャズを聞きまくった。彼は私にジャズ音楽のアルバムを貸してくれ、月に一回私をグレート・アメリカン・ミュージックホールにつれていった。そこで彼は、当時の偉大なジャズ演奏家のパーフォーマンスを、私に見聞きさせてくれたのだ。事実、私は当時活躍中だったほとんどの音楽家を聴いたと言っていい。フレディ・ハバード、バディー・リッチ、メイナード・ファーガソン、スタン・ケントン、ドン・エリスと名簿は続いていく。クラブで私はただ一人の子供――タバコの煙とグラスの触れ合う音に満ちた空間にいるたった一人の七年生――だったが、私はファンの一人として偉大なジャズ演奏を楽しんだ。

さらに、こんなこともあった。コールド・ブラッド楽団はリハーサルを傍聴させてくれた。その場所はガレージで、ハモンドB3のオルガンがあり、黒く光っていて、イカした連中でスシ詰めだった。ジュニアハイスクールの学生にとって、ここは天国だった。彼らは私を見て、こう言うのだ。「オーケー、坊や。ソロの時間だ。お前の出番だ」。私はトランペットを取り上げて、演奏する。上手とはいえない演奏であることは分っていた。だが、世界クラスのミュージシャンと共に演奏するのは、なんとスリルに満ちていたことか。

私の音楽に対する愛、とくにジャズへのそれは、こうした向こうみずな出来事の数々から始まり、次第に大きくなっていった。私はハイスクールを通してコンボ【小編成のジャズグループ】、ジャズグループや楽団で演奏し、ジャズアンサンブルのツアーにも参加した。私は音楽の学位をとるためにサン・ホセ大学に出かけたが、大都市の煙に満ちたクラブをツアーして回るのは、自分のアウトドア好きの性格には合わないと思い、一週間で見切りをつけた。私はビジネスを専攻科目に選んだ。だが大学時代も、小さな楽団やビッグバンドのアンサンブルで音楽は続けた。

二〇代の後半、私はロッククライミングや世界中を旅して歩くことに忙しく、あまりトランペットを吹かなかった。しかし三〇代になると、再びトランペットを取り上げて、サンフランシスコのベイエリアの小さなクラブやアイランド・シティーのビッグバンドで演奏を始めた。私は幸運なことに、六人か七人の素晴らしい女性ジャズシンガーのバックアップとして、大好きな演奏をすることができた。私は音楽でのキャリアをつむことはできなかったが、クリフ・バー社の経営には、ジャズから学んだことを当初より反映させてきた。

アンサンブル・プレイング

トランペットは一人で演奏していても、完全な音を創造することはできない。他のミュージシャンと演奏する必要がある。だが自分たちの技術に対して、あまり熱心ではないミュージシャンと演奏するにはトラブルがある。もしメンバーが調子にのってこないままに演奏して、聴衆と一体化しないどころか、誰も耳を貸してくれない状態となれば、私はなにも演奏していないのと同じになる。しかし調子に乗れてうまくやれたときには、なにかがカチッと音をたて、私は自分の思っている可能性のその先で、演奏を始めている。

それが久しぶりに私におこったのは（以前にはそれが無数にあったのだ）、二〇〇三年の秋、クリフ・バー・パーフォーミング・アートシアターのオープニングを記念するコンサートのときだった。偉大なジャズとソウルのパーフォーマーであるレディジと、私は共演をしたのである。クリフ社のレスリー・アブラハムが、私をレディジにオーナーだと紹介して、トランペットを吹くとつけ加えた。私はそれまでの数年間に数回しか吹いたことがなかったので、一節か二節参加させても

レディジのグループでソロ演奏をするゲーリー。――ポール・マッケンジー撮影

らえればと願ったが、レディジは「プレーヤーが一人やってこないのよ。あなたが彼にかわって吹いてちょうだい」と言った。オーディションなし、なにもなし。私はゆっくりとメロディーを吹き始めた。すぐにドラマーが、私がなにをやろうとしているのかを聞きとった。それを感じたので、私は音を引き延ばして、リズミカルにやってみた。ドラマーにオルガン奏者が加わった。真の彼らは演奏で私をもっと先に押し出し、私は自分の魂が肉体から離れていくように感じた。真のアンサンブルが始まり、音楽が創りだされていく。音楽をやる人なら、グループ演奏の場で特別な「化学反応」がおきる魔法の時を知っている。このような瞬間こそ、ジャズの中心にあるものだ。マイルス・デイビス、リー・モーガン、ベティ・カーター、その他多くのジャズの偉人たちの演奏を聞くときも、私はこうした魔法の時の兆《きざ》しを感じる。

アンサンブルが生み出す「魔法の時」の感覚は、クリフ・バーの誕生にも影響を与えた。クリフ・バーを作るというアイデアをもったとき、私は偉大な「音楽家」母のところに行った。彼女と私は、味、歯ざわり、レシピをデュエット【二重奏】で作った。六か月間にわたる彼女のキッチンでの即興演奏の後に、クリフ・バーの原型（プロトタイプ）ができあがった。一人では決してできなかっただろう。わたしはドウ・ギルモア【第二章で登場。広告デザイナー】の才能を知っていた。マイルス・デイビスがコルトレーンのそれを知っていたようなものだ。昼食時の魔法の時については、第二章で述べた。ドウと私のデュエットが、クリフ・バーの最初の包装の誕生につながっていった。

ディーン・メーヤーと彼の宣伝チームを含めたクリフの社員たちは、普通と違った何かを作ろうとして、最終的にはルナ・フェストへとアイデアを発展させていった。女性による、女性のための、女性についての映画祭である。彼らは最初から映画祭のアイデアをもっていた訳ではない。彼らは一緒に座って、創造的な発想を思考の流れにまかせたのである。彼らは一緒になって「演奏」をしたのだ。彼らは、女性アーティスト、女性監督、女性映画製作者が、映画産業においていかに過小に評価されているか、どれだけの生命が乳癌によって影響をうけているか、について考えたのである。彼らは基金を立ち上げながら、同時に彼女らの作品を上映し、乳癌に対する意識を高める機会を提供しようとした。二〇〇三年、ルナ・フェストは五〇の会場をめぐり、この数字は増し続けている。実はこの本だって、私とルイス【共著者】のデュエットなのである。

私はジャズであれビジネスであれ、孤立の中から生まれるとは思っていない。なぜならそれは、魔法をおこさせるアンサンブルのエネルギーが必要だからである。

聞くこと

バックグラウンド・プレーヤーが予想できる範囲内でコードを外しても、注意を払う必要はない。全体感を失わない範囲内で「カッコよく」演奏するだけである。もし彼らがゴチャマゼにし始めたら、注意を払ったほうがよい。そうなったときは私が仲間を新しい場所につれていくことがあるし、彼らが私を他の場合につれて行ってくれることもある。これを言葉で説明するのは難しい。多分私はできるだけ楽譜に頼り、リズミカルに演奏をしたいのだろうと思う。そして、ほかのミュージシャンたちが私に耳を傾けていれば、彼らはそれに合わせるだろう。その演奏は、たとえ標準的なコード進行から外れたとしても、即興演奏のときのようにうまくできる。

クリフ・バー社では、会社の内外ともに何が起きているのかに注意して耳を傾けねばならない。たとえば、私たちが新しいバーを作ったとする。責任者はソロを演奏していることになるが、同時に財務に耳を傾けなければならないし、財務も責任者に耳を傾けねばならない。

ほかにも、たとえばコミュニティー・サービス。もしコミュニティー・サービスがクリフ社のバーに注意をはらっているとしたなら、製品になにが合っていてなにが足りないかを、見つけるかもしれない。会社全体では、社員たちは異なった技倆をもっているのだから、一緒に働くときには注意してお互いに耳を傾けていなければならない。たとえば私たちのリサーチ・アンド・ディベロップメント部門の担当者たちは、様々なバックグラウンドから集まっている。ある者は伝統的な訓練を受けた食品科学者だったり、別の者はロッククライマーからキャリアを始めていたり、また別の者はシェフだったりする。彼らは典型的なフード・ラボではなく、レストランスタイルのキッチンのようなラボで一緒に研究に勤《いそ》しんでいる。彼らが一緒に働くとき、お互いどうし、いたわり合ってよく耳を傾け合えば、R＆Dのチームのように異なったバックグラウンドから集まっている人々の間にも、ある種の化学変化が起きてくる。

起業家として、私は、自分のよい気分、直感、創造性に注意深く耳を傾けてきた。それらは、どんな呼び方をされてもかまわない。私はまた、他の会社というミュージシャンたちが奏でる、様々な音楽にも耳を傾けてきた。マイルス・デイビスは「今世紀最大のジャズミュージシャン」という賞賛の言葉を聞いたとき、次のように反応したという。「違うね。ルイ・アームストロングだよ」。この話のポイントはこうだ。ジャズは単に生まれるのではなく、先行する音楽家の音楽を注意深く聴くことによって、時間をかけて創り上げられていくものなのだ。私も、ベン&ジェリー、オッドワラ、バランスバーやその他もろもろの会社になにが起こったかについて、注意を傾けてきた。パタゴニア社は、その「音楽」で私をひきつけた。会社は楽団《バンド》のようなもので、彼らは独自の「音」をもっているのである。

偉大な会社は、偉大なジャズ。先行する「音」に注意深く耳を傾けながら創り上げられる。

空間と静寂　限界に近づくこと

私はいろいろな音楽を聞いてきた。ロック、クラシックミュージック、ソウル、ブルース、ハイパワーなビッグバンドの音楽、ファンクな楽団の音楽、偉大なトランペット奏者やピアノ演奏家の音楽など。

ジャズミュージシャンの名前を任意にあげてくれれば、私は聞いたか、考えたか、どちらかをしていると答えられる。そして私はマイルス・デイビスを聞いて、放り出された気分になった。それほど彼の演奏は素晴らしく、同時に単純で、複雑だった。私にとっても世界にとっても、それはまったく新しい音だった。私はディジー・ガレスピー、フレディー・ハバード、チャーリー・パーカー、そしてその他のビーバップ【モダンジャズの初期の形式。一九四〇年〜五〇年代】演奏家たちも愛した。ビーバッププレーヤーたちはたった一二小節の中で、どのくらいの数の音色が弾けるのか分からないほどだった。そのことに私は常に驚嘆していたし、彼らは非常に早く演奏をするので、息継ぎ【ブレス】ができないのではないかと思ったほどだ。人々はそれを愛した。

そして、マイルス・デイビスが登場してきた。彼がソロを演奏するとき、一つの音を長く引き伸ばし、やがて止めた。次の音に移るまで四拍。彼は音の空間を作ったのだ。しかし音こそ奏《かな》でなかったが、その空間には彼の音楽があった。ときには静寂そのものが音楽であり、ときにはバックグラウンド・ミュージシャンそのものが音を作り出す。マイルスはソリストとして、他のプレイヤーたちに「空間を自由に使うように」と告げた。彼らに空間を与えたのだ。起業家やビジネスのオーナーたちは、マイルスから、静寂と空間の音楽から、多くのことを学ぶことができる。私は会社で社員たちをリードしたり、脇によけて空間を作ってあげたり、ソロ演奏をさせたり、バックグラウンドのミュージシャンをさせたりして、何かを創造するきっかけを作りたいと望んでいる。

マイルスはテンション【緊張状態】を生みだすために、空間と静寂を利用した。すぐれたミュ

1990年、私の息子は33歳になり、独立して家を出てガレージに引っ越した。
In 1990, my son turned 33 and moved into a garage.
He didn't have a regular job-job.
Oh sure, he had time to race his bike.
And rock climb. And play that trumpet in jazz
bars until who knows when. And you can be
sure nothing got in the way of those countless
treks. Places I'd never heard of.
We've had our moments through the years.
But all this (pause) really gets a father wondering.
Then he names Clif Bar® after me.
I worry too much. — Clifford Erickson / father of owner
Every flavor made with
certified organic ingredients
もっとクリフバーの物語を知りたい方は、www.clifbar.com
(800)CLIF BAR を検索してください。
すべての味付けは有機物の
原料でなされています

クリフの広告――ゲーリーと父親。スチュワート・シュワルツ撮影。ドウ・ギルモンド、ゲーリ・エリックソン、シェリー・オルーヘリンの共同広告制作。

【広告の説明】

彼はまともな仕事についていなかった。オォ、そうだ、彼は自転車レースに出場する時間はあった。そしてロッククライミングをして、ジャズバーでトランペットを吹いていた。確かなことは、この数知れない踏み跡のついた道には、何もないということだった。息子のゲーリーがいるという場所の名前は、私が聞いたこともない場所の名前ばかり。私とゲーリーは何年も、緊張の瞬間をもった。しかしいま―(休憩)―本当に後になって不思議に思っているのだが、息子はクリフ・バーという名前を、私の名前(クリフ)にちなんでつけたのだ。私は心配をし過ぎたのだろうか。――クリフォード・エリクソン。クリフ社のオーナーの父親ージシャンは緊張を作り出し、そして解き放つ術《すべ》を心得ている。優れた広告も、似たようなテンションを作り出したり、解き放したりする。ドウと私は、常に緊張感のある広告を作ろうと試みている。父と私をモデルにして作ったクリフ・バーの広告（ドウとシェリルと私で作った）が、その一つの例である。この広告は、私の父が語ったように、クリフ・バーの歴史の一部分を語っている。彼は私のライフスタイルを認めなかったから、私たち父子は緊張した関係にあった。だがそのうち私は家を出て、自分で製作したバーに、父の名前をつけた。この父と子との間にあった本当のストーリーは、広告効果として緊張を作りだし、解き放ち、二〇〇三年の広告の中心になったのである。

私はジャズの即興演奏が、極限まで演奏されるのが好きだ。それは美しいと感じさせるものに満ちている。マイルスは、カインド・オブ・ブルー【モードジャズの代表作】をリリースしたが、そのあと一、二年間は演奏したものの、それきり演奏しなくなった。人々は一九九一年に彼が亡くなるまで、カインド・オブ・ブルーを演奏するように願ったが、彼はすでに次のテーマに移っていたのだ。マイルスは絶えず音楽の再発見に向かって進んだ演奏家であって、一定の型を繰り返し、それでポピュラーになってよく売れる演奏家（一定の型を売って有名になっているパーフォーマーが頭に浮かぶが、その名前をあげようとは思わない）では決してなかった。多分マイルスは、型にはまったパーフォーマーのようにアルバムを量産はしていないはずだ。しかし彼は、自分の心に従い、彼の音楽を聞く人たちさえ可能であると思っていなかった音への目覚めに、聴衆を導いていった。彼は私も含めて、聴衆に「アッ、そうか！」という瞬間を与えてくれていたのだ。

私たちもクリフ・バー社のバーを限界まで押し出して、売り出した。マホ・バーがよい例である。「甘いエネルギー栄養バー」という型を破った。私は限界の味を取り入れて、もっと先に押し進めてみたかった。最初に作りだしたマホ・バーの原料は、レモングラスを使ったタイ・ピーナツにタイピーナツ・ソース、それに乾燥フルーツだった。私たちはバーベキューをしたスパイシーなピーナツの風味を試みた。そして私は、カレー・チャーシューを生みだすことにこだわった。なぜなら私は、「カレー味の栄養バーなんて想像もできない」と他人が言ったとしても、限界まで挑戦してみたかったからだ。

この初めての味は特別な信奉者を開発はしたが、商品として長く売ることはできなかった。この味はウケなかったが、私はいまでも、聞き手や消費者が受け入れなくても、限界まで試してみる意志をもつのはよいことだと信じている。質の高い即興の楽団のように、私たちは、人々に限界の味というものを提供できるように、絶えず自己改造をおこなっていきたいと望んでいる。

不完全性について

ジャズには〝完璧でなくていい〟という側面がある。ハイスクール時代にジャズアンサンブルができたとき、私たちは音合わせをして〝どうやらジャズらしいものになったね〟と冗談を言いあったものだ。これは「絶対完璧ではなくとも、まあどうにかよいだろう」という意味である。もちろんできるだけ完璧にしようとはしたが、ジャズというものは、完璧に少し足らない状態というものを、あえて奏者に与えていることも知っていた。ジュニアカレッジで和声の先生が、「ジャズの即興演奏で、不完全な音が存在するか？」と質問したことがある。クラスメートの一人が、次のように答えた。「いいえ。それは不完全かも知れない音を、どれだけ長く響かせているかによります」。彼の言った意味はこうである。「演奏でミスを犯してもかまわない。なぜなら、ふつうのジャズ演奏ではいち早くそこから飛び出して、さっさと次の音に移るからだ」。演奏者が演奏に戻ってきて問題さえ解決するなら、音をひとつどころか数音はずして演奏してもかまわない。ミスした音を持続さえしなければ、不完全性もまた音楽の一部なのだ。

本当のミスというのは、誤った音を持続させ過ぎたときであり、クリフ・バー社はこの過ちをやったことがある。誤ったままでビジネスを継続させ（その過ちについては、すでに本書でいくつかの例を紹介している）、結果的にビジネスを傷つけてしまった。

話を、私がレディジとステージにいてソロ演奏を始めるときにもどそう。クリフの社員を含める数百人の観客を前にして、私が演奏をメチャメチャにするかもしれないことは分っていた。スタートするのは難かしかった。私は初めてのソロの時、何回かミスを犯していた。「私はここでは完全なバカに見えるかもしれない」と私は思った。だが私は気分を盛り上げ、いくつかミスを犯すリスクをあえてとったのである。起業家や起業家的企業は、当然のこととしてミスを犯す。

それは演奏の一部のようなものなのだ。

レディジと彼女の楽団アニバータとリハーサルができるとしたら、私は尻込みしながらでも、他の楽団員と合わせせられるかどうかを試してみただろう。だがコンサートの夜は、そんな贅沢は許されなかった。私はクリフ社の社員も含めて二〇〇人以上の聴衆を前にして、即興で演奏をするのだし、重圧を感じていた。それは真剣勝負であり、私は演奏しなければならない。私たちの低含水炭素保有のバー、ルナ・グローも、大変なプレッシャーのもとで製造された。ほかのクリフ社のバーは、異なったアンサンブル【配合】でバーが作られて、スピード新記録のタイムで新しいデザインの包装にパッキングされていくのを眺めているだけだった。ルナ・グロー製造のときのプレッシャーは、クリフのミュージシャンたちを新しいレベルのパーフォーマンスまで押し上げた。そして、魔法は起きたのである。

私は世界的なパーフォーマンス・アート・シアターを建てようと思い、会社の倉庫に追加のスペースを作った。そのときには、全てのパーファーマンスが生みだす魔法を心から信じた。私はあらかじめ理由づけをしておいた訳ではないが、私の気分の中では、もし私がクリフ版「フィールド・オブ・ドリーム【一九八九年、アメリカ映画のタイトル名、主演ケビン・コスナー】」を作ったなら、「彼ら」はくると思っていた。私はベイエリアの最もホットなジャズクラブ、〝ヨシズ〟のミニチュアバージョンが欲しかった。二〇〇三年の秋、クリフ・バー・パーフォーミング・アート・シアターが完成した。それは世界に誇れるステージだった。三二のマイクロホン、二五フィート幅

アート・シアターでのクリフ社のパーフォーミング

のスクリーン、サラウンド音声。サウンドシステムは、ライブで録音ができるに十分な性能を備えていた。最初のイベントは、社内フィルム製作者ニコール・ハーンによるルナ・チック・フィルムのデビューだった。

二番目のイベントには、テーラ・ハミルトンが出演した。彼は二〇〇三年のツール・ド・フランスで、鎖骨骨折をしていたにもかかわらず、四位になった人物である。この日の三〇〇枚の入場券は三日間で売り切れた。それからまた、シアターのオープニングを祝うために、私たちは内部をナイトクラブに改装して、レディジを招いたのである。

クリフ・バー・パーフォーミング・アート・シアターは、本の朗読、スポーツ・シンポジウム、ライブのラジオショー、ミュージックコンサート、映画の選考会、環境ワークショップにシアターパーフォーマンスなどが開催でき、無限の可能性をもっている。クリフ・バー社が役を振り当て、自ら監督をして、アメリカの舞台劇「バギナモノローグ」が演じられたこともある。毎週木曜日の夜は、社員たちが舞台でロックやブルーグラス【カントリーウエスタン系の曲】をジャムセッションで演奏する。振り返ってみれば、クリフ社がアートスペースを作ったのは理屈に合っている。クリフ社の人々はパーフォーマーであり、自分たち自身のため、コミュニティーのために魔法を作りだす活動が、会社の中心にあったからである。

テーラ・ハミルトンのインタビュー

魔法の時

フルタイムのプロの音楽家であったことは一度もないが、私はジャズを演奏している間に自分を失ってしまう魔法の感覚は知っていた。他のミュージシャンたちが群衆を前にして演奏し、パーフォーマンスするのを熱心に聞いていると、ある時点から見えるもの、聞こえるもの全てが音だけになってしまうのである。その楽しさにハマってしまったら、文字どおり周囲に人がいることさえ忘れてしまう。あたかも自分がどこかに運ばれていって、自分自身の外側で演奏している気分になる。「これはどうしたことだ？　なぜこんな音が、私のトランペットから出てくるのだ？」と、不思議に思う。ビジネスでも、自分のやる仕事をきちんと心得ている人々が集まって、オープンで、特別な予定や議題を押しつけあわなければ、ライブセッションで起きるこの無我の境地はきっと起こる。会議にさまざまな能力やアイデアをもっておもむくのは大切なことだが、会議場に入る前には想像だにしなかったことが起きる場所に行くのだ、という心構えをもつこともまた大切なのである。

ジャズの歴史の中で、最高の魔法の時といえるものが起きた一例は、マイルス・デイビスの「カインド・オブ・ブルー」のアルバム製作中のことだった。ミュージシャンたちは全員ビーバップを演奏するのに慣れていたが、アドリブを付箋《ふせん》に書き入れて貼りつけたり書き込みをした楽譜をもってスタジオにやってきた。マイルスは「音楽を書こうとは思っていない。演奏のいたるところに即興性が欲しいのだ」と言った。ミュージシャンたちは、マイルスの頭の中にある新しい音を、いきなり演奏することには慣れていなかった。しかし二時間ずつ、二日間にわたって続いたセッションで、全員その面白さにハマってしまった。幸運なことに、彼らはテープに演奏の全てを録音していたので、私たちはいまでも、「演奏中に楽器でかわされる才気あふれる冗談」を聞くことができる。

仕事のできる人間が一緒になり、ビジョン【理念、未来図】をもったリーダー（マイルスのことだが）がいたというタイミングは、魔法のセッションとなって、永遠に残る偉大なジャズアルバムが誕生するという結果を生んだのである。

魔法はいつも起こるとは限らない。間違った人々を選んだり、おたがいに耳を傾け合わなかったり、全体をコントロールできなかったり、理解できなかったりといった理由で起こらないこともある。しかし別の場合には、アッという間にそれは起こるのである。この魔法が起こるときを、私はクリフ・バーで何年も見てきた。それは製品やブランドに関するマーケティング【市場調査】では起こらないし、新しい味を作ったり広告をうったりしても起こらない。魔法はいつでも、どこでも、どのような理由でも起こるのである。

クリフ社では今後二〇八〇のプログラムがスタートするが、それは人材が絶好のタイミングで集まって、共に音楽を奏で始めたときである。クリフ社は、コミュニティー・サービスプログラムを受け入れることで、常に彼らの創造性から利益を得ている。

二〇〇一年の夏、私は海岸で八歳になる娘リディアと時間を過ごしていた。私は彼女が走り、水飛沫をあげ、砂を掘り、ジャンプするのを眺めていた。なんというエネルギーだろう！　彼女のどんな願いが、彼女をあれほどまでに突き動かしているのだろう！　彼女が成長をしたとき、どんなチャンスを手にすることになるのだろうか。そんなことを思った。私は、スポーツにおける女性の可能性はまだ限られていて、タイトルⅨ【一九六四年の市民法で制定。一九七二年に改定、公法。性差別による教育の不平等の撤廃】が危機に瀕しているのもわかっていた。私は、どうして女性のプロ・サッカーリーグが解散になり、どうして女性のプロ野球がまだあるのかについても考えてみた。

リディアが遊んでいるのを見ているうちに、私は意を決した。クリフ社は、女性によるプロのマウンテンバイクのチームを支援したい。そう決めたのである。どのようにしたらスポンサーになれるのかは、知らなかったが、やらねばならないということだけは分っていた（心配しないでほしいのだが、私はリディアを無理矢理マウンテンバイクのレーサーにしようとは思っていない）。

ポール・マッケンジー、デイブ・マクラグリンそれに私が、私の夢を実現するために結集した。私たちがチームを組織し始めたら、魔法の時が次から次にあらわれてきた。私たちは最初にアリソン・ダンラップに電話をかけた。現在、女性マウンテンバイク・レースの世界チャンピオンである。それからマーラ・ストレーブ。世界的なダウンヒルレーサーで、『ダウンヒル・グラビティー・ゴッデス』という本の作家でもある。そしてサイクロクロス・マウンテンバイクのレーサー、ジーナ・ホール。彼女らは趣旨に同意してサインをし、こうしてルナ・マウンテンバイクのチーム、――ルナ・チックス――が誕生した。このチームには、後になってソニー・ヴァンランディグハム、キャシー・プルーイット、カテリーナ・ハヌソバとケリー・エメットが加わった。

クリフ社は自転車産業界に計画を話してみた。その結果、驚くほど肯定的な反応がもどってきて、私たちは圧倒されてしまった。誰もが計画チームの一員として参加したいと願ったのである。自転車会社（私たちはベストの会社を選んだ。サンタ・クルズ・バイシクルである）、衣服の会社に靴の会社……後はご自由に。

ルナ・チックス・チームは、たちまち世間を席巻した。マウンテン・バイク・マガジンはチームの創設を「レーシングのコミュニティーがこの数年間で見た、最も意義のある努力」と呼んだ。私の知る限り、ルナ・チックスは女性アスリートが男性アスリートに匹敵するサラリー【給料】を稼げる唯一のプロスポーツチームである。チームが立ち上がり、動き始めたとき、主導者の役目は、ポールが引き受けた。自転車業界の多くの人が、ルナ・チックスほど上手く走るチームは見たことがない、と私に告げた。全ての人々――メカニックス、チームマネージャー、役員、広告宣伝のチームからサイクリストまで――が驚くほど親しみやすく、能力は極上の極みであり、高度なパーフォーミングを発揮しながら、ルナ・チックスに参加してくれた。

ルナ・チックス。――マルカム・フェーロン撮影

私たちがスポンサーになっている他の偉大なアスリートたちと同様に、ルナ・チックスはクリフに大いなる貢献をしてくれた。私たちはルナ・アンバセダー【公使】をつけ加えた。ルナ・アンバセダーは、アマチュアレベルでレースをする女性グループで、彼女らはマウンテン

バイク・クリニックを提供した。さらに多くの女性にスポーツに参加してもらうためのものである。ルナ・チックスは、それ自身でも、それ以外でも魔術的であり、魔術に魔術を加えてマウンテンバイク・チーム以上の存在となっていった。ルナ・チックスは、スポーツにおける女性たちを力づけている。

クリフ社の魔法の例は、ほかにも数限りなくある。クリフの社員の多くが、マラソンをする。その他にもたくさんの人たちがマラソンをして一定の記録に達しようとするが、ほとんどの場合、彼らは自分たちの目標を自分のペースで達成しようとする。クリフ社ではグループの一つが、個人のランナーまたはグループが定めたゴールに達するのをサポートする方法をとる。その方法として、クリフ・ペースメーカーを創設した。このチームのメンバーはランナーに合わせてレースを伴走する。もし三時間一五分で走りたければ、ケニー・スーザと走ったらよい。もし三時間半で走りたかったら、誰か別のメンバーと走る、といった具合である。ケニーは最近三時間一五分のペースで、二〇人のランナーと共に走った。レースの間、ケニーは、それぞれのランナーに「調子はどうか?」「水か、クリフ・ショットが必要か?」などと質問をし続けた。クリフのペースメーカのチームはクリフ社の魔法の時から現れて、いまではその魔法をほかの者たちに分け与えているのである。

即興演奏――自由と形式

ジャズトランペットの演奏は、私に規律とトレーニングの大切さを教えてくれた。規律と、長い時間をかけたトレーニングがなければ、音楽は作れない。トレーニングは基本に従うが、ジャズを演奏するときには、一瞬の中にいることが必要だ。即興演奏である。私は即興演奏のパートのリック【ソリストの即興演奏の楽句】やリフ【反復楽句の演奏】は練習しない。それらは、音楽がわいてくるまで演奏しないが、ただしそれは準備なしでかまわないという意味ではない。私はいい調子でいなければならないし、スケール【音階】を練習しておかねばならない。音楽も理解しなくてはならないし、多くのミュージシャンの演奏も聞かねばならない。そして、最適なトランペットも手にしてなければならない。

ジャズには構造がある。ミュージシャンは、何を演奏しているのか分からなくなるほど本筋から離れてはいけないし、本筋に縛られてもいけない。即興演奏はジャズ音楽の構造で、演奏者には特別な自由が提供される。それはクリフ社のあり方とも重なる。大会社で働いた経験があって、クリフ社に移ってきた人たちが一様に言うのは、クリフでは意見を自由に述べたり、実験をしたり、創造的でありうる機会に恵まれているということである。

私は思うのだが、クリフ社のようなビジネスタイプなら、株主が最低ラインを強制しないからこそ、この即興演奏のような自由をもてるのではなかろうか。これは多様性を探求し、それをもとに方向づけをしている、ということである。私は社員たちが、自由に意見を言い合い、当意即妙に対応し、ときどき「ソロ演奏」をしてほしいと願っている。

ジャズにも形式はある、しかし即興演奏は、新機軸と驚きを保証する。私たちの新しい音楽が、私たち自身をどこへつれて行ってくれるか、見たいと思っている。

ジャズ 私たちのビジネスモデルの魂

魔法の時、アンサンブル演奏、即興演奏、そして自由は、クリフ社の心にあるものだ。私が維持可能なビジネスのために開発してきたガイドライン【指導要綱】は、ガイドラインにすぎない。それらは音楽ではないのだ。

ビジネスモデルというのは、曲が書かれている楽譜のようなもので、全てはどのように音楽を演奏するかにかかっている。ミュージシャンは、楽譜に生命を吹き込むことができるのだろうか？　このこと【生命を吹き込むこと】はジャズであっても、ビジネスであっても同じである。ミュージシャンであっても、会社であっても、ジャズ的なやり方は、期待をはるかに超えた驚くべき場所に、あなたをつれていってくれる。

クリフ社のコア【核】はジャズ。それは美しいもの。製品そして人々を創出する、自由な即興演奏。

感謝の言葉

これは私の最初の本である。クリフ・バーの歴史だけではなく私の人生も語っているから、感謝の意を表したい人たちはたくさんいる。人生の旅路で、かくも多くの同伴者をえた私は幸運だった。

ジョシー・バス出版社のスーザン・ウイリアムズには、この本とクリフ・バーの物語に信頼を寄せてくれたことに感謝する。本書『レイジング・ザ・バー』が伝えるメッセージに熱中してくださったジョシー・バス出版社のその他の方々、社長のデブラ・ハンター、ロブ・ブランド、バイロン・シュナイダー、パウラ・ゴールドスタイン、ラルフ・フォーラー、ジェフ・ウィネッケンにも深く感謝したい。能力に溢れ、信じられないほど聡明であり、才気煥発な私のエージェント、アミー・レナートは、出版の過程で私をここまで導いてくれた。マーク・タウバーは、出版界という未知の領域で私が話し合いをする上で助力をしてくれ、この本を書くときも励まし続けてくれた最初の人物である。テレサ・ウォルシュは、彼女の迅速な編集で、この本の内容に磨きをかけてくれた。レズリー・ヘンリックセンは、クリフ社での私のシェルパ頭(個人的なアシスタント)だが、この本に関して事実の確認、編集作業および資料の調達などで多大な貢献をしてくれただけではなく、私がクリフ社の売却を拒否した日からずっと私の味方でいてくれた人物だ。

ジェイ・トーマスは私の〝白い道〟の同伴者であり、人間はいかに誠実であるべきか、いかにして人生を最も完全なものにするのかを教え続けてくれた友人だ。アルプスの山々の素晴らしい旅、岩と雪と氷、これらすべてに感謝する。私はまた、ポール・マッケンジー、クレム・ドナヒュー、マイケル・ケリー、トム・ボーマン、バリー・シュワルツ、ダレン・マーエリア、ビル・モリス、ニック・ズビャギンツォフらと共にヨーロッパの〝白い道〟を旅ができて、幸運だった。ジョブスト・ブラントにも感謝をする。彼はアルプス山脈を旅したときの、灯《あか》りの発明者だった。人生の〝白い道〟を旅するときには、多くの友人が私を奮い立たせてくれた。ケルトン（タッド）・コップ、ハイディ・ゲーマン、デヴ・マレー、ジョージ・マッキンレー、マーク・アンド・スパイダー・カントレイ、ダウ・ウイリス、ジム・アンド・ローリー・エリオット、ニーナ・ビルンバウム、グレッグ・バーニ、キャシー・タクディン、ウェンディ・ダイヤモンド、故サリー・ピーターソン、スティーブ・リード、ジュリー・クリスティンソン、ブルース・ヘンドリック、シエイラ・イルシテン・ヘンドリック、故グレッグ・ヴェッテ、ローリー・ヴェッテ、ジョン・トゥンガー、デイブ・エステス・アンド・ケイト・ベヴィントン、スティーブ・アンド・ソニア・チャン、ケイシー・ショウ、パット・リディ、ハープ・マスターズ、マイケル・ムーア、ガース・イェーニック、〝ドク〟ダニエル・ステビンス・パーク、ロン・カウク、マイク・コブ、ダン・カウフマン、そしてシエラ・トレック【ガイドの組織】の全てのガイド仲間は、私にとって旅の仲間である。フイレンツェのマストロディカーサ家の方々、バッサノ・デル・グラッパのパオロとネネ、ロッサノ・ベネートのジュセッペ・ビゴリンと彼の家族——イタリア式人生の味わい方を教えてくれて、ありがとう。

多くの人が、私を導いてくれた。コーチ、先生、企業家、導師、ボス、それがたとえ短い出会いであっても智恵ある言葉を与えてくれた人たち。名前を列記する。ラニー・ヴィンセント、デビット・バットストーン、フランク・マンギオラ、リチャード・レビン、ラリー・ヨネッツ、ジエイ・リゼット、イボン・アンド・マリンダ・シュイナード、ザ・バハ・ボーイズ、ハロルド・ロスマン、ビル・ローランド、ディック・バターフィールド、ベン・コーヘン、グレッグ・ステルテンポール、ケン・グロスマン、ジェレミア・ピック、モー・シーゲル、ジル・プリチャード、アル・スプリンガー、ボブ・ガムゴート、トム・リッチー、ジム・ジェンテス、ロブ・ロスコップ、トレーシー・ウォン、ジム・コリンズ、パトリック・リー、マイケル・ファンク、グル・ダハーン・クラスナ、メロディー・シュナイダー、ロレーン・カイザー、故アンドレア・マーティン、キース・カトー、ドウ・フランク、テイラー・ハミルトン、ジュリア・バタフライ・ヒル、ジーン・リッツォ、サム・ハロッシュ、ビル・アンド・ジョアン・ケイザー、デニス・デラトリ、マレンツォ・ペトローニとジェイ・ハモンド。

私は人生の道程で、素晴らしい法律顧問を得た。弁護士であり親友でもあるブルース・リンバーンは、私がクリフ・バー社を手放さないと決めたときから、道程の一歩一歩で常に私の側にいてくれた。ディック・リオンス、ワルター・ターナー、デビット・ガラ、リン・ペリー、デビット・ゴールドマンからも、貴重な法的アドバイスとアシスタントを受けた。

パワーバーの創設者であるブライアン・マックスウェルの突然の死は、私たちを深い悲しみにつつんだ。ブライアンはエネルギーバーという部門を作りだしたことで、私たちの産業に計り知れない貢献をした。

クリフ・バーの社員の方々へ――過去から現在まで。あなたがたなしには、会社もこの物語も存在しえない。全員の名前をあげて感謝の意を伝えたいが、ルイス【共著者】が「それでは本が分厚くなりすぎる」と言うので、私の心からの感謝の言葉として、「私の理想を信じてくれ、また困難な時期に、私たちは共に問題に当たれば、それを乗り越えられるのだと確信してくれていた」ことに対して、「ありがとう」と述べたい。あなたたちの熱意、精神性、創造性、勤勉な労働、人生に対する情熱が、私を発奮させたのだ。

ドウ・ギルモアは最初から現在まで、私の未来図を信じていてくれた。君のゲーリー・バーに対する……いや、クリフ・バーの旅とこの本に対する、限りない、そして信じられないほどの貢献に感謝をしたい。シェリル・オローリン、スタン・タンカ、デビット・シェリフは、会社が絶対の信頼を寄せる世話役である。『レイジング・ザ・バー』に貢献をしてくれたことに対して感謝をしたい。ポール・マッケンジー、タオ・パム、キャシー・サイファーズ、ジャネット・ミニックは私たちのためにサイドバー【主文に添える短い記事】を書いて、内容に間違いがないように心がけてくれた。リーフ・エリック・アーネソンには、彼の創造的なデザイン、本への提案、ジャケットカバー、イメージ、「Raising the Bar（バーを掲げて）」のレイアウトを高く評価して、特別な感謝をしたい。そして私は、エリザ・ハモンドに永遠の感謝を述べたい。彼女は私に、妻となってくれたキットを紹介してくれ、そのうえ持続可能性への旅でクリフ社を導いてくれた。君の情熱と友情に、心から感謝をしたい。

私の親愛なる女性の友人ルイス（アカ、ゾエ、ゾ、ロイ、パーチェス、シビル――これについては質問しないでくれ）、私たちがシエラ山脈のシエラ・トレックで高校生たちをガイドしていたときから数えて二五年後、一緒に本を書いているなどとは一体だれがあのころ想像しただろうか？　私たちの友情はあれ以来かわらず成長をし続けてきたから、『レイジング・ザ・バー』を共に書いたとしても、何の不思議もないのだ。ルイスは、私のこともクリフ・バーの物語もよく知っている。だから、結果としては完全に一致するのだ。この本につけ加えられた君の聡明さと創造性――そして私の見解を支えてくれてありがとう。何か月にもわたる君の情熱と素晴らしい献身が、この物語に生命を吹き込んでくれた。

私のヤァヤァ（祖母のこと）は、一九八九年にこの世を去った。私が最初の会社にカリという彼女の名前をつけて、四年後のことだ。私はいまだに彼女が亡くなったことを、寂しく思う。私の弟のランディーは私にビジネス、創造性、技術工学、料理そして人生について、多くのことを教えてくれた。弟よ、ありがとう。クリフ・バー社に日常的に貢献してくれたこと、この本の製作を手伝ってくれたことに感謝をする。もう一人の弟デビットも、彼の決断力と決してあきらめない態度で、人生について沢山のことを私に教えてくれた。私は、自分が何者であるかを芸術的に表現する彼の才能には、いつも舌を巻かされる。私の両親、クリフとメリー・エリクソンは、どのようにしたら自由で独立していられるのかを教えてくれ、その中で世界と自分自身の場所を探し求めていく私を、決して引き止めようとはしなかった。お母さん――パン焼きを教えてくれ、ピアノを教えてくれ、芸術を愛することを教えてくれてありがとう。お父さん――私にアウトドアの素晴らしさを教え、特にカリフォルニアのシエラネバダ山脈の素晴らしさを教えてくれて、ありがとう。人々とお互いに関わっていくあなたの姿は、私が世界、友人、ビジネス、そしてとくに家族とパートナーに対する関係でモデルとなるものになりました。

キットと私は大家族に恵まれ、彼らを支えることで決して揺れ動くことなどなかった。私はありがたく思っている。私の愛する子供たち、ケイト、クレイトン、リディアは私を謙虚にし、私に日常の生活とは何かを教えてくれる。キットは彼女のよき性格の全てであり、かつ彼女が日々実行をしている忍耐強さ、勇気、やさしさで、私を感嘆させつづけている。私は、毎日のように、彼女が私と関わり合い、私たちの素晴らしい会社と関わり合うのを感謝している。

【以下はルイスの言葉】

私、ルイスも、クリフ・バー社の社員たちに感謝の意を表している。この本を作るためにしつこく質問しても、あなたがたは忍耐強く、親しみやすく、協力的だった。ドウ・ギルモア、ポール・マッケンジー、シェリル・オローリン、デビット・ジェリコフ、スタン・タンカ、ランディー・エリクソン、タオ・パム、キャシー・サイファーズ、ジャネット・ミニック、そしてクリフ社の弁護士ブルース・リンバーンは多忙な時間を割いて原稿の一部に目を通し、私と話し合い、私の理解が正しいことを保証してくれた。リーフ・エリック・アーンソンのもつ創造力は、デザインジャケットカバー、章立て、『レイジング・ザ・バー』のイメージへの提案ではっきり証明された。レズリー・ヘンリックセンには、私の個人的なペースチームであってくれたことに対して、特別に深い感謝の意をささげたい。エリザ・ハモンドに最初に会ったときは、私がシエラネバダ山脈を歩き回っていた時代だった。後に彼女と共に仕事をするようになったということは、天の恵みとしか言いようがない。マーク・タウバーは親切にも原稿を読んでからeメールを送ってきて、少なからず出版界の知恵というものを授けてくれた。アミー・レネットにも感謝したい。情熱と知識を合わせもった非凡なエージェントである。ジョシー・バスの仲間は、変わらぬ支援とアシスタントを提供してくれた。ロブ・ブランド、バイロン・シュナイダー、ジェブ・ウィネケン、そして特別にスーザン・ウイリアムズへ、あなた方の熱情がこの計画に刺激を与えてくれた。

サンフランシスコ大学（USF）は、私に優秀な同僚と仕事を支援する環境を与えてくれている。変わらぬ友情と支援を与えてくれる友人、そして長年にわたる悪友でもあるジェニファー・タービンには、とくに感謝したい。マイク・ダッフィーとデビット・バットストーンは、素晴らしい同僚だった。世界をよりよい場所にしようとするあなたたちの友情と笑いと、関わり合いに対して感謝をする。トレーシー・シェーリーとビハヤ・ナガラヤンハー、あなたたちは私がコンピュータの洞窟から現れるたびに、正気にもどるオアシスを温かく提供してくれた。シェリー・テイトーは、私が『レイジング・ザ・バー』の執筆中、宗教と移民（ＴＲＩＰ）のディテールについて注意を払ってくれた。移民計画の調査員ケビン・チャン、ヒエン・ダクドゥ、ジェイ・ゴンザレス、スーザン、ザラユスキー、ルイス・エンリック・バザン、ロザリン・ミラ、ローリー・ランク、名誉会員ジェリー・ベルンド、そして〝トリッパーズ【旅人たち】〟のみんなは、コンスタントな貢献、寛容と知性で、私を勇気づけてくれた。

テレサ・ウォルシュには、この本の製作に当たってご助力いただいた。彼女はまぎれもなく、世界で最も才能のある創造的な編集者である。心からの感謝をビッグＴに送る。

この本を【主人公の】ゲーリーと共に書いていて、私はシエラ・トレックの友人たちと数か月にわたってシエラ山脈を歩いたことを思い、ノスタルジアに駆られた。あなた方は私の知る限り、最も偉大で、愉快で、情熱的な一群だった。ラス・ムヘレス、マリア・ホセ・ペリー、ブリアンナ・リービット、そしてテレサ・ウォルシュは、姉妹のような支援をしてくれた。私のサンフランシスコの家族は、私に持続力を与えてくれた。ボブ、クラーク、ブラッド、ベンジャミン、ラスティー、デイブ、ウェンディ、ジェイド、ザック、ジェシー、カエリン、以上の人たちに感謝する。私の妹のルス・アンは文字通り毎日電話をかけてきて、私が完全に隠遁者の状態におちいらないようにしてくれた。妹よ、ありがとう。そして『レイジング・ザ・バー』に熱情を分け与えてくれた家族の他のメンバーたちにも感謝する。ドクター・アーネストとネリア・ロレンセン（両親）および兄弟ピーター、ポール、マーク、それに加えて彼らの素晴らしい家族はいつも私を明るい気分にしてくれた。

この本は、ゲーリーの両親、クリフとメリー・エリクソンなしでは誕生しなかった――全てを始めてくれて、ありがとう!! この本を書いている間、キット、ゲーリー、リディア、クレイトン、ケイトは温かく私を彼らの家庭に招待してくれた。この私の二番目の家庭に、心から感謝する。

ジェラルド・マリンはいつものように、彼の物静かさ、愛情、支援で、私に教示をしてくれた（偉大な料理についても！）。

最後に、ゲーリーに。偉大な友人であり続けてくれたことを感謝する。偉大な登山やバックパッキングの叙事詩、冬のキャンピングとスキーでの冒険、熱気あふれる会話と笑い。それは愉快であり、たやすくもあり、熱気もあって、『レイジング・ザ・バー』の執筆に共にたずさわったことに対する大きな見返りだった。

レイジング・ザ・バーの事実

【この本によって触発された結果についての報告】

活動	結果
救われた会社	1（百万）
受講されたサルサ・ダンス教室	500,000
実行されたアルプス自転車ツアー	5K
失われたポンドとインチ	67000#　976M*
買い取られるパートナー	5×1,000C
モホ再取得	500,000
新しくスタートした会社	500K
救われた有機栽培の農園	400（1000のうち）
エコ・ナショナル・モラルの増加	250%
魔法の時	無数

【上記の結果を招くためにチェックされた点。新設されたイベント、プロモーション基金など】

借換え債務、キャッシュフロー（運転資金を加算して）、税対策、商品の低コスト化、定期的な予算のチェック（販売費用の再編成を含めて）、在庫の圧縮、社員トレーニングおよび教育への投資、予想利益、誘致計画、公現祭のライド（サイクリングツアー）、マティニー&ウイニー・パーティー【社内イベント】、キャンピング旅行、スキー旅行、パックベル公園（セクション128,18列、シート5、6、7、8）、鉄人シェフ競争【社内イベント】、ジム、ウェルネスプログラム、コンシェルジェサービス、華麗なホリディサービス、サバティカル休暇【一年間の有給休暇】、9/80労働週、将来の子供のケア、ベーグル（ロールパンの一種）、ドーナツ、スナックセントラル（軽食本部）、金魚、レモンスライス、レッドワイン、サワーパンチ・トゥイスト、サンタ・クララ株式会社、糖尿病協会、乳癌ピークハイク、人類のための生息地（NPO団体）、子供のためのスポーツ、マー&パー・グリーン（ママとパパのエコ）、ルナ祭、ルナ・チック、アンバサダー（大使）、消費者サービス、パブリック・リレーション、ウエブサイト、奉仕、乳癌基金、アスレチック助成金、USPSサイクリング（合衆国郵便サービス・サイクリング・チーム）、ポディウムを越えて（賞）、クリフ・クロス・チーム、季節の味、新しい味、モホの導入、イベント（アルカトラスからの脱出（映画）、アザラシ（映画）、海兵隊マラソン、シカゴ・マラソン、タスコン・マラソン…等々）、ダイレクトメール、商品担当者、戦略的プロモーション、セールス、担保物件、無料サンプル、びっくりセール、品質保証のマーケティングプラン、社内R&D、フィールド・レップス、地域内セールス、大人のための第二の読み書き、5渓谷の友人たち、ミールズ・オン・ウイールズ（車輪の上の食事）、A――トレイルの採用（自分のものとして取り入れること）、PAWS、AIDSウオーク、シンデレラライド、サークル・オブ・ライフ、身体障害者スポーツUSA、アラメダ株式会社、食糧バンク、ペラルタ小学校、イーストベイ消防隊、イーストベイ・プライド、ジョージタウン・ハイスクール、ブローワーユース、ローズディ、ベーカリーブースター、マルキー基金、白血病とリンパ腫のための協会、メンタリング（人間育成方法の一種）、声をあげて本を読む日……乞うご期待。

著者について

ゲーリー・エリクソン

クリフ・バー株式会社の創設者であり、オーナーである。クリフ社は、創設から4年間で最も早く成長を遂げた個人会社のひとつとして、株式会社500——株式会社マガジンのリストにとりあげられ、その後もこの個人会社は急成長を続けている。彼は雑誌ピープル、ヘルス、フォーチュン・スモールビジネス、ザ・サンフランシスコ・クロニクル、リーダーズダイジェストなどの多くのメディアで紹介され、特集記事を組まれた。エリクソンは様々な場で、広範囲にわたって講演をおこない、多くの賞に輝いている。彼は自分自身のバックグラウンドを、競争的なサイクリスト、ジャズミュージシャン、世界旅行者、グルメコック、登山家、野生の環境におけるガイド、そして著作『レイジング・ザ・バー』（本書）の父として紹介している。エリクソンは妻と子供たち、馬と犬と自転車と一緒に北カリフォルニアに住んでいる。

ルイス・ロレンツェン

サンフランシスコ大学の社会倫理学の教授である。彼女は、社会奉仕と共有財産を旨とするレオ・T・マッカシー・センターの委員会にも務め、ラティーノ・スタジオ・センター・イン・アメリカズ、および宗教と移民計画にも参加している。彼女は6冊の本を出版している。雑誌や新聞にも寄稿していて、多くの学術に関する賞を受けている。

エリクソンとロレンツェンは、シエラ・トレック（マウンテンガイドの組織・Wildness Organisation）で最初に出会った。25年以上にわたる友情関係にあっては、ともに登山をし、自転車旅行をし、スキーや冬のキャンプを楽しみ、そしてクリフ・バー株式会社の本『レイジング・ザ・バー』を出版する夢と、その価値について語り合ってきた。

訳者紹介

谷 克二（たに・かつじ）

1941年宮崎県生まれ。63年早稲田大学卒業後ドイツにわたり、のちロンドン大学に学ぶ。処女作「追うもの」で第1回野生時代新人賞を、「狙撃者」で第5回角川小説賞をそれぞれ受賞する。「サバンナ」「スペインの短い夏」「越境線」が直木賞候補となる。ヨーロッパ諸国の歴史紀行、ドキュメントに関する著書多数。趣味は音楽、アウトドア。

訳者あとがき

本著の原題は「バーを掲げて（Raising the Bar）」である。バーという言葉を英和辞典でひくと、さまざまな訳語の中に「棒状のもの、たとえばチョコレートバー」というのがある。つまり、このタイトルは「著者のゲーリー・エリクソンが、アスリート用の栄養価の高いエネルギーバーを開発しながら、クリフ・バーという会社をたちあげ、会社の成長と共に浩瀚なビジネスの知識を身につけ、同時に人間としても成長していくストーリー」であることを示唆している。

「エネルギーバーは、運動選手がエネルギーを補給するとき口にする食品。著者のエリクソンはこの分野で成功を収めたアメリカ人の起業家」と説明すれば、「なぁんだ、ビジネスマンのサクセス・ストーリーか」で片づけられてしまいかねないが、ストーリーの魅力はその範囲を超え、一人のスポーツ好きの青年が起業家として成功していく半生を語るビジネス・アドベンチャー・ストーリーとして読むことができる。そうした観点にたてば、凡百の冒険小説を読むよりはるかに面白い。

あるいは素直にビジネス書として読んでもいい。企業売買のもつリスクとスリル、企業の売り手と買い手の複雑な心理、交錯する心理の綾《あや》、セールストークにおけるデリケートなニュアンスをもった言葉のやり取りなど、単なるビジネス書にはないディテールが疎漏《そろう》なく描写され、緊張感をもって読み進められる。難しい専門用語は、ほとんど使われていないうえに物語性に富んでいるから、門外漢《もんがいかん》であっても面白く読める。

多少専門的になる部分、たとえば自社株購入のテクニック、あるいは株式売却の際のファイナンシングの方法、会社の組織を作り、その組織を維持し発展させていくノウハウ、企業モラルを高めるためのアイデアなども、著者エリクソンは失敗も包みかくさず具体的に述べていく。TOB（企業買収）のファイナンシングなどは、いまの日本のビジネスマンには必須なノウハウだろう。

この本が肩肘張らずに読めるのは、ひとえに一人の明るく前向きなアメリカ青年が、大好きなスポーツであるロードサイクリング、マウンテンウォーク、ロック・クライミング、トランペットの演奏などの趣味（といってもすべてがプロの領域に達しているのだが）、それらに熱中しながら、瞬間に感じたもの、気づいたことをヒントにしてビジネスに応用し、深い哲学性をもたせながら軽妙洒脱に語っていくことからきている。

ヨーロッパ・アルプスの山々をサイクリングで旅する「白い道、赤い道」の章では、地図の読み方からヒントをえて、大企業と中小企業の違いを、上手に述べている。ヒマラヤやシエラネバダ山脈のトレッキングでは、トレッカーや大規模登山隊が遺棄していくゴミに目を向け、環境問題への思いを深めていく。これらは、すべてクリフ・バー社が優良企業に成長したとき、NPOの活動や社会奉仕となって反映されていく。

スポーツ食品に興味をもつきっかけとなったときのエピソードが面白い。

業界にまだ足を踏み入れていないころ、青年エリクソンは友人の一人とサンフランシスコのベイ・エリアから近郊へ、一二五マイル【約二〇〇キロメートル】のロードサイクリングに出かける。そのとき非常食として六本のエネルギーバーを用意する。途中空腹になって五本食べ、六本目を食べようとしたら、「吐きもどし」のような状態になって、最後の一本がどうしても食べられない。

ここまではサイクリストの誰にでも起こりうることだから、「疲れ過ぎて、体調がおかしくなったのだろう」という理由づけで普通は片づけられてしまう。だがエリクソンは、「どうして食べられないのだろう?」と、一歩踏みこんで考えていく。「疲労回復のために六本用意してきた。五本食べられたのに、なぜもう一本が食べられないのか?」。ここで彼は「エネルギーバーはエネルギーの補給のためにあるのだから、味は適当でよいのだ」という当時の常識に、疑問を覚える。「味がよければ、無理なく六本食べられたのではないか? 自分なら、もっとおいしいエネルギーバーが作れるのではないか?」。起業家エリクソンが誕生する瞬間である。

このような思考の展開は、のちに「エネルギーバーは男性アスリートの食品」とされていた常識をひっくり返して女性用にも調合し、製品化して女性市場をきりひらく。さらに一般の人でも食べられる食品にして、市場規模を拡大している。

このことを、クリフ・バー社のブランド部の責任者オローリン女史は、次のように述べている。「誰でも知っている論理に従えば、誰でも作れる製品しか作れない。一匹狼的なアプローチができて、それが正しければ、他社の製品との違いが生みだせる」。思考の根底にあるのは、常に「なぜ？　どうして？」と、常識とされているものに対してまず疑問をもつことであり、回答を自分で求めていく積極的な姿勢にある。

ロードサイクリングで体験した「食べられなかった六本目のエネルギーバー」がきっかけとなり、青年エリクソンはレシピの研究に入っていく。母方がギリシャ系移民で、お祖母さんもお母さんもお菓子作りにたけた腕をもっていたことが語られ、全員協力のかたちで新しいエネルギーバーであるクリフ・バーが作り出される。

商品名「クリフ・バー」のクリフは、父親の名前から取った。なぜ父親の名前を製品名にしたのかは、本編で知っていただきたいが、読めばエリクソン一家の温かい家族関係が行間から伝わってくる。このくだりは祖母、父母兄弟、妻子との愛情に満ちた家族の絆の強さに筆が及んでいて、ファミリー・ストーリーとしても読むこともできる。

エリクソン青年は、パートナーの女性と共に五〇《フィフティ》・五〇《フィフティ》の株式保有でクリフ・バー社を立ちあげ、急成長をする優良企業に育てあげていく。しかし創業当時の女性パートナーとは、やがて決別することになる。クリフ・バー社に、グローバル企業が「目をむくような大金を積み上げて」買収のオファーをかけてきたからである。エリクソンは「会社を売るのか、売らないのか」の決断を迫られる。この場面では決断できずに迷いに迷うエリクソンの姿が、克明に語られていく。

「このような大金をオファーされると、自分が大変なチャンスに出会ったのではないのか、これを逃すとチャンスは二度とめぐってこないのではないか、と思い始める。同時に、いまは順調だが、やがて会社の成長が止まり、強力な競争相手が出てきて潰され、元も子もなくなってしまうのではないかという不安が、頭をもたげる」

ここに記されたエリクソンの苦悩は実に人間的である。

一方パートナーは、「現時点での会社売却」を決断する。エリクソンは、ギリギリの時点で考えを改め、大金に背を向けてクリフ・バー社の経営者としてとどまる道を選ぶ。二人は対立し、ここで二〇年にわたるパートナーシップは決裂する。「ゲーリー（エリクソン）とリサ（五〇%の株式を保有する女性パートナー）の決別は、出会いと別れのストーリーなのだ」という顧問弁護士の言葉が引用されているが、人間関係のあり方について深く考えさせられるものがある。

しかし、現実はセンチメンタルな別れ話だけでは済まされない。パートナーは「彼女の持ち株の買い取りを要求し、要求に応じなければ法廷闘争にもちこんで、会社の解散を要求する」と圧力をかけてくる。パートナーとの友情は、たちまちビジネスライクな敵対関係に変わる。過酷な条件を突きつけられたエリクソンは、五〇%の株式を買い取るために、金策から金策へと駆け回ることになる。この部分はサスペンス小説のような迫力がある。

結局エリクソンは優秀な顧問弁護士やファイナンシャル・アドバイサーに助けられて難局を乗り切る。この体験から、エリクソンは一〇〇%のオーナーシップがもつアドバンテージに気づいていく。

「会社から上がる利益を、配当で独り占めにする」というのではなく、「会社への再投資、利益の社会還元、たとえば環境問題やNPO活動、女性の乳癌治療への基金の創設、社員へのサービスの向上や充実などに、株主の意向を配慮することなしに資金を向けられる」というのがそれである。

とはいえ第三者的に考えると、このパートナーシップのあり方、そして、株式市場で株を公開し、広く事業資金を集めるというシステムに対するエリクソンの批判的（?）な考え方は、企業規模や企業活動の分野に深く関わることだから、一概に「そのとおり」とはうなずけない。たとえば、膨大なスケールメリットを追求する国家的なプロジェクトや、巨額な先行投資を長期間にわたってしなければならない企業（プラント輸出の会社など）なら、一人のオーナー社長の資金力や資金調達能力では、とても追いつかなくなってしまう。

また一〇〇％のオーナー社長が、全員エリクソンのように高邁な理想に燃える人物であるとは限らない。「すべてのものごとは、双刃《もろは》の剣《やいば》」という視点を意にとめて、読者がそれぞれの立場から読み分けていかなければならないだろう。

しかし青年エリクソンは、常に一歩踏み込んで観察をしていく意欲的な起業家である。先輩、同業者、異業種の経営者、学者からアスリートにいたるまで次々に会って、問題を提起し、アドバイスを求め、それを企業理念に取りこんでいく。「一〇〇％のオーナーシップ」の項では、会社を売却した同業者、経営権を譲渡した友人たちの例を紹介している。一生遊び暮らしていける大金を手にしても、彼らの多くはひどく充実感のない、空疎な気持ちで残りの人生を生きていかねばならない状況にあることを、エリクソンは指摘する。ある者は鬱病になり、ある者は会社を買い戻そうとして、手に入れた以上の金を調達するために悪戦苦闘する羽目におちいっている。

そのような人物の一人として、モー・シーゲルという起業家の例が紹介される。

モー・シーゲルは自分で育てた会社を売却するとき、「少数株主・役員として経営には参加する」という条件をつけ、会社にとどまった。しかし、決定権をもたないが故に疎外感にさいなまれ、NPO活動に自分が身を置ける場所を求めようとする。モー・シーゲルは、インドでマザー・テレサに会って助言を求め、マザー・テレサは「自分の木を植えたところにとどまりなさい」と助言をする。「私にこの話をするときのモーの顔には、いつも後悔と苦悩の色が濃くうかんでいた」と、エリクソンは回想している。「初心忘るべからず」という東洋の箴言《しんげん》にも通じるエピソードだし、富を得れば必ず幸福になれるという物質主義に対する鋭い警告もそこには投げかけられている。

モー・シーゲルの例を引きながら、エリクソンはこうも言っている。「私は、物事はすべて、白か黒かはっきり結論づけることができる、と教えられてきた。しかし世界を旅してみて、世の中には白と黒との間にグレイゾーンがあるということを学んだ」。このグレイゾーン、つまり「非合理な合理」を認めたことで、エリクソンのビジネスに対する視野は一段と広がっていったのではなかろうか。

本文から例を一つ引いておこう。

「彼（マイルス・デイビス）がソロを演奏するとき、一つの音を長く引き伸ばし、やがて止めた。次の音に移るまで四拍。彼は音の空間を作ったのだ。しかし音こそ奏《かな》でなかったが、その空間には彼の音楽があった。ときには静寂そのものが音楽であり、ときには バックグラウンド・ミュージシャンそのものが音を作り出す。（中略）私は会社で社員たちをリードしたり、脇によけて空間を作ってあげたり、ソロを演奏させたりして、何かを創造するきっかけを作りたいと望んでいる」

クリフ・バー社は、社員の自主性を大切にして、自由闊達《かったつ》な発想や仕事のありかたに重きを置くことで知られている。その要諦《ようてい》を、エリクソンは若き日に音楽からくみとっていたようだ。だからジャズのアドリブ的な発想を、次のようなビジネス・アドバイスとして語っている。

「起業家や企業は、当然のこととしてミスを犯す。だが、それは演奏の一部のようなもの。ミスも演奏として取り込めばよい」

この本の面白さは、物語のもつ多様性にある。本書は誰が読んでも取りつきやすく、楽しめる構成になっている。それはゲーリー・エリクソンという、爽《さわ》やかな風にも似た雰囲気を身にまとった起業家の人生を、読者がその風を受けるように追体験できるからなのだ、と私は思う。

谷 克二

A&F

レイジング・ザ・バー

妥協しない物つくりの成功物語

2014年5月20日　初版発行

著者
ゲーリー・エリクソン

共著者
ルイス・ロレンツェン

訳者
谷 克二

発行者
赤津孝夫

発行所
株式会社 エイアンドエフ
〒160-0022
東京都新宿区新宿6丁目27番地56号
新宿スクエア4F
電話 03-3209-7669

アートディレクション
芦澤泰偉

デザイン
五十嵐 徹

編集協力
澤村修治

印刷・製本
大日本印刷株式会社

Published by A&F Corporation, INC.
Printed in Japan
ISBN978-4-9907065-1-7 C0034